高职交通运输与土建类专业规划教材

钢筋混凝土结构

GANG JIN HUN NING TU JIE GOU

主 编 胡 娟 胡晓龙
主 审 薛 茹

人民交通出版社
China Communications Press

内 容 提 要

本书是高职高专交通运输与土建类专业规划教材之一。全书共分为四篇，主要介绍了材料性能及设计基本原则、混凝土构件弯曲及受压性能、预应力混凝土结构、拓展知识。其中拓展知识涉及钢结构设计、钢—混凝土组合梁及钢管混凝土设计、便桥设计三部分内容。

本书可作为高职高专院校铁道工程、道路与桥梁工程、城市轨道交通工程、地下与隧道工程、房屋建筑、交通土建等专业混凝土结构设计课程的教学用书，也可供相关专业技术人员参考使用。

图书在版编目(CIP)数据

钢筋混凝土结构 / 胡娟，胡晓龙主编. — 北京：人民交通出版社，2013.12
ISBN 978-7-114-10923-2

Ⅰ. ①钢… Ⅱ. ①胡… ②胡… Ⅲ. ①钢筋混凝土结构 Ⅳ. ①TU375

中国版本图书馆 CIP 数据核字(2013)第 237735 号

书　　名：	钢筋混凝土结构
著 作 者：	胡　娟　胡晓龙
责任编辑：	杜　琛　卢　珊
出版发行：	人民交通出版社股份有限公司
地　　址：	(100011) 北京市朝阳区安定门外外馆斜街 3 号
网　　址：	http://www.ccpress.com.cn
销售电话：	(010) 59757973
总 经 销：	人民交通出版社股份有限公司发行部
经　　销：	各地新华书店
印　　刷：	北京市密东印刷有限公司
开　　本：	787×1092　1/16
印　　张：	18.75
字　　数：	470 千
版　　次：	2013 年 12 月　第 1 版
印　　次：	2017 年 2 月　第 2 次印刷
书　　号：	ISBN 978-7-114-10923-2
定　　价：	39.00 元

(有印刷、装订质量问题的图书由本社负责调换)

前言 Preface

本书结合当前高等职业技术教育特点,基于编者工作过程课程改革探索,以桥梁结构以及临时工程结构计算为载体,以《混凝土结构设计规范》(GB 50010—2010)、《建筑结构荷载规范》(GB 50009—2012)、《建筑结构可靠度设计统一标准》(GB 50068—2001)、《公路桥涵设计通用规范》(JTG D60—2004)、《公路钢筋混凝土及预应力混凝土桥涵设计规范》(JTG D62—2004)等为依据,按照工程结构构件的设计要求编写而成。

"钢筋混凝土结构"具有很强的理论性与实践性,是与现行国家工程建设标准及行业规范密切相关的课程,可直接应用于工程实践,并为工程实践服务。本书是高职高专交通运输与土建类专业规划教材,主要适用于铁道工程、道路与桥梁工程、高速铁道、城市轨道交通工程、地下与隧道工程、房屋建筑、交通土建等专业教学使用。

本书内容主要涵盖了三个知识模块:构造措施、设计计算方法、混凝土构件的受力性能。本书共分为四篇:第一篇包括绪论、钢筋混凝土结构材料的物理力学性能、钢筋混凝土结构设计的基本原则;第二篇包括混凝土受弯构件正截面承载力计算、混凝土受弯构件斜截面承载力计算、混凝土受压构件承载力计算、混凝土构件的变形和裂缝验算;第三篇为预应力混凝土结构;第四篇为拓展知识,包括钢结构设计、钢—混凝土组合梁及钢管混凝土设计、便桥设计。

其中第一章绪论、第二章钢筋混凝土结构材料的物理力学性能、第三章钢筋混凝土结构设计的基本原则、第六章混凝土受压构件承载力计算、第七章混凝土构件的变形和裂缝验算、第九章钢结构设计中钢结构的连接和螺栓连接部分由陕西铁路工程职业技术学院胡娟(副教授)编写;第四章混凝土受弯构件正截面承载力计算、第五章混凝土受弯构件斜截面承载力计算由陕西铁路工程职业技术学院欧阳志(讲师)编写;第八章预应力混凝土结构、第十一章便桥设计中概述部分由陕西铁路工程职业技术学院杨勃(讲师)编写;第十一章便桥设计中便桥设计部分由中铁一局集团桥梁工程有限公司赵斌(高级工程师)编写;第十章钢—混凝土组合梁及钢管混凝土设计由北京城建第六建设工程有限公司胡晓龙(高级工程师)和石家庄铁路职业技术学院刘训臣(副教授)编写,第九章钢结构设计中概述部分由中铁一局集团桥梁工程有限公司孙晓义(工程师)编写;第九章钢结构设计中轴心受力构件部分由陕西铁路工程职业技术学院张裕超(助教)编写。

全书由胡娟统稿,胡娟、胡晓龙任主编,欧阳志、杨勃任副主编;郑州航空工业管理学院薛茹教授任主审。

由于编者水平有限,书中不可避免存在不足之处,敬请读者批评指正。

编 者
2013年9月

目录 Contents

第一篇 材料性能及设计基本原则

第一章 绪论 ... 3
- 第一节 混凝土结构的一般概念及特点 ... 3
- 第二节 混凝土结构的发展概况与应用 ... 6
- 第三节 本课程的主要内容、特点和学习方法 ... 8
- 本章小结 ... 9
- 思考与练习 ... 9

第二章 钢筋混凝土结构材料的物理力学性能 ... 10
- 第一节 钢筋 ... 10
- 第二节 混凝土 ... 13
- 第三节 钢筋与混凝土的黏结 ... 20
- 第四节 公路桥涵工程钢筋混凝土结构材料 ... 29
- 本章小结 ... 30
- 思考与练习 ... 31

第三章 钢筋混凝土结构设计的基本原则 ... 32
- 第一节 结构的功能要求和极限状态 ... 32
- 第二节 概率极限状态设计方法 ... 35
- 第三节 荷载的代表值 ... 38
- 第四节 材料强度的标准值和设计值 ... 39
- 第五节 荷载组合 ... 40
- 第六节 公路桥涵工程混凝土结构设计的基本原则 ... 44
- 本章小结 ... 47
- 思考与练习 ... 47

第二篇 混凝土构件弯曲及受压性能

第四章 混凝土受弯构件正截面承载力计算 51
第一节 梁板构造 51
第二节 试验研究分析 54
第三节 受弯构件正截面承载力计算原则 58
第四节 单筋矩形截面正截面承载力计算 62
第五节 双筋矩形截面正截面承载力计算 66
第六节 T形截面正截面承载力计算 70
第七节 公路桥涵中受弯构件正截面承载力计算 76
第八节 影响受弯构件正截面承载力的因素分析 80
本章小结 80
思考与练习 81

第五章 混凝土受弯构件斜截面承载力计算 84
第一节 斜截面开裂前受力分析 84
第二节 无腹筋梁受剪性能 85
第三节 有腹筋梁的受剪性能 90
第四节 斜截面抗剪承载力计算方法和步骤 95
第五节 保证斜截面受弯承载力的构造措施 99
第六节 梁内钢筋的构造要求 103
第七节 连续梁受剪性能及其承载力计算 106
本章小结 110
思考与练习 110

第六章 混凝土受压构件承载力计算 114
第一节 概述 114
第二节 受压构件的一般构造 115
第三节 轴心受压构件正截面的受力性能与承载力计算 116
第四节 偏心受压构件正截面受力性能 122
第五节 不对称配筋矩形截面偏心受压构件正截面承载力计算 126
第六节 对称配筋矩形截面偏心受压构件正截面承载力计算 138
第七节 工字形截面偏心受压构件正截面承载力计算 142

     第八节　圆形截面偏心受压构件正截面承载力计算 …………………… 147
     第九节　公路桥涵工程中受压构件承载力计算 …………………………… 149
     本章小结 ………………………………………………………………………… 156
     思考与练习 ……………………………………………………………………… 157

第七章　混凝土构件的变形和裂缝验算 …………………………………… 159

     第一节　受弯构件挠度和裂缝宽度验算 …………………………………… 159
     第二节　公路桥涵工程中受弯构件挠度和裂缝宽度验算 ………………… 167
     本章小结 ………………………………………………………………………… 170
     思考与练习 ……………………………………………………………………… 171

第三篇　预应力混凝土结构

第八章　预应力混凝土结构 ……………………………………………………… 175

     第一节　概述 …………………………………………………………………… 175
     第二节　预应力混凝土材料与施工 ………………………………………… 178
     第三节　预应力混凝土构件施工方法 ……………………………………… 185
     第四节　预应力混凝土受弯构件计算 ……………………………………… 191
     第五节　预应力混凝土受弯构件的应力计算 ……………………………… 199
     第六节　预应力混凝土施工应用实例 ……………………………………… 203
     第七节　其他预应力混凝土结构简介 ……………………………………… 214
     本章小结 ………………………………………………………………………… 216
     思考与练习 ……………………………………………………………………… 216

第四篇　拓　展　知　识

第九章　钢结构设计 ………………………………………………………………… 221

     第一节　概述 …………………………………………………………………… 221
     第二节　钢结构的连接 ………………………………………………………… 227
     第三节　螺栓连接 ……………………………………………………………… 243
     第四节　轴心受力构件 ………………………………………………………… 250
     本章小结 ………………………………………………………………………… 256

思考与练习 ··· 257

第十章　钢—混凝土组合梁及钢管混凝土设计 ································ 258
　　第一节　钢—混凝土组合梁 ··· 258
　　第二节　钢管混凝土 ·· 261
　　本章小结 ·· 272
　　思考与练习 ·· 272

第十一章　便桥设计 ·· 273
　　第一节　概述 ·· 273
　　第二节　便桥设计 ·· 275

附表 ·· 284

参考文献 ··· 289

第一篇　材料性能及设计基本原则

第一章 绪　　论

知识描述

本章内容包括三个部分,第一部分讲述了混凝土结构的一般概念及特点;第二部分简要介绍了混凝土结构的发展与应用概况;最后介绍了本课程的主要内容、特点以及学习过程中需注意的问题。

学习要求

通过本章学习,应掌握混凝土结构的一般概念及特点,了解混凝土结构在国内外土木工程中的发展与应用概况,了解本课程的主要内容、要求和学习方法。

第一节　混凝土结构的一般概念及特点

一、混凝土结构的一般概念

混凝土是由胶凝材料、粗集料(石子)、细集料(砂粒)、水和外加剂等其他材料,按适当比例配制,经搅拌、养护硬化而成的具有一定强度的人工石材。因此,也被工程人员称为"砼"。胶凝材料包括水泥、石灰、水、粉煤灰和矿粉等。

混凝土结构(Concrete Structure)是以混凝土为主要材料,并根据需要配置钢筋、预应力钢筋、钢骨及钢管的结构。它包括素混凝土结构、钢筋混凝土结构、预应力混凝土结构、钢管混凝土结构、钢骨混凝土结构、FRP筋混凝土结构及纤维混凝土结构等。

素混凝土结构(Plain Concrete Structure)是指由无筋或不配置受力钢筋的混凝土制成的主要用于承受压力的结构。如基础、支墩、挡土墙、堤坝、地坪、路面、机场跑道以及一些非承重结构等。

钢筋混凝土结构(Reinforced Concrete Structure)是由配置受力的普通钢筋、钢筋网或钢筋骨架的混凝土制成的适用于各种受压、受拉、受弯和受扭的结构。如各种桁架、梁、板、柱、墙、拱及壳等。

预应力混凝土结构(Prestressed Concrete Structure)是由配置受力的预应力钢筋通过张拉或其他方法建立预加应力的混凝土制成的结构,预应力混凝土结构的应用范围和钢筋混凝土结构相似,但由于预应力混凝土结构具有抗裂性好、刚度大和强度高的特点,特别适宜于一些跨度大、荷载大以及有抗裂、抗渗要求的结构。

钢管混凝土结构(Concrete-Filled Steel Tube Structure)是指在钢管中填充混凝土而形成的结构,是在劲性钢筋混凝土结构、螺旋配筋混凝土结构及钢管结构的基础上演变和发展起来的一种新型结构。钢管混凝土利用钢管和混凝土两种材料在受力过程中的相互作用,即在轴向荷载作用下钢管对核心混凝土的径向约束作用使混凝土处于复杂应力状态之下,从而使钢管中核心混凝土的强度得以提高,塑性和韧性大为改善;同时,由于混凝土的存在可以避免或延缓钢管发生局部屈曲,从而保证其材料性能的充分发挥。钢管混凝土在世界各地的多层、高层、超高层建筑,工业厂房,输变电塔等特种结构中得到了广泛应用。另外目前广泛应用于桥墩、柱、拱桥等工程结构。

钢骨混凝土结构(Steel Reinforced Concrete,简称 SRC)又称为型钢混凝土结构,是指用混凝土包裹型钢或用钢板焊成的钢骨架的混凝土结构。它具有承载力高,抗震性能良好,施工安装方便的优点。钢骨混凝土结构在我国高层建筑以及大跨度建筑中有着广阔的应用前景。

FRP 筋混凝土结构是指用 FRP(纤维增强复合材料,Fiber Reinforced Polymer/Plastic)替代钢筋作为筋材的混凝土结构。FRP 是近年在土木工程中应用日益广泛的一种新型的结构材料,具有高强、轻质、耐腐蚀等显著优点。FRP 在土木工程中的应用分为两大类:一类是用 FRP 筋代替钢筋用于新建结构;另一类是将 FRP 筋用于结构物的加固补强、围护防腐。

纤维混凝土结构(Fiber Reinforced Concrete,简称 FRC),是纤维增强混凝土结构的简称,通常是以水泥净浆、砂浆或者混凝土为基体,将短而细的分散性纤维掺入其中而形成的一种新型建筑材料。纤维有两类:一类是高弹性模量纤维,包括钢纤维、玻璃纤维、石棉纤维及碳纤维等,掺入混凝土后,可使混凝土获得较高的韧性,并提高抗拉强度、刚度和承受动荷载的能力;另一类是低弹性模量纤维,如聚丙烯纤维、聚乙烯纤维及尼龙纤维等,掺入混凝土中只能增加韧性,不能提高强度。此外,纤维混凝土还具有抗疲劳性,同时在耐久性、耐磨性、耐腐蚀性、耐冲刷性、抗冻融和抗渗性等方面都有不同程度的提高。

砖石及混凝土结构俗称圬工结构,又称砌体结构,是用胶结材料与砖、石、混凝土等块材按一定规则砌筑而成的整体结构。这种结构易于就地取材,且有良好的耐久性,但自重大,施工机械化程度低,多用于中小跨度的拱桥、墩台、基础、挡土墙及防护工程中。

钢结构(Steel Structure)是由型钢或钢板通过一定的连接方式所构成的。钢结构的可靠性高,其基本构件可在工厂预制,故施工效率高,周期短。但相对于混凝土结构而言,造价较高,而且养护费用也高。

木结构(Wood Structure)是指单纯由木材或主要由木材承受荷载的结构。木材易于取材、加工方便、质轻且强,缺点是各向异性,有木节、裂纹等天然缺陷,易腐、易蛀、易燃、易裂和易翘曲。我国木材资源严重不足,因此,木结构只应用于抢险急修的临时性工程以及施工过程中的辅助性工程(支架、模板、工棚等)。

其中,钢筋混凝土结构是目前土木工程中使用最为广泛的结构形式,钢筋的抗拉和抗压强度都很高,混凝土的抗压强度较高而抗拉强度却很低。钢筋混凝土结构就是把钢筋和混凝土通过合理的方式组合在一起,使钢筋主要承受拉力,混凝土主要承受压力,充分发挥两种材料的性能优势,从而使所设计的工程结构既安全可靠又经济合理。

图 1.1a)、b)所示分别为尺寸和混凝土强度均相同的两根梁。区别是图 1.1a)所示的梁内没有配筋;图 1.1b)所示的梁下部配有纵向钢筋,即为钢筋混凝土梁。

图 1.1a)所示的素混凝土梁在外荷载作用下,梁截面上部受压,下部受拉。当梁跨中截面下边缘的混凝土达到抗拉强度时,该部位开裂,梁就突然断裂,属于没有预兆的脆性破坏。同时由于混凝土的抗拉强度很低,所以梁破坏时的变形和外荷载均很小。为改变这种情况,在梁的受拉区域配置适量的钢筋形成钢筋混凝土梁,如图 1.1b)所示。在荷载作用下钢筋混凝土梁同样是跨中截面下边缘的混凝土首先开裂,但此时开裂截面原来由混凝土承担的拉力变成由钢筋承担。同时由于钢筋的强度和弹性模量均很大,因此梁还能继续承受外荷载,直到受拉

钢筋屈服,受压区混凝土压碎,梁才被破坏。可见钢筋混凝土梁不仅破坏时能承受较大的外荷载,而且钢筋的抗拉强度和混凝土的抗压强度都得到利用,破坏前的变形大,有明显的预兆,属于延性破坏。

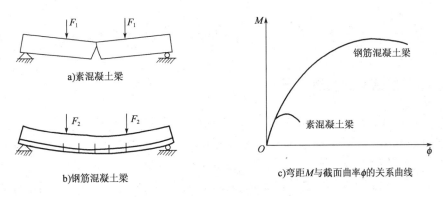

图1.1 素混凝土梁与钢筋混凝土梁的受力破坏

因此可见,在混凝土结构的适当位置配置适量的钢筋,两种材料有机结合、协同工作,就能使结构的承载能力和变形能力有很大的提高,同时钢筋与混凝土两种材料的强度也都得到较充分的利用并节约材料。

二 混凝土结构的特点

1. 混凝土结构的优点

(1)就地取材 混凝土所用的砂、石均易于就地取材。另外,还可利用矿渣、粉煤灰等工业废料制成人造集料作为浇筑混凝土的集料。

(2)合理用材、降低造价 钢筋混凝土结构合理地利用了钢筋和混凝土两种材料性能的优势,从而节约钢材(与钢结构相比)、降低造价。

(3)耐久性好 在混凝土结构中,钢筋由于受到混凝土的包裹而不易锈蚀,所以混凝土结构具有良好的耐久性。

(4)耐火性好 混凝土为不良导热体,且包裹在钢筋的外面,所以发生火灾时钢筋不会很快到软化温度而导致结构整体破坏。因此,与木结构、钢结构相比,混凝土结构具有良好的耐火性。

(5)可模性好 由于新拌和的混凝土是可塑性的,所以可根据建筑造型的需要制作成各种形状和尺寸的混凝土结构。

(6)整体性好 现浇以及装配混凝土结构均具有良好的整体性,这有利于抗震、抵抗振动和爆炸冲击波。

2. 混凝土结构的缺点

(1)自重大 若承受相同的外荷载,采用混凝土结构时的截面尺寸比采用钢结构时要大许多,导致混凝土结构的自重大。这对建造大跨度结构、高层建筑结构以及抗震结构均是不利的。

(2)抗裂性差 由于混凝土的抗拉强度低,所以在正常使用阶段钢筋混凝土构件的受拉区通常存在裂缝。如果裂缝宽度过大,就会影响结构的耐久性和使用性能。因此,对一些不允许出现裂缝或对裂缝宽度有严格限制的结构,应采取施加预应力等措施。

此外,混凝土结构还存在施工周期长、施工工序复杂、费工、费模板、施工受季节气候影响、结构的隔热隔声性能较差以及修复加固困难等缺点。

第二节　混凝土结构的发展概况与应用

一　混凝土结构的发展概况

混凝土结构大约有 160 年的历史,其发展大致分为以下三个阶段。

第一阶段:1850～1920 年。1824 年英国人 J. Aspdin 发明波特兰水泥,为钢筋混凝土的发明奠定了物质基础。从 1850 年法国人 L. Lambot 制造第一只钢筋混凝土小船(标志着混凝土结构的诞生),至 1920 年,该阶段钢筋与混凝土的强度都很低,只能用钢筋混凝土建造板、梁、柱和拱等简单的构件,此阶段采用材料力学中的容许应力法进行结构的内力计算和截面设计。

第二阶段:1920～1950 年。这一阶段钢筋和混凝土的强度得到提高,开始出现装配式钢筋混凝土结构、预应力混凝土结构和壳体空间结构等。1928 年法国工程师 Freyssinet 发明了预应力混凝土;1933 年,法国、前苏联和美国分别建成跨度达 60m 的圆壳、扁壳和圆形悬索屋盖;1931 年美国在纽约建成了 102 层、高 381m 的帝国大厦(图 1.2),该楼保持世界纪录达 40 年之久。此阶段计算理论开始考虑材料的塑性,开始按破损阶段进行构件的截面设计。

图 1.2　帝国大厦

第三阶段:1950 年至今。该阶段材料强度不断提高,高强混凝土、高性能混凝土以及高强钢筋等相继出现并得到工程应用。各种新的结构形式和施工技术也相继得到应用。混凝土结构所能达到的跨度和高度不断刷新。混凝土结构不断向新的应用领域拓展。计算理论已发展至充分考虑混凝土和钢筋塑性的极限状态设计理论,设计计算方法也已发展到以概率论为基础的多系数表达的设计公式法。

二　混凝土结构的应用

混凝土结构已在房屋建筑、桥梁、隧道、矿井、水利以及海洋等工程中得到广泛的应用。在建筑工程中,住宅、学校等民用建筑以及单层、多层工业厂房大量使用混凝土结构,其中钢筋混凝土结构在一般工业与民用建筑中使用最为广泛。高层建筑中的框架结构、剪力墙结构、框架—剪力墙结构、筒体结构等也多采用混凝土结构。具有代表性的混凝土结构房屋建筑工程有:1996 年建成的当时世界上最高的广州中信广场(图 1.3)80 层,高度为 391m,为筒中筒结构,现列世界第七高楼;2003 年建成的世界第一高楼中国台北的国际金融中心,高度为 508m,为钢和混凝土的混合结构;2008 年上海建成的世界第二高楼上海环球金融中心,地上 101 层,地下 3 层,总高度为 492m,为由巨型框架外筒和钢筋混凝土核心内筒所形成的钢和混凝土的混合结构。现列世界第五高楼的上海金茂大厦,88 层,高度为 420.5m,为钢筋混凝土核心筒和外框架所组成的钢和混凝土混合结构(图1.4);1997年建成的世界第三高楼马来西亚吉隆坡国油双子塔楼,88层,高度为452m,为型钢混凝土结构;早在1969年,美国就用高强轻集料混凝土建成高度为217.6m、52层的休斯敦贝壳广场大厦,是迄今为止用轻集料混凝土建造的最高建筑。

a)   b)

图1.3 广州中信广场　　　　图1.4 上海环球金融中心和上海金茂大厦

在桥梁工程中,通常跨度小于15m的桥梁多采用钢筋混凝土结构建造;跨度在15~25m的桥梁多采用预应力混凝土结构建造;跨度在25~60m的桥梁则采用钢—混凝土组合结构建造较为经济,更大跨度的桥梁则一般采用钢结构建造。即使在悬索桥、斜拉桥等大跨度桥梁中,其桥塔和桥面板一般也采用混凝土结构。现今,我国在桥梁工程的许多方面处于国际领先水平,取得了举世瞩目的建设成就。具有代表性的混凝土结构或钢—混凝土组合结构桥梁工程有:1993年建成的上海杨浦大桥,主跨为602m,也为双塔双索面钢—混凝土结合梁斜拉桥,在斜拉桥中排名世界第七,在钢—混凝土结合梁斜拉桥中排名世界第二。1997年建成的万县长江大桥,主跨为420m,采用劲性骨架的箱形拱桥,为世界首创。1997年建成的虎门辅航道桥,主跨为270m,为预应力混凝土连续刚构桥,跨径居当时同类桥跨世界第一。2005年建成的巫山长江大桥,主跨为460m,为钢管混凝土拱桥,在拱桥中排名世界第五,在钢管混凝土拱桥中排名世界第一。2000年建成的福州市青州闽江大桥,主跨为605m,为双塔双索面钢—混凝土结合梁斜拉桥,其桥塔和桥面板均为混凝土结构,在斜拉桥中排名世界第六,在钢—混凝土结合梁斜拉桥中排名世界第一。2008年建成的苏通长江斜拉桥,主跨达1088m,主梁为钢箱梁,跨径目前居世界第一(图1.5)。

在水利水电工程中,坝、水工隧洞、溢洪道等一般都采用混凝土结构。同桥梁工程一样,我国的水利水电工程建设规模大、建设水平高。截至2005年,我国已建成15m以上的大坝22000多座,占世界总量的44%。其中世界最高的坝是我国雅砻江流域梯级开发龙头电站的锦屏一级拱坝,为混凝土双曲拱坝,坝高度为305m,2005年开工建设。清江梯级开发第一级电站的水布垭大坝,坝跨度为233m,为世界第一高混凝土面板堆石坝,2007年建成。红水河龙滩水电站大坝长度为832m,高度为216.5m,坝体混凝土用量达到736万m^3,为世界上最高的碾压混凝土重力坝。特别是三峡大坝的建设成功,标志着我国大坝建设跨入了世界先进行列。三峡大坝(图1.6)是世界上最宏伟的混凝土重力坝,坝体混凝土用量达到2794万m^3,为世界之最。

除上述工程外,还有隧道、地铁、地下停车场、水塔、储液池、核反应堆安全壳和海上石油平台等工程也采用混凝土结构建造。我国每年混凝土用量约10亿m^3,钢筋用量约2500万t。

可见,我国混凝土结构应用的规模和耗资均居世界前列。

图1.5 苏通长江大桥

图1.6 三峡大坝

第三节 本课程的主要内容、特点和学习方法

一 本课程的主要内容

本课程的主要内容包括钢筋混凝土材料的物理力学性能,钢筋混凝土结构设计的基本原则,混凝土结构受弯承载力计算,混凝土受压构件承载力计算,混凝土构件的变形和裂缝验算,预应力混凝土结构承载力计算及拓展知识。

二 本课程的特点和学习方法

本课程的特点和学习方法如下。

1. 课程内容复杂

本课程要求学生具有材料力学和建筑力学基础,通过平衡条件、物理条件和几何条件建立基本方程。但材料力学中为单一、均质、连续的弹性材料;建筑力学是对力学分析的基础。而本课程的研究对象是由钢筋和混凝土两种力学性能极不相同的材料组成的钢筋混凝土构件,并且混凝土又是非均匀、非连续、非弹性材料。钢筋与混凝土两种材料在强度和数量两个方面的比值变化超过一定范围时,又会引起构件受力性能的改变,学习时应予以注意。

2. 试验性强

由于钢筋混凝土构件由钢筋和混凝土两种材料组成,且混凝土材性复杂,不少公式非单纯理论推导而来,而是以经验、试验为基础得到的半理论半经验公式,学习过程中要了解试验中规律现象,在学习和运用这些方法和公式时,要注意它们的适用范围和限制条件。设计计算公式建立的一般步骤是:试验研究→提出基本假定→得到计算简图→建立平衡方程→提出计算公式限制条件。

3. 实践性和综合性强,且与规范密切相关

本课程是为了解决实际工程中混凝土结构截面的配筋、节点的构造等问题,同时许多构造措施是长期工程实践经验的总结,因此具有较强的实践性。设计过程包括结构和构造的选型、

截面尺寸确定、荷载分析与内力分析、截面配筋计算和构造措施等,因此又具有较强的综合性。课程内容及其设计计算等应符合现行规范的要求,主要涉及《混凝土结构设计规范》(GB 50010—2010)、《建筑结构荷载规范》(GB 50009—2012)、《建筑结构可靠度设计统一标准》(GB 50068—2001)、《公路桥涵设计通用规范》(JTG D60—2004)和《公路钢筋混凝土及预应力混凝土桥涵设计规范》(JTG D62—2004)等。因此,在学习课程内容的过程中,不仅应同时学习与课程内容相关的规范条文,而且应深刻理解规范条文的编制依据,只有这样才能正确地应用规范而不被规范所束缚,充分发挥设计者的主动性和创造性。

学生应加强作业、课程设计、毕业设计等环节的训练,还应到现场进行参观学习,以增强感性认识,积累工程经验,进而促进对课程内容的理解。

◀ 本 章 小 结 ▶

(1) 以混凝土为主要材料的混凝土结构充分利用了钢筋和混凝土各自的特点。配置适量钢筋后,混凝土构件的承载力得到大大提高,受力性能得到显著改善。

(2) 混凝土结构有许多优点,也有一些缺点。通过不断地研究和技术开发,可改善混凝土结构的特性。

(3) 钢筋与混凝土能够共同作用的条件有三个:钢筋与混凝土之间存在良好的黏结力;钢筋与混凝土的温度线膨胀系数接近;混凝土对钢筋的保护作用。

(4) 钢筋混凝土构件的力学性能和设计计算与材料力学既有共同之处,又有显著区别,且比材料力学复杂,学习时应注意区分。

◀ 思考与练习 ▶

思考题

1.1 什么是混凝土结构?混凝土结构有哪些特点?

1.2 钢筋与混凝土共同工作的条件是什么?

1.3 以受集中荷载作用的简支梁为例,说明素混凝土构件和钢筋混凝土构件在受力性能方面的差异。

1.4 简述混凝土结构的发展与应用情况。

1.5 本课程主要包括哪些内容?学习时应注意哪些问题?

第二章　钢筋混凝土结构材料的物理力学性能

知识描述

钢筋混凝土是由钢筋和混凝土两种性能截然不同的材料组成的。两种材料的力学性能以及共同工作的特性,是合理选择结构形式、正确进行结构设计和确定构造措施的基础,也是建立混凝土结构计算理论和设计方法的依据。本章主要介绍混凝土和钢筋的力学性能,以及两者之间的黏结性能。

学习要求

通过本章学习,应熟悉钢筋的品种和级别;掌握钢筋的应力—应变全曲线特性;了解混凝土结构对钢筋性能的要求;同时应熟悉混凝土的立方体强度、轴心抗压强度、轴心抗拉强度;掌握单轴向受压时混凝土的应力—应变全曲线;熟悉混凝土的弹性模量、变形模量的概念;熟悉混凝土徐变、收缩与膨胀的概念;掌握钢筋与混凝土共同工作的原理以及保证可靠黏结的构造要求。

第一节　钢　筋

一　钢筋的等级与选用要求

由《混凝土结构设计规范》(GB 50010—2010)可知,目前常用的普通钢筋等级有 HPB300、HRB335、HRBF335、HRB400、HRBF400、RRB400、HRB400E、HRB500 及 HRBF500 等。其中,HPB 为热轧光圆钢筋,HRB 为普通热轧带肋钢筋,RRB 为余热处理带肋钢筋,HRBF 为细晶粒热轧带肋钢筋,HRB400E 为较高抗震性能的普通热轧带肋钢筋(图 2.1)。预应力钢筋种类有中强度预应力钢丝、预应力螺纹钢筋、消除应力钢丝及钢绞线四种。其主要力学性能见附表 3～附表 5。

a)光圆钢筋

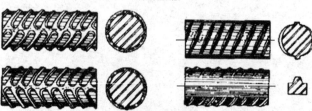

b)带肋钢筋

图 2.1　钢筋的外形

常用钢筋公称直径(mm)有 6、8、10、12、14、16、18、20、22 和 25。光圆钢筋的截面面积按直径计算,变形钢筋根据标称直径按圆面积计算确定。钢丝常用的直径有 5mm、7mm 和 9mm 等几种,预应力混凝土构件可采用较细的钢丝组成的钢绞线。

纵向受力普通钢筋宜采用 HRB400、HRB500、HRBF400 及 HRBF500 钢筋,也可采用 HPB300、HRB335、HRBF335 及 RRB400 钢筋。

梁、柱纵向受力普通钢筋应采用 HRB400、HRB500、HRBF400 及 HRBF500 钢筋。

箍筋宜采用 HRB400、HRBF400、HPB300、HRB500 及 HRBF500 钢筋,也可采用 HRB335 及 HRBF335 钢筋。

二 钢筋的强度与变形

钢筋的强度与变形可通过拉伸试验曲线 $\sigma\text{-}\varepsilon$ 关系说明,分为有明显流幅的钢筋(图 2.2)和无明显流幅的钢筋(图 2.3)。有明显流幅的钢筋常用于一般混凝土构件,没有明显流幅的钢筋主要用于预应力混凝土构件。

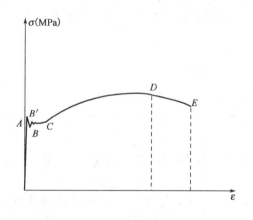

图 2.2 有明显流幅钢筋的 $\sigma\text{-}\varepsilon$ 曲线

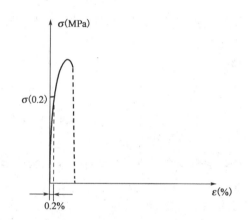

图 2.3 无明显流幅钢筋的 $\sigma\text{-}\varepsilon$ 曲线

图 2.2 所示为典型的有明显流幅钢筋拉伸应力—应变关系曲线($\sigma\text{-}\varepsilon$ 曲线)。A 点以前 σ 与 ε 成线性关系,AB' 段是弹塑性阶段,一般认为 B' 点以前应力和应变接近为线性关系,B' 点是不稳定的(称为屈服上限)。B' 点以后曲线降到 B 点(称为屈服下限),这时相应的应力称为屈服强度 f_y。在 B 点以后应力不增加而应变急剧增长,钢筋经过较大的应变到达 C 点,一般 I 级钢的 C 点应变是 B 点应变的十几倍。过 C 点后钢筋应力又继续上升,钢筋变形明显增大,钢筋进入强化阶段。钢筋应力达到最高应力 D 点,D 点相应的峰值应力称为钢筋的极限抗拉强度。D 点以后钢筋发生颈缩现象,应力开始下降,应变增加,到达 E 点时钢筋被拉断。E 点相对应的钢筋平均应变 δ 称为钢筋的伸长率。

有明显流幅钢筋的受压性能通常是用短粗钢筋试件在试验机上测定的。应力未超过屈服强度以前 $\sigma\text{-}\varepsilon$ 关系与受拉时基本相重合,屈服强度与受拉时基本相同。在达到屈服强度后,受压钢筋也将在压应力不增长情况下产生明显的塑性压缩,然后进入强化阶段。这时试件将越压越短并产生明显的横向膨胀,试件被压得很扁也不会发生材料破坏,因此很难测得极限抗压强度。所以,一般只做拉伸试验而不做压缩试验。

从图 2.2 的 $\sigma\text{-}\varepsilon$ 关系曲线中可以得出三个重要参数:屈服强度 f_y、极限抗拉强度 f_u 和伸长率δ。在钢筋混凝土构件设计计算时，对有明显流幅的钢筋，一般取屈服强度f_y作为钢筋强度的设计依据，这是因为钢筋应力达到屈服后将产生很大的塑性变形，卸载后塑性变形不可恢复，使钢筋混凝土构件产生很大变形和不可闭合的裂缝。设计上一般不用抗拉强度f_u这一指标，抗拉强度f_u可度量钢筋的强度储备。伸长率δ反映了钢筋拉断前的变形能力，它是衡量钢筋塑性的重要指标之一，伸长率δ大的钢筋在拉断前变形明显，构件破坏前有足够的预兆，属于延性破坏；伸长率δ小的钢筋拉断前没有预兆，具有脆性破坏的特征。

反映钢筋力学性能的基本指标有屈服强度、极限强度、伸长率和冷弯，前两个指标为强度指标，后两个指标为变形指标。钢筋的f_y、f_u、δ_5（或δ_{10}）和冷弯性能是施工单位验收钢筋是否合格的四个主要指标。

屈服强度是设计时钢筋强度取值的依据，这是由于钢筋屈服后将产生很大的塑性变形，这会使钢筋混凝土构件产生很大的变形和过宽的裂缝。同时由于屈服上限不稳定，所以对于有明显流幅的钢筋，一般取屈服下限作为屈服强度。

强屈比是钢筋的极限抗拉强度与屈服强度的比值，反映了钢筋的强度储备。《混凝土结构设计规范》(GB 50010—2010)规定：对按一、二、三级抗震等级设计的各类框架构件，要求纵向受力钢筋检验所得的抗拉强度实测值（即实测最大强度值）与受拉屈服强度的比值（强屈比）不小于1.25。

伸长率按下式计算

$$\delta_5 (\text{或} \delta_{10}) = \frac{l - l_0}{l_0} \tag{2.1}$$

式中：l_0——试件拉伸前量测标距的长度，一般取$l_0 = 5d$或$l_0 = 10d$（d为钢筋直径）；

l——试件拉断量测标距的长度。

伸长率是一个反映钢筋塑性性能的指标。伸长率越大，构件在破坏前有明显的预兆，延性越好。

没有明显流幅的钢筋拉伸σ-ε曲线如图2.3所示。当应力很小时，具有理想弹性性质；应力超过$\sigma_{0.2}$之后钢筋表现出明显的塑性，直到材料破坏时曲线上没有明显的流幅，破坏时它的塑性变形比有明显流幅钢筋的塑性变形要小得多。对无明显流幅的钢筋，在设计时一般取残余应变为0.2%时相对应的应力$\sigma_{0.2}$作为假定的屈服点，称为条件屈服强度。由于$\sigma_{0.2}$不易测定，故极限抗拉强度就作为钢筋检验的唯一强度指标，$\sigma_{0.2}$常取为极限抗拉强度的0.8倍。

三 混凝土结构对钢筋性能的要求

1. 强度

强度是指钢筋的屈服强度和抗拉强度。屈服强度f_y是设计计算的主要依据，对无明显屈服点的钢筋的屈服强度取条件屈服强度$\sigma_{0.2}$。采用高强度钢筋可以节约钢材，取得较好的经济效果。抗拉强度f_u不是设计强度依据，但它也是一项强度指标，抗拉强度越高，钢筋的强度储备越大，反之则强度储备越小。提高使用钢筋强度的方法，除采用市场上有供给的较高强度钢筋外，还可以对钢筋进行冷加工获得较高强度钢筋，但应保证一定的强屈比（抗拉强度与屈服强度之比），使结构具有一定的可靠性潜力。

2. 塑性

塑性是指钢筋在受力过程中的变形能力，混凝土结构要求钢筋在断裂前有足够的变形，使结构在将要破坏前有明显的预兆。塑性指标伸长率 δ_5（或 δ_{10}）应满足要求。

3. 可焊性

在一定的工艺条件下要求钢筋焊接后不产生裂纹及过大的变形，保证钢筋焊接后的接头性能良好。对于冷拉钢筋的焊接，应先焊接好以后再进行冷拉，这样可以避免高温使冷拉钢筋软化，丧失冷拉作用。

4. 钢筋的耐火性

钢材本身的耐火性能较差，相对而言，热轧钢筋的耐火性最好，预应力钢筋最差。因此，结构设计时应设置必要的混凝土保护层厚度以满足构件耐火等级的要求。

5. 钢筋与混凝土的黏结性

钢筋与混凝土的黏结力是保证钢筋混凝土构件在使用过程中，钢筋和混凝土能共同工作的主要原因。钢筋的表面形状及粗糙程度对黏结力有重要的影响。

另外，在寒冷地区，为了避免钢筋发生低温冷脆破坏，对钢筋的低温性能也有一定要求。

第二节　混　凝　土

普通混凝土是由胶凝材料（水泥）、粗集料（碎石或卵石）、细集料（砂）和水拌和，有时还加入少量的添加剂，经过搅拌、注模、振捣及养护等工序后，逐渐凝固和硬化而成的一种人工石材，是一种多相复合材料。混凝土中的砂、石、水泥胶体中的晶体、未水化的水泥颗粒组成了错综复杂的弹性骨架，主要承受外力，并使混凝土具有弹性变形的特点。而混凝土中的孔隙、界面微裂缝等缺陷往往又是混凝土受力破坏的起源。在荷载作用下，微裂缝的扩展对混凝土的力学性能有着极为重要的影响。由于水泥胶体的硬化过程需要多年才能完成，所以混凝土的强度和变形也随时间逐渐变化。

一　单轴向应力状态下混凝土的强度

在实际工程中，单向受力构件是极少见的，一般均处于复合应力状态，复合应力作用下混凝土的强度应引起足够的重视。研究复合应力作用下混凝土的强度必须以单向应力作用下的强度为基础，复合应力作用下混凝土的强度试验需要复杂的设备，理论分析也较难，还处于研究之中。因此，单向受力状态下混凝土的强度指标就很重要，它是结构构件分析和建立强度理论公式的重要依据。

混凝土的强度与水泥强度等级、水灰比、集料品种、混凝土配合比、硬化条件和龄期等有很大关系。在实验室还因试件的尺寸及形状、试验方法和加载时间的不同，所测得的强度也不同。

1. 混凝土的抗压强度

(1) 立方体抗压强度标准值 $f_{cu,k}$

我国采用边长为150mm的立方体作为混凝土抗压强度的标准尺寸试件，并以立方体抗压强度作为混凝土各种力学指标的代表值。《混凝土结构设计规范》(GB 50010—2010)规定：以标准方法制作的边长为150mm的立方体试块，在标准条件下（温度20±2℃，相对湿度不低于95%）养护28d，按标准试验方法加载至破坏，测得的具有95%以上保证率的抗压强度作为混凝土立方体抗压强度的标准值,用符号 $f_{cu,k}$ 表示,单位为兆帕(MPa)。

试验方法对混凝土有较大影响,试件在试验机上受压时,纵向要压缩,横向要膨胀,由于混凝土与压力机垫板弹性模量与横向变形的差异,压力机垫板的横向变形明显小于混凝土的横向变形。当试件承压接触面上不涂润滑剂时,混凝土的横向变形受到摩擦力的约束,形成箍套作用。在箍套作用下,试件与垫板的接触面局部混凝土处于三向受压应力状态,试件破坏时形成两个对顶的角锥形破坏面,如图 2.4a)所示。如果在试件承压面上涂一些润滑剂,这时试件与压力机垫板间的摩擦力大大减小,试件沿着力的作用方向平行地产生几条裂缝而破坏,所测得的抗压极限强度较小,如图 2.4b)所示。《混凝土结构设计规范》(GB 50010—2010)规定的标准试验方法是不加润滑剂。

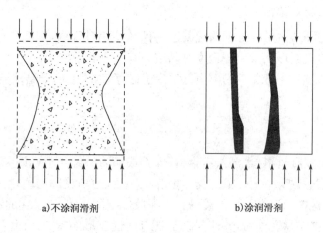

a)不涂润滑剂　　　　　　　　　b)涂润滑剂

图 2.4　混凝土立方体试块破坏图

试件尺寸对混凝土 $f_{cu,k}$ 也有影响。试验结果证明,立方体尺寸越小则试验测出的抗压强度越大,这个现象称为尺寸效应。对此现象有多种不同的分析原因和理论解释,但还没有得出一致的结论。一种观点认为是材料自身的原因,认为试件内部缺陷(裂纹)的分布,粗、细粒径的大小和分布,材料内摩擦角的不同和分布,试件表面与内部硬化程度有差异等因素有关。另一种观点认为是试验方法的原因,认为试块受压面与试验机之间摩擦力分布(四周较大,中央较小)、试验机垫板刚度有关。

过去我国曾长期采用以 200mm 边长的立方体作为标准试件。在试验研究中也采用边长 100mm 的立方体试件。用这两种尺寸试件测得的强度与用 150mm 立方体标准试件测得的强度有一定差距,这归结于尺寸效应的影响。所以非标准试件强度应乘以一个换算系数,就可变成标准试件强度 $f_{cu,k}$。根据大量实测数据,《混凝土结构设计规范》(GB 50010—2010)规定,如采用 200mm 或 100mm 的立方体试块时,其换算系数分别取 1.05 和 0.95。

混凝土的抗压试验时加载速度对立方体抗压强度也有影响,加载速度越快,测得的强度越大。故试验时通常规定加载速度:混凝土的强度等级低于 C30 时,取每秒钟 0.3～0.5N/mm²;混凝土的强度等级高于或等于 C30 时;取每秒钟 0.5～0.8N/mm²。

随着试验时混凝土的龄期增长,混凝土的极限抗压强度逐渐增大。养护开始时强度增长速度较快,然后逐渐减缓,这个强度增长的过程往往要延续几年,在潮湿环境中延续的增长时间更长,如图 2.5 所示。

(2)轴心抗压强度标准值 f_{ck}

由于实际结构和构件往往不是立方体,而是棱柱体,所以用棱柱体试件比立方体试件能更好地反映混凝土的实际抗压能力。试验证实,轴心抗压钢筋混凝土短柱中的混凝土抗压强度基本上和棱柱体抗压强度相同。所以可以用棱柱体测得的抗压强度作为轴心抗压强度,又称为棱柱体抗压强度。各级别混凝土轴心抗压强度标准值及设计值见附录。棱柱体的抗压试验及试件破坏情况如图2.6所示。

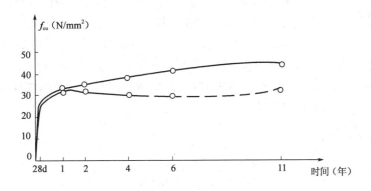

图2.5 混凝土强度随龄期增长曲线
实线-在潮湿环境下;虚线-在干燥环境下

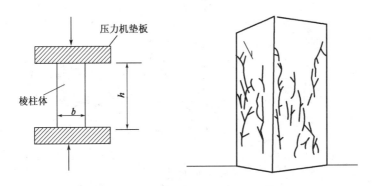

图2.6 混凝土棱柱体抗压试验和破坏情况

棱柱体试件是在与立方体试件相同的条件下制作的,试件承压面不涂润滑剂且高度比立方体试件高,因而受压时试件中部横向变形不受端部摩擦力的约束,代表了混凝土处于单向全截面均匀受压的应力状态。试验量测值比较小,并且棱柱体试件高宽比(即 h/b)越大,它的强度越小。试验表明,当试件的高宽比 $h/b<2$ 时,由于试件端部摩擦力对中部截面具有约束作用,测得的抗压强度比实际的大。当试件的高宽比 $h/b>3$ 时,由于试件破坏前附加偏心的影响,测得的抗压强度比实际的小。而当 $2<$ 高宽比 $h/b<3$ 时,可基本消除上述两种因素的影响,测得的抗压强度接近实际情况。我国采用 150mm×150mm×300mm 棱柱体作为轴心抗压强度的标准试件,如确有必要,也可采用非标准试件,但要考虑换算系数的问题。

2. 混凝土的抗拉强度 f_t

混凝土的抗拉强度比抗压强度低得多,一般只有抗压强度的 5%~10%,f_{cu} 越大,f_t/f_{cu} 值越小,混凝土的抗拉强度取决于水泥石的强度和水泥石与集料的黏结强度。采用表面粗糙的集料及较好的养护条件可提高 f_t。

轴心抗拉强度是混凝土的基本力学性能指标,也可间接地衡量混凝土的其他力学性能,如混凝土的抗冲切强度。

轴心抗拉强度可采用如图 2.7 所示的试验方法,试件尺寸为 100mm×100mm×500mm 的柱体,两端埋有伸出长度为 150mm 的二级钢筋($d=16$mm),钢筋位于试件轴线上。试验机夹紧两端伸出的钢筋,对试件施加拉力,破坏时裂缝产生在试件的中部,试件的平均破坏应力为轴心抗拉强度 f_t。

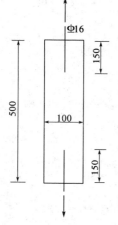

在测定混凝土抗拉强度时,上述试验方法是相当困难的。国内外多采用立方体或圆柱体劈裂试验测定混凝土的抗拉强度,如图 2.8 所示。在立方体或圆柱体垫条上施加一条压力线荷载,这样试件中间垂直截面除加力点附近很小的范围外,均有均匀分布的水平拉应力。当拉应力达到混凝土的抗拉强度时,试件被劈成两半。根据弹性理论,劈裂抗拉强度计算公式为

$$f_{t,s} = \frac{2F}{\pi l d} \tag{2.2}$$

式中:F——破坏荷载;
d——圆柱直径或立方体边长;
l——圆柱体长度或立方体边长。

图 2.7 轴心受拉试验

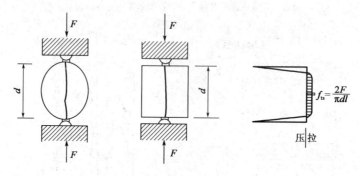

图 2.8 劈裂抗拉强度试验

根据我国近年来 100mm 立方体劈拉试验的试验结果可得

$$f_{t,s} = 0.19 f_{cu}^{3/4} \tag{2.3}$$

二 混凝土的变形

混凝土的变形分为两类:一类为混凝土的受力变形;另一类为混凝土的体积变形。

1. 混凝土的受力变形

(1)受压混凝土一次短期加荷的 $\sigma\varepsilon$ 曲线

混凝土的 $\sigma\varepsilon$ 曲线是混凝土力学性能的一个重要方面,它是钢筋混凝土构件应力分析、建立强度和变形计算理论必不可少的依据。

图 2.9 所示是典型混凝土棱柱体的 $\sigma\varepsilon$ 曲线。在第 I 阶段,即从施加荷载至 A 点[$\sigma=(0.3\sim0.4)f_c$],由于试件应力较小,混凝土的变形主要是集料和水泥结晶体的弹性变形,应力应变关系接近直线,A 点称为比例极限点。超过 A 点后,进入稳定裂缝扩展的第 II 阶段,至临界点 B,临界点 B 相对应的应力可作为长期受压强度的依据(一般取为 $0.8f_c$)。此后试件中所积蓄的弹性应变能始终保持大于裂缝发展所需的能量,形成裂缝快速发展的不稳定状态直

至 C 点,即第Ⅲ阶段,应力达到的最高点为 f_c,f_c 相对应的应变称为峰值应变 ε_0,一般 $\varepsilon_0 =$ 0.0015~0.0025,平均取 $\varepsilon_0 = 0.002$。在 f_c 以后,裂缝迅速发展,结构内部的整体性受到越来越严重的破坏,试件的平均应力强度下降,当曲线下降到拐点 D 后,σ-ε 曲线又凸向水平方向发展,在拐点 D 之后 σ-ε 曲线中曲率最大点 E 称为收敛点。E 点以后主裂缝已很宽,结构内聚力已几乎耗尽,对于无侧向约束的混凝土已失去结构的意义。

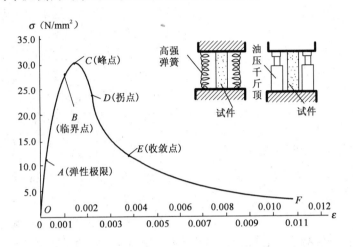

图 2.9 混凝土轴心受压时的应力—应变曲线

(2)混凝土的弹性模量、变形模量

在计算混凝土构件的截面应力、变形、预应力混凝土构件的预压应力,以及由于温度变化、支座沉降产生的内力时,需要利用混凝土的弹性模量。一般情况下受压混凝土的 σ-ε 曲线是非线性的,应力和应变的关系并不是常数,这就产生了模量的取值问题。图 2.10a)中通过原点 O 的受压混凝土的 σ-ε 曲线的切线斜率为混凝土的初始弹性模量 E_0,但是它的稳定数值不易从试验中测得。

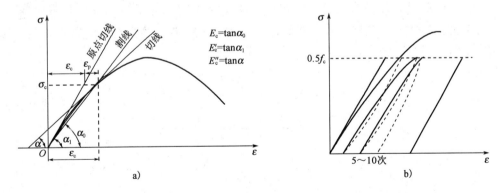

图 2.10 混凝土弹性模量 E_c 的测定方法

目前我国《混凝土结构设计规范》(GB 50010—2010)中弹性模量 E_c 值是用下列方法确定的:采用棱柱体试件,取应力上限为 $0.5f_c$,重复加荷 5~10 次。由于混凝土的塑性,每次卸载为零时,存在残余变形。但随荷载多次重复,残余变形逐渐减小,重复加荷 5~10 次后,变形趋于稳定,混凝土的 σ-ε 曲线接近于直线[图 2.10b)],该直线的斜率即为混凝土的弹性模量。根据混凝土不同强度等级的弹性模量试验值的统计分析,与立方体抗压强度标准值的经验关系为

$$E_c = \frac{10^5}{2.2 + \frac{34.7}{f_{cu,k}}} (\text{N/mm}^2) \tag{2.4}$$

(3) 受拉混凝土的变形

受拉混凝土的 $\sigma\varepsilon$ 曲线的测试比受压时要难得多,图 2.11 所示为混凝土受拉 $\sigma\varepsilon$ 曲线,曲线形状与受压时相似,也有上升段和下降段。受拉 $\sigma\varepsilon$ 曲线的原点切线斜率与受压时基本一致,因此混凝土受拉和受压均可采用相同的弹性模量。峰值应力 f_t 时的相对应变 $\varepsilon_t = 7.5 \times 10^{-6} \sim 115 \times 10^{-6}$,变形模量 $E'_c = (76\% \sim 86\%) E_c$。考虑到应力达到 f_t 时的受拉极限应变与混凝土强度、配合比、养护条件有着密切的关系,变化范围大,常取相应于抗拉强度 f_t 时的变形模量 $E'_t = 0.5 E_c$,即应力达到 f_t 时的弹性系数 $\nu = 0.5$。

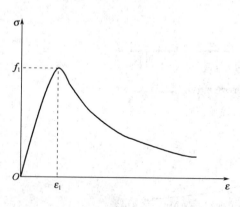

图 2.11 混凝土受拉应力-应变曲线

(4) 混凝土的徐变

试验表明,把混凝土棱柱体加压到某个应力之后维持荷载不变,则混凝土会在加荷瞬时变形的基础上,产生随时间而增长的应变。这种在长期荷载作用下随时间而增长的变形称为徐变。徐变对于结构的变形和强度,预应力混凝土中的钢筋应力都将产生重要的影响。

根据我国铁道部科学研究院的试验结果,将典型的徐变与时间的关系(图 2.12)加以说明:从图中看出,某一组棱柱体试件,当加荷应力达到 $0.5 f_c$ 时,其加荷瞬间产生的应变为瞬时应变 ε_{ci}。若荷载保持不变,随着加荷时间的增长,应变也将继续增长,这就是混凝土的徐变应变 ε_{cr}。徐变开始半年内增长较快,以后逐渐减慢,经过一定时间后,徐变趋于稳定。徐变应变值为瞬时弹性应变的 1~4 倍。两年后卸载,试件瞬时恢复的应变 ε'_c 略小于瞬时应变 ε_{ci}。卸载后经过一段时间量测,发现混凝土并不处以静止状态,而是经历着逐渐地恢复过程,这种恢复变形称为弹性后效 ε''_c。弹性后效的恢复时间为 20d 左右,其值约为徐变变形的 1/12。最后剩下的大部分不可恢复变形为 ε'_{cr}。

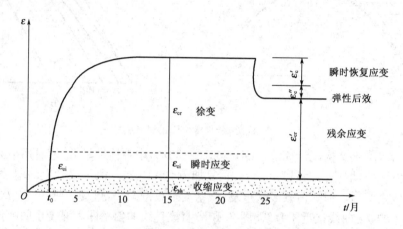

图 2.12 混凝土徐变(应变和时间的关系曲线)

混凝土的组成和配比是影响徐变的内在因素。水泥用量越多和水灰比越大,徐变也越大。集料越坚硬、弹性模量越高,徐变就越小。集料的相对体积越大,徐变越小。另外,构件形状及尺寸,混凝土内钢筋的面积和钢筋应力性质,对徐变也有不同的影响。

养护及使用条件下的温湿度是影响徐变的环境因素。养护时温度高、湿度大、水泥水化作用充分,徐变就小,采用蒸汽养护可使徐变减小20%～35%。受荷后构件所处环境的温度越高、湿度越低,则徐变越大。如环境温度为70℃的试件受荷一年后的徐变,要比温度为20℃的试件大1倍以上,因此,高温干燥环境将使徐变显著增大。

混凝土的应力条件是影响徐变非常重要的因素。加荷时混凝土的龄期越长,徐变越小。混凝土的应力越大,徐变越大。随着混凝土应力的增加,徐变将发生不同的情况,图2.13所示为不同应力水平下的徐变变形增长曲线。由图可见,当应力较小时($\sigma \leqslant 0.5 f_c$),曲线接近等距离分布,说明徐变与初应力成正比,这种情况称为线性徐变,一般的解释认为是水泥胶体的黏性流动所致。当施加于混凝土的应力$\sigma=(0.5 \sim 0.8) f_c$时,徐变与应力不成正比,徐变比应力增长较快,这种情况称为非线性徐变,一般

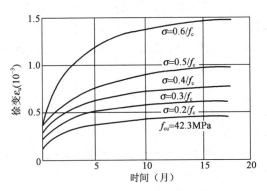

图2.13 混凝土的徐变与初应力的关系

认为发生这种现象的原因,是水泥胶体的黏性流动的增长速度已比较稳定,而应力集中引起的微裂缝开展则随应力的增大而发展。

2. 混凝土的体积变形

(1)混凝土的收缩和膨胀

混凝土在空气中结硬时体积减小的现象称为收缩;混凝土在水中或处于饱和湿度情况下,结硬时体积增大的现象称为膨胀。一般情况下混凝土的收缩值比膨胀值大很多,所以分析研究收缩和膨胀的现象以收缩为主。

我国铁道部科学研究院的收缩试验结果如图2.14所示。混凝土的收缩是随时间而增长的变形,结硬初期收缩较快,一个月大约可完成1/2的收缩,三个月后增长缓慢,一般两年后趋于稳定,最终收缩应变为$(2 \sim 5) \times 10^{-4}$,一般取收缩应变值为$3 \times 10^{-4}$。

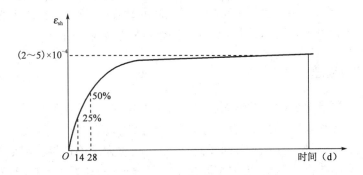

图2.14 混凝土的收缩

干燥失水是引起收缩的重要因素,所以构件的养护条件、使用环境的温湿度及影响混凝土水分保持的因素,都对收缩有影响。使用环境的温度越高、湿度越低,收缩越大。蒸汽养护的

收缩值要小于常温养护的收缩值,这是因为高温高湿可加快水化作用,减少混凝土的自由水分,加速凝结与硬化的时间。

通过试验还表明,水泥用量越多、水灰比越大,收缩越大;集料的级配好、弹性模量大,收缩越小;构件的体积与表面积比值大时,收缩小。

对于养护不好的混凝土构件,表面在受荷前可能产生收缩裂缝。需要说明,混凝土的收缩对处于完全自由状态的构件,只会引起构件的缩短而不开裂。对于周边有约束而不能自由变形的构件,收缩会引起构件内产生拉应力,甚至会有裂缝产生。

在不受约束混凝土结构中,钢筋和混凝土由于黏结力的作用,相互之间变形是协调的。混凝土具有收缩的性质,而钢筋并没有这种性质,钢筋的存在限制了混凝土的自由收缩,使混凝土受拉、钢筋受压,如果截面的配筋率较高时会导致混凝土开裂。

(2)混凝土的温度变形

当温度变化时,混凝土的体积同样也有热胀冷缩的性质。混凝土的温度线膨胀系数一般为$(1.2\sim1.5)\times10^{-5}/℃$,用这个值去度量混凝土的收缩,则最终收缩量大致为温度降低$15\sim30℃$时的体积变化。

当温度变形受到外界的约束而不能自由发生时,将在构件内产生温度应力。在大体积混凝土中,由于混凝土表面较内部的收缩量大,再加上水泥水化热使混凝土的内部温度比表面温度高,如果把内部混凝土视为相对不变形体,它将对试图缩小体积的表面混凝土形成约束,使表面混凝土产生拉应力,如果内外变形差较大,将会造成表层混凝土开裂。

三 混凝土的适用要求

素混凝土结构的混凝土强度等级不应低于C15;钢筋混凝土结构的混凝土强度等级不应低于C20;采用强度等级400MPa及以上的钢筋时,混凝土强度等级不应低于C25。

预应力混凝土结构的混凝土强度等级不宜低于C40,且不宜低于C30。

承受重复荷载的钢筋混凝土构件,混凝土强度等级不应低于C30。

第三节 钢筋与混凝土的黏结

钢筋和混凝土之间的黏结,是保证钢筋和混凝土这两种力学性能截然不同的材料在结构中共同工作的基本前提。黏结包含了水泥胶体对钢筋的黏着力、钢筋与混凝土之间的摩擦力、钢筋表面与混凝土的机械咬合作用、钢筋端部在混凝土内的锚固作用。

一 黏结力的概念

通常把钢筋与混凝土接触面上的纵向剪应力称为黏结应力,简称黏结力。钢筋和混凝土能够结合在一起共同工作,除了两者具有相近的温度线膨胀系数之外,更主要的是由于混凝土硬化后,钢筋和混凝土接触面上产生了良好的黏结力。同时为了保证钢筋混凝土构件在工作时钢筋不会从混凝土中拔出或压出,能够与混凝土更好地工作,还要求钢筋具有良好的锚固。黏结和锚固是钢筋和混凝土形成整体、共同工作的基础。

图2.15a)所示的梁虽配有钢筋,但通过钢筋表面涂油等措施使得钢筋与混凝土之间无黏结,且钢筋端部也不锚固,则当梁承受荷载作用而产生弯曲变形时,虽然与钢筋处在同一高度

的混凝土将受拉伸长,但钢筋仍保持原有长度不变,不能与混凝土共同承担拉力,此梁在很小的荷载作用下就发生脆性折断而破坏,受力性能与素混凝土梁相同。

图 2.15b)所示梁的钢筋与混凝土可靠地黏结在一起,在荷载作用下梁发生弯曲变形时,钢筋与混凝土一起变形,共同受力。从梁上取一微段 dx,分析微段内钢筋的受力状况。设钢筋直径为 d,钢筋的应力增量为 dσ_s,钢筋和混凝土接触面的黏结应力为 τ,则由钢筋脱离体的平衡条件可得

$$\tau = \frac{d}{4}\frac{d\sigma_s}{dx} \tag{2.5}$$

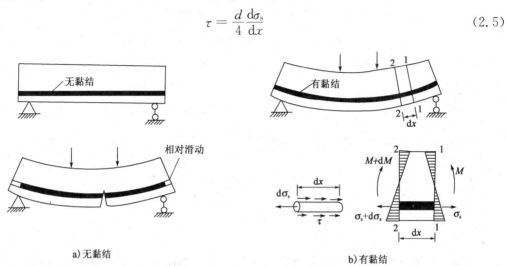

图 2.15 混凝土与钢筋的黏结作用

通过上述分析可知,如果微段 dx 左右截面的弯矩相等,则微段两端钢筋的应力相等,那么钢筋与混凝土接触面上就不存在黏结力。也就是说,只有黏结力不为零,钢筋应力才会发生变化。钢筋与混凝土接触面单位表面积上所能承受的最大纵向剪应力为黏结强度。

二 黏结的分类

根据构件中钢筋受力情况的不同,黏结的作用有锚固黏结和局部黏结两类。

1. 锚固黏结

图 2.16a)所示的梁下部纵向钢筋在支座内锚固、图 2.16b)所示的梁支座负筋截断以及纵向钢筋搭接等属于锚固黏结。锚固黏结的共性是钢筋端头的应力为零,经过一段锚固长度黏结应力的积累,使钢筋应力达到其设计强度 f_y。由于该范围内钢筋的应力差大,接触面上的黏结应力必然大,而且黏结破坏属于脆性破坏,所以必须保证有足够的锚固长度,以避免黏结破坏。

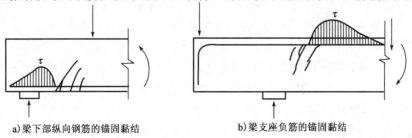

图 2.16 锚固黏结

2. 局部黏结

图 2.17 所示的裂缝间钢筋与混凝土接触面上的黏结应力属于局部黏结,这类黏结是在钢筋的中部,而不是端头。裂缝间黏结应力的大小及分布将影响到裂缝间距与裂缝宽度的大小,影响到构件刚度的大小。通过接触面上黏结应力的积累使裂缝间的混凝土参与受拉。

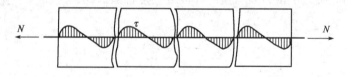

图 2.17 局部黏结

三 黏结力的组成

光面钢筋的黏结性能试验表明,钢筋和混凝土的黏结力主要有以下几种构成。

1. 化学胶结力

钢筋与混凝土接触面上化学吸附作用力。这种力一般很小,当接触面发生相对滑移时就消失,仅在局部无滑移区内起作用。

2. 摩擦力

混凝土收缩后将钢筋紧紧地握裹住而产生的力。钢筋和混凝土之间的挤压力越大、接触面越粗糙,则摩擦力越大。光面钢筋压入试验得到的黏结强度比拉拔试验要大,这是因为钢筋受压变粗,增大对混凝土的挤压力,从而使摩擦力增大所致。

3. 机械咬合力

钢筋表面凹凸不平与混凝土产生的机械咬合作用而产生的力。变形钢筋的横肋会产生这种咬合力,它的咬合作用往往很大,是变形钢筋黏结力的主要来源。

4. 钢筋端部的锚固力

一般用在钢筋端部弯钩、弯折,在锚固区焊短钢筋、短角钢等方法来提供锚固力。

各种黏结力在不同的情况下(钢筋的截面形式、不同受力阶段和构件部位)发挥各自的作用。机械咬合力可提供很大的黏结应力,如布置不当,会产生较大的滑移、裂缝和局部混凝土破碎的现象。

钢筋受力后,其凸出的肋对混凝土产生斜向挤压力,斜向挤压力的轴向力使周围的混凝土产生轴向拉力和剪力,径向分力使周围混凝土产生环向拉力。轴向拉力和剪力使混凝土产生内部斜裂缝,环向拉力使混凝土产生内部径向裂缝。当混凝土保护层厚度较小,径向裂缝发展到构件表面而产生劈裂裂缝时,机械咬合作用将很快消失,产生劈裂型黏结破坏,如图 2.18a)所示。若在纵向钢筋周围配置箍筋等横向钢筋来承担环向拉力,阻止径向裂缝的发展,或纵向钢筋的混凝土保护层厚度较大而使得径向裂缝难于发展到构件表面,则最后肋前混凝土在斜向挤压力的轴向分力作用下被挤碎,发生沿肋外径圆柱面的剪切型黏结破坏,如图 2.18b)所示,这种破坏是变形钢筋与混凝土黏结强度的上限。

光面钢筋与变形钢筋黏结机理的主要区别是:光面钢筋的黏结力主要来自胶结力和摩擦力,而变形钢筋的黏结力主要来自机械咬合力。

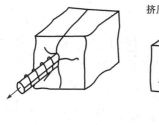

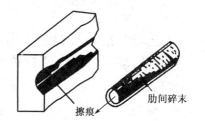

a) 劈裂型黏结破坏   b) 劈切型黏结破坏

图 2.18 变形钢筋的黏结破坏

四 黏结强度

钢筋与混凝土接触面的黏结强度通常采用拔出试验来测定(图 2.20)。若黏结破坏时的拔出力为 F,则黏结强度 τ_u 为

$$\tau_u = \frac{F}{\pi d l} \tag{2.6}$$

式中：d——钢筋直径；

l——钢筋的锚固长度或埋长。

可见,黏结强度 τ_u 就是黏结破坏时钢筋与混凝土接触面的最大平均黏结应力。

图 2.19a)所示的拔出试验主要用于测定锚固长度。钢筋拔出端的应力达到屈服强度时,钢筋没有被拔出的最小埋长称为锚固长度 l_a。由图 2.19a)可知,这种拔出试验的黏结应力状态有较大区别。因此,目前通常采用图 2.19b)所示的拔出试验来测定黏结强度。为避免张拉端局部挤压的影响。在张拉端设置了长度为 $(2 \sim 3)d$ 的套管,钢筋的有黏结锚长为 $5d$,在此较小长度上可近似认为黏结应力均匀分布。可见,由图 2.19b)所示的拔出试验测得的黏结强度较为准确。

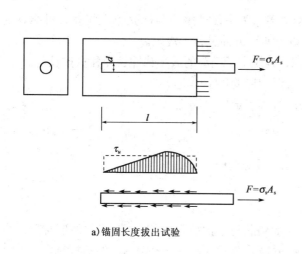

a) 锚固长度拔出试验   b) 黏结强度拔出试验

图 2.19 拔出试验

五 影响黏结强度的因素

钢筋与混凝土之间的黏结强度受许多因素的影响,主要有混凝土强度、钢筋外形、混凝土保护层厚度和钢筋净距、横向钢筋、受力情况和浇筑混凝土时钢筋的位置等。

1. 混凝土强度

混凝土强度越高,黏结强度越大。试验表明,黏结强度与混凝土抗拉强度 f_t 成正比例。

2. 钢筋外形

钢筋外形对黏结强度的影响很大,变形钢筋的黏结强度远高于光面钢筋。

3. 混凝土保护层厚度和钢筋净距

试验表明,混凝土保护层厚度对光面钢筋的黏结强度影响很小,而对变形钢筋的影响十分显著。适当增大混凝土保护层厚度和钢筋净距,可以提高黏结强度。

4. 横向配筋

混凝土构件中配有横向钢筋可以有效地抑制混凝土内部裂缝的发展,提高黏结强度。

5. 受力情况

支座处的反力等侧向压力可增大钢筋与混凝土接触面的摩擦力,提高黏结强度。剪力产生的斜裂缝将使锚固钢筋受到销栓作用而降低黏结强度。在重复荷载或反复荷载作用下,钢筋与混凝土之间的黏结强度将退化。

6. 浇筑混凝土时钢筋的位置

对于大厚度混凝土结构而言,当混凝土浇筑深度超过 300mm 时,钢筋底面的混凝土由于离析泌水、沉淀收缩和气泡溢出等原因,使混凝土与其上部的水平钢筋之间产生空隙层,从而削弱了钢筋与混凝土之间的黏结作用。

六 保证黏结的构造措施

由于黏结破坏机理复杂,影响因素众多。为了保证钢筋与混凝土之间黏结可靠,《混凝土结构设计规范》(GB 50010—2010)从以下 4 个方面进行了规定。

①对于不同强度等级的混凝土和钢筋,规定了钢筋的最小锚固长度和搭接长度。
②规定了钢筋的最小间距和混凝土保护层的最小厚度。
③对钢筋接头范围内的箍筋加密进行了规定。
④对钢筋端部弯钩的设置进行了规定。

七 钢筋的锚固长度(Anchorage Length)

1. 受拉钢筋的锚固长度

钢筋的锚固长度主要取决于钢筋强度和混凝土抗拉强度,并与钢筋的外形有关。当计算中充分利用钢筋的抗拉强度时,受拉钢筋的锚固长度应按式(2.7)、式(2.8)计算。

普通钢筋 $$l_{ab} = \alpha \frac{f_y}{f_t} d \tag{2.7}$$

预应力钢筋
$$l_{ab} = \alpha \frac{f_{py}}{f_t} d \qquad (2.8)$$

式中：l_{ab}——受拉钢筋的基本锚固长度；

f_y、f_{py}——普通钢筋、预应力钢筋的抗拉强度设计值；

f_t——混凝土轴心抗拉强度设计值，当混凝土强度等级高于C60时，按C60取值；

d——锚固钢筋的直径；

α——锚固钢筋的外形系数，按表2.1采用。

钢筋的外形系数　　　　　　　　　　　　　　　表2.1

钢筋类型	光圆钢筋	带肋钢筋	螺旋肋钢丝	三股钢绞线	七股钢绞线
α	0.16	0.14	0.13	0.16	0.17

注：光圆钢筋末端应做180°弯钩，弯后平直段长度不小于3d，但作受压钢筋时可不做弯钩。

2. 受拉钢筋锚的锚固长度

应根据锚固条件按下列公式计算，且不应小于200mm。

$$l_a = \zeta_a l_{ab} \qquad (2.9)$$

式中：l_a——受拉钢筋的锚固长度；

ζ_a——锚固长度修正系数，对普通钢筋按下列要求取用，当多于一项时，可按连乘计算，但不应小于0.6；对预应力筋，可取1.0。

纵向受拉普通钢筋的锚固长度修正系数ζ_a应按下列规定取用。

①当带肋钢筋的公称直径大于25mm时取1.10。

②环氧树脂涂层带肋钢筋取1.25。

③施工过程中易受扰动的钢筋取1.10。

④当纵向受力钢筋的实际配筋面积大于其设计计算面积时，修正系数取设计计算面积与实际配筋面积的比值，但对有抗震设防要求及直接承受动力荷载的结构构件，不应考虑此项修正。

⑤锚固钢筋的保护层厚度为3d时修正系数可取0.80，保护层厚度为5d时修正系数可取0.70，中间按内插取值，此处d为锚固钢筋的直径。

3. 机械锚固措施

当纵向受拉普通钢筋末端采用弯钩或机械锚固措施时，包括弯钩或锚固端头在内的锚固长度(投影长度)可取为基本锚固长度的60%。弯钩和机械锚固的形式(图2.20)和技术要求应符合表2.2规定。

钢筋弯钩和机械锚固的形式和技术要求　　　　　　表2.2

锚固形式	技术要求
90°弯钩	末端90°弯钩，弯钩内径4d，弯后直段长度12d
135°弯钩	末端135°弯钩，弯钩内径4d，弯后直段长度5d
一侧贴焊锚筋	末端一侧贴焊长5d同直径钢筋
两侧贴焊锚筋	末端一侧贴焊长3d同直径钢筋

续上表

锚 固 形 式	技 术 要 求
焊端锚板	末端与厚度 d 的锚板穿孔塞焊
螺栓锚头	末端旋入螺栓锚头

注:1.焊缝和螺纹长度应满足承载力要求。
2.螺栓锚头和焊接锚板的承压面积不应小于锚固钢筋截面面积的4倍。
3.螺栓锚头的规格应符合相关标准的要求。
4.螺栓锚头和焊接锚板的钢筋净间距不宜小于 $4d$,否则应考虑群锚效应的不利影响。
5.截面角部的弯钩和一侧贴焊锚筋的布筋方向宜向截面内侧偏置。

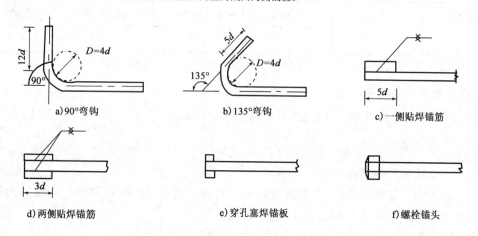

图2.20　钢筋机械锚固的形式及构造要求

4.受压钢筋的锚固长度

当计算中充分利用纵向钢筋的抗压强度时,其锚固长度不应小于相应受拉锚固长度的70%。

5.其他

承受动力荷载的预制构件,应将纵向受力普通钢筋末端焊接在钢板或角钢上,钢板或角钢应可靠地锚固在混凝土中。钢板或角钢的尺寸应按计算确定,其厚度不宜小于10mm。

八 钢筋的连接(Splice of Reinforcement)

钢筋长度不满足施工要求时,须把钢筋进行连接才能满足使用要求。钢筋连接的方式主要有三种:绑扎搭接、机械连接和焊接。由于连接接头区域受力复杂,所以钢筋的接头宜设置在受力较小处,在同一根钢筋上宜少设接头;在结构的重要构件和关键传力部位,纵向受力钢筋不宜设置连接接头。

1.绑扎搭接

(1)接头连接区段的长度与接头面积百分率

轴心受拉及小偏心受拉杆件的纵向受力钢筋不得采用绑扎搭接;其他构件中的钢筋采用绑扎搭接时,受拉钢筋直径不宜大于25mm,受压钢筋直径不宜大于28mm。

同一构件中相邻纵向受力钢筋的绑扎搭接接头宜互相错开。钢筋绑扎搭接接头连接区段的长度为1.3倍搭接长度,凡搭接接头中位于该连接区段内的搭接接头均属于同一连接区段

(图 2.21)。同一连接区段内纵向受力钢筋搭接接头面积百分率为该区段内有搭接接头的纵向受力钢筋与全部纵向受力钢筋截面面积的比值。当直径不同的钢筋搭接时,按直径较小的钢筋计算。

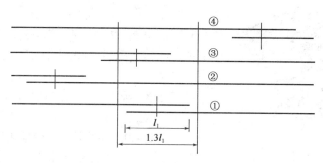

图 2.21 同一连接区段内纵向受拉钢筋绑扎搭接接头

注:图中所示同一连接区段内的搭接接头钢筋为两根,当钢筋直径相同时,钢筋搭接接头面积的百分率为 50%。

位于同一连接区段内的受拉钢筋搭接接头面积百分率:对梁类、板类及墙类构件,不宜大于 25%;对柱类构件,不宜大于 50%。当工程中确有必要增大受拉钢筋搭接接头面积百分率时,对梁类构件,不宜大于 50%;对板、墙、柱及预制构件的拼接处,可根据实际情况放宽。

并筋采用绑扎搭接连接时,应按每单筋错开搭接的方式连接。接头面积百分率应按同一连接区段内所有的单根钢筋计算。并筋中的搭接长度应按单筋分别计算。

(2) 受拉钢筋的搭接长度

纵向受拉钢筋绑扎搭接接头的搭接长度,应根据位于同一连接区段内的钢筋搭接接头面积百分率按式(2.8)计算

$$l_1 = \zeta_l l_a \tag{2.10}$$

式中:l_1——纵向受拉钢筋的搭接长度;

l_a——纵向受拉钢筋的锚固长度;

ζ_l——纵向受拉钢筋搭接长度修正系数,按表 2.3 取用。

纵向受拉钢筋搭接长度修正系数 表 2.3

纵向受拉钢筋搭接接头面积百分率(%)	≤25	50	100
ζ_l	1.2	1.4	1.6

(3) 受压钢筋的搭接长度

构件中的纵向受压钢筋,当采用搭接连接时,其受压搭接长度不应小于纵向受拉钢筋搭接长度的 70%,且不应小于 200mm。

(4) 搭接长度范围内的横向构件钢筋要求

在梁、柱类构件的纵向受力钢筋搭接范围内,当受压钢筋直径大于 25mm 时,尚应在搭接接头两个端面外 100mm 的范围内设置两道箍筋。

2. 机械连接

钢筋的机械连接是通过连接件的直接或间接的机械咬合作用或钢筋端面的承压作用,将一根钢筋中的力传递到另一根钢筋的连接方法。国内外常用的钢筋机械连接方法主要有 6 种:套筒挤压连接接头、锥螺纹连接接头、直螺纹连接接头、熔融金属充填接头、水泥灌浆充填接头、受压钢筋端面平接头。图 2.22 所示为锥螺纹连接接头。

《混凝土结构设计规范》(GB 50010—2010)规定,纵向受力钢筋机械连接接头宜相互错开。钢筋机械连接接头连接区段的长度为 $35d$(d 为连接钢筋的较小直径),凡接头中点位于该连接区段长度内的机械连接接头均属于同一连接区段。

位于同一连接区段内的纵向受拉钢筋接头面积百分率不宜大于 50%;但对于板、墙、柱及预制构件的拼接处,可根据实际情况放宽。纵向受压钢筋的接头面积百分率可不受限制。

机械连接套筒的保护层厚度宜满足有关钢筋最小保护层厚度的规定。机械连接套筒的横向净距不宜小于 25mm;套筒处箍筋的间距仍应满足相应的构造要求。

图 2.22 锥螺纹连接接头

直接承受动力荷载的结构构件中的机械连接接头,除应满足设计要求的抗疲劳性能外,位于同一连接区段内的纵向受力钢筋接头面积百分率不应大于 50%。

3. 焊接

细晶粒热轧带肋钢筋以及直径大于 28mm 的带肋钢筋,其焊接应经试验确定;余热处理钢筋不宜焊接。

《混凝土结构设计规范》(GB 50010—2010)规定:纵向受力钢筋的焊接接头应相互错开。钢筋焊接接头连接区段的长度为 $35d$(d 为纵向受力钢筋的较小直径),且不小于 500mm,凡接头中点位于该连接区段长度内的焊接接头均属于同一连接区段。

纵向受拉钢筋接头面积百分率不宜大于 50%;但对预制构件的拼接处,可根据实际情况放宽。纵向受压钢筋的接头面积百分率可不受限制。

须注意的是,需进行疲劳验算的构件,其纵向受拉钢筋不宜采用绑扎搭接接头,也不宜采用焊接接头,除端部锚固外不得在钢筋上焊有附件。

当直接承受吊车荷载的钢筋混凝土吊车梁、屋面梁及屋架下弦的纵向受拉钢筋必须采用焊接接头时,应符合下列规定:

①必须采用闪光接触对焊,并去掉接头的毛刺及卷边。

②同一连接区段内纵向受拉钢筋焊接接头面积百分率不应大于 25%,此时,焊接接头连接区段的长度应取为 $45d$(d 为纵向受力钢筋的较大直径)。

③疲劳验算时,对焊接接头处的疲劳应力幅限值应在普通钢筋疲劳应力幅限值表的基础上乘以 0.8 的折减系数。

九 混凝土保护层(Concrete Cover)

钢筋的外边缘至混凝土表面的距离,称为混凝土保护层厚度,用 c 表示。

(1)混凝土保护层的作用如下:

①防止钢筋锈蚀,保证结构的耐久性。

②减缓火灾时钢筋温度的上升速度,保证结构的耐火性。

③保证钢筋与混凝土之间的可靠黏结。

(2)《混凝土结构设计规范》(GB 50010—2010)规定,构件中普通钢筋及预应力筋的混凝土保护层厚度应满足下列要求。

①构件中受力钢筋的保护层厚度不应小于钢筋的公称直径 d。

②设计使用年限为50年的混凝土结构,最外层钢筋的保护层厚度应符合表2.4的规定;设计年限为100年的混凝土结构,最外层混凝土的保护层厚度不应小于表2.4中数值的1.4倍。

混凝土保护层的最小厚度 c (mm)　　　　　　表2.4

环境类别	板、墙、壳	梁、柱、杆
一	15	20
二 a	20	25
二 b	25	35
三 a	30	40
三 b	40	50

注:1. 混凝土强度等级不大于C25时,表中保护层厚度数值应增加5mm。
　　2. 钢筋混凝土基础宜设置混凝土垫层,基础中钢筋的混凝土保护层厚度应从垫层顶面算起,且不应小于40mm。

(3)减小保护层厚度的条件如下:

当有充分依据并采取下列措施时,可适当减小混凝土保护层的厚度。

①构件表面有可靠的防护层。

②采用工厂化生产的预制构件。

③在混凝土中掺加阻锈剂或采用阴极保护处理等防锈措施。

④当对地下室墙体采取可靠的建筑防水做法或防护措施时,与土层接触一侧钢筋的保护层厚度可适当减小,但不应小于25mm。

当梁、柱、墙中纵向受力钢筋的保护层厚度大于50mm时,宜对保护层采取有效的构造措施。当在保护层内配置防裂、防剥落的钢筋网片时,网片钢筋的保护层厚度不应小于25mm。

第四节　公路桥涵工程钢筋混凝土结构材料

一 公路桥涵工程钢筋混凝土结构材料要求

1. 混凝土

《公路桥涵设计通用规范》(JTG D60—2004)的混凝土强度等级划分与《混凝土结构设计规范》(GB 50010—2010)相同,混凝土强度等级按下列规定采用:钢筋混凝土构件强度等级不应低于C20,当采用HRB400级、KL400级钢筋配筋时,不应低于C25;预应力混凝土构件的混凝土强度不应低于C40。

2. 钢筋

《公路桥涵设计通用规范》(JTG D60—2004)中热轧钢筋的等级代号分别为 R235、HRB335、HRB400 和 KL400。

钢筋混凝土及预应力混凝土构件中的普通钢筋宜优先选用热轧 R235、HRB335、HRB400 和 KL400 钢筋,预应力混凝土构件中的箍筋应选用其中的带肋钢筋;按构造要求配置的钢筋网可采用冷轧带肋钢筋。

预应力混凝土构件中的预应力钢筋应选用钢绞线、钢丝；中小型构件或竖、横向预应力钢筋，也可选用精轧螺纹钢筋。

钢筋的锚固应符合《公路桥涵设计通用规范》(JTG D60—2004)的有关规定。

公路桥涵工程钢筋锚固长度

当设计中充分利用钢筋的强度时，其最小锚固长度应符合表2.5的规定。

钢筋最小锚固长度 l_a 表2.5

钢筋种类		R235				HRB335				HRB400、KL400			
项目	混凝土强度	C40	C20	C25	C30	C40	C20	C25	C30	C40	C20	C25	C30
受压钢筋（直端）		40d	35d	30d	25d	35d	30d	25d	20d	40d	35d	30d	25d
受拉钢筋	直端	—	—	—	—	40d	35d	30d	25d	45d	40d	35d	30d
	弯钩端	35d	30d	25d	20d	30d	25d	25d	20d	35d	30d	30d	25d

注：1. d 为钢筋直径。
2. 采用环氧树脂涂层钢筋时，受拉钢筋最小锚固长度应增加25%。
3. 当混凝土在凝固过程中易受扰动时，锚固长度增加25%。

本章小结

(1) 单轴应力状态下的混凝土强度有立方体抗压强度、轴心抗压强度和轴心抗拉强度。结构设计计算是用轴心抗压强度和轴心抗拉强度。立方体强度是材料性能的基本代表值，轴心抗压强度和轴心抗拉强度可由其换算得到。

(2) 混凝土的变形可分为两类：一类是荷载作用下的受力变形，包括一次短期加载、荷载长期作用和荷载重复作用下的变形；另一类是非荷载原因引起的体积变形，包括混凝土的收缩、膨胀以及温度变形。

(3) 混凝土力学性能的主要特征是：抗拉强度远低于抗压强度，因此工程上主要用混凝土承担压应力；应力—应变关系只有在应力很小时才可近似为线弹性，其余为非线性和弹塑性。混凝土的强度与变形都随时间变化；混凝土易于开裂，裂缝对混凝土自身及结构性能都有很大的影响。

(4) 根据应力—应变曲线特征的不同，可将钢筋分为有明显流幅的钢筋（简称为软钢）和无明显流幅的钢筋（简称为硬钢）两类。

(5) 屈服强度是钢筋设计强度取值的依据。反映钢筋力学性能的基本指标有屈服强度、屈强比、伸长率和冷弯性能。

(6) 钢筋和混凝土之间的黏结是两者共同工作的基础。黏结力由化学胶结力、摩擦力和机械咬合力三部分组成。黏结破坏是脆性破坏。

(7) 为了保证钢筋与混凝土之间的可靠黏结，《混凝土结构设计规范》(GB 50010—2010)对钢筋的锚固和搭接进行了相应的规定，其中钢筋的最小锚固长度和搭接长度是两个重要的概念。

思考与练习

思考题

2.1 混凝土结构对钢筋性能有什么要求?各项要求指标达到什么目的?

2.2 冷拉和冷拔的抗拉、抗压强度都能提高吗?为什么?

2.3 立方体抗压强度是怎样确定的?为什么试块在承压面上抹涂润滑剂后测出的抗压强度比不涂润滑剂的高?

2.4 影响混凝土抗压强度的因素主要有哪些?

2.5 试述受压混凝土棱柱体一次加载的σ-ϵ曲线的特点。

2.6 混凝土的弹性模量是怎样测定的?

2.7 混凝土的收缩和徐变有什么区别和联系?

2.8 "钢筋混凝土构件内,钢筋和混凝土随时都有黏结力"这一论述正确吗?

2.9 伸入支座的锚固长度越长,黏结强度是否越高?为什么?

第三章　钢筋混凝土结构设计的基本原则

知识描述

本章主要结合《混凝土结构设计规范》(GB 50010—2010)、《建筑结构荷载规范》(GB 50009—2012)、《建筑结构可靠度设计统一标准》(GB 50068—2001)、《公路桥涵设计通用规范》(JTG D60—2004)和《公路钢筋混凝土及预应力混凝土桥涵设计规范》(JTG D62—2004)等对于作用及荷载组合的有关规定，重点介绍了建筑混凝土结构设计的基本原则，并指出桥涵混凝土结构设计的基本原则与建筑混凝土结构设计基本原则的不同之处。

学习要求

通过本章的学习，应掌握工程结构极限状态的基本概念、结构上的作用与作用效应、对结构的功能要求、设计基准期、设计使用年限、结构的设计状况、两类极限状态等；了解结构可靠度的基本原理；熟悉概率极限状态设计方法；掌握实用设计表达式。

第一节　结构的功能要求和极限状态

一　结构上的作用、作用效应及结构抗力

1. 结构上的作用、作用效应

结构上的作用分为直接作用和间接作用。

直接作用是指作用在结构上的力集(包括集中力和分布力)，习惯上统称为荷载，如永久荷载、活荷载、吊车荷载、雪荷载、风荷载以及偶然荷载等。

间接作用是指那些不是直接以力集的形式出现的作用，如地基变形、混凝土收缩和徐变、焊接变形、温度变化以及地震等引起的作用等。

按时间的变化，结构上的荷载可分为以下三类。

(1)永久荷载(Permanent Load)

永久荷载是指在结构使用期间，其值不随时间变化，或其变化与平均值相比可以忽略不计，或其变化是单调的并能趋于限值的荷载，包括结构自重、土压力、预应力等。

(2)可变荷载(Variable Load)

可变荷载是指在结构使用期间，其值随时间变化，且其变化与平均值相比不可以忽略不计的荷载，包括楼面活荷载、屋面活荷载和积灰荷载、吊车荷载、风荷载、雪荷载、温度作用等。

(3)偶然荷载(Accidental Load)

偶然荷载是指在结构设计使用年限内不一定出现，而一旦出现其量值很大，且持续时间很短的荷载，包括爆炸力、撞击力等。

作用效应是指由作用在结构上引起的内力(如弯矩、剪力、轴力和扭矩)和变形(如挠度、裂

缝和侧移）。当作用为直接作用时，其效应通常称为荷载效应，用 S 表示。

荷载和荷载效应为随机变量或随机过程。

2. 结构抗力（Resistance）

结构抗力是指结构或结构构件承受作用效应的能力，用 R 表示，如构件的承载力、刚度和抗裂度等。钢筋混凝土构件抗力的大小是由构件的截面尺寸、材料性能以及钢筋的配置方式和数量决定的，可由相应的计算公式求得。由于影响抗力的主要因素（几何参数、材料性能和计算模式）都具有不确定性，都是随机变量，因而由这些因素综合而成的结构抗力也是随机变量。

3. 设计基准期（Design Reference Period）

设计基准期为确定可变荷载代表值而选用的时间参数。建筑结构设计基准期为 50 年，公路桥涵结构的设计基准期为 100 年。

4. 设计使用年限（Design Working Life）

设计使用年限为设计规定的结构或结构构件不需进行大修即可按其预定目的使用的时期。建筑结构的设计使用年限按表 3.1 采用。

建筑结构的设计使用年限　　　　　　　　　　　　　　表 3.1

类　　别	设计使用年限	示　　例
1	5 年	临时性结构
2	25 年	易于替换的结构构件
3	50 年	普通房屋和构筑物
4	100 年	纪念性建筑和特别重要的建筑结构

设计基准期与设计使用年限既有联系又有区别。设计基准期可根据结构设计使用年限的要求适当选定。结构的设计使用年限不等于结构的使用寿命，当结构的使用年限超过设计使用年限时，表明它的失效概率可能会增大，安全度水平可能会有所降低，但不等于结构不能使用。

二 结构的功能要求（Performance Requirement）

结构设计的基本目的是，在现有的经济条件和技术水平下，寻求合理的设计方法来解决工程结构的可靠与经济这对矛盾，从而使所建造的工程结构在规定的设计使用年限内满足《建筑结构可靠度设计统一标准》（GB 50068—2001）规定的下述三项功能要求。

1. 安全性

在正常施工和正常使用时，能承受可能出现的各种作用；在设计规定的偶然事件（如罕遇地震）发生时及发生后，仍能保持必需的整体稳定性。

2. 适用性

在正常作用时具有良好的工作性能，如不发生影响正常作用的过大变形、过宽裂缝和过大的振幅或频率等。

3. 耐久性

正常维护下具有足够的耐久性能，如结构材料的风化、老化和腐蚀等不超过一定的限度。

三 结构的极限状态(Limit State)

结构满足预定功能的要求而良好地工作,称结构为"可靠"或"有效";反之则称为"不可靠"或"失效"。区分结构"可靠"与"失效"的临界工作状态称为"极限状态",即整个结构或结构的一部分超过某一特定状态就不能满足设计规定的某一功能要求,此特定状态称为该功能的极限状态。极限状态分为承载能力极限状态和正常使用极限状态两类。

1. 承载能力极限状态

承载能力极限状态对应于结构或结构构件达到最大承载力或达到不适于继续承载的变形。

当结构或结构构件出现下列状态之一时,应认为超过了承载能力极限状态:
①整个结构或结构的一部分作为刚体失去平衡(如倾覆等)。
②结构构件或连接因超过材料强度而破坏(包括疲劳破坏),或因过度变形而不适于继续承载。
③结构转变为机动体系。
④结构或结构构件丧失稳定(如压屈等)。
⑤地基丧失承载能力而破坏(如失稳等)。

2. 正常使用极限状态

正常使用极限状态对应于结构或结构构件达到正常使用或耐久性能的某项规定限值。

当结构或结构构件出现下列状态之一时,应认为超过了正常使用极限状态:
①影响正常使用或外观的变形。
②影响正常作用或耐久性能的局部损坏(包括裂缝)。
③影响正常作用的振动。
④影响正常作用的其他特定状态。

3. 结构的设计状况(Design Situation)

建筑结构设计时,应根据结构在施工和使用中的环境条件和影响,区分下列三种设计状况。

(1)持久状况

持久状况是指在结构使用过程中一定出现,其持续很长的状况。持续期一般与设计使用年限为同一数量级。

(2)短暂状况

短暂状况是指在结构施工和使用过程中出现概率较大,而与设计使用年限相比,持续期很短的状况。

(3)偶然状况

偶然状况是指在结构使用过程中出现概率很小且持续期很短的状况,如火灾、爆炸、撞击等。

对于不同的设计状况可以采用相应的结构体系可靠度水准和基本变量等。

建筑结构的三种设计状况应分别进行下列极限状态设计:

(1)对三种设计状况均应进行承载能力极限状态设计;
(2)对持久状况尚应进行正常使用极限状态设计;
(3)对短暂状况可根据需要进行正常使用极限状态设计。

建筑结构设计时对所考虑的极限状态应采用相应的结构作用效应的最不利组合。

(1)进行承载能力极限状态设计时应考虑作用效应的基本组合,必要时尚应考虑作用效应的偶然组合。

(2)进行正常使用极限状态设计时应根据不同设计目的分别选用下列作用效应的组合:

①标准组合主要用于当一个极限状态被超越时产生严重的永久性损害的情况;

②频遇组合主要用于当一个极限状态被超越时产生局部损害较大变形或短暂振动等的情况;

③准永久组合主要用在当长期效应是决定性因素时的一些情况。

对偶然状况建筑结构可采用下列原则之一,按承载能力极限状态进行设计:

(1)按作用效应的偶然组合进行设计,或采取防护措施使主要承重结构不致因出现设计规定的偶然事件而丧失承载能力。

(2)允许主要承重结构因出现设计规定的偶然事件而局部破坏,但其剩余部分具有在一段时间内不发生连续倒塌的可靠度。

4.结构的功能函数和极限状态方程

结构上的各种作用、材料性能、几何参数等都具有随机性,这些因素若用基本变量 $X_i(i=1,2,\cdots,n)$ 表示,则结构的功能函数可表示为

$$Z = g(X_1, X_2, \cdots, X_n) \tag{3.1}$$

当式(3.1)等于零时,则称其为极限状态方程,即

$$Z = g(X_1, X_2, \cdots, X_n) = 0 \tag{3.2}$$

当功能函数中仅有作用效应 S 和结构抗力 R 两个基本变量时,则结构的功能函数和极限状态方程分别见式(3.3)和式(3.4)。

$$Z = g(R, S) = R - S \tag{3.3}$$

$$Z = R - S = 0 \tag{3.4}$$

由概率论可知,由于 R 和 S 都是随机变量,则 $Z=R-S$ 也是随机变量。由于 R 和 S 取值不同,Z 值有可能出现三种情况,如图3.1所示。

当 $Z=R-S>0$ 时,结构处于可靠状态;

当 $Z=R-S=0$ 时,结构处于极限状态;

当 $Z=R-S<0$ 时,结构处于失效状态。

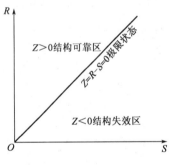

图3.1 结构的三种状态

第二节 概率极限状态设计方法

一 可靠性(Reliability)和可靠度(Degree of Reliability)

1.可靠性

可靠性是指结构在规定的时间内、在规定的条件下,完成预定功能的能力。

2.可靠度

可靠度是指结构在规定的时间内、在规定的条件下,完成预定功能的概率。可见,结构可靠度是结构可靠性的概率度量。

上述定义中的"规定的时间"是指"设计使用年限",如表 3.1 所列;"规定的条件"是指"正常设计、正常施工和正常使用",即不包括人为过失等非正常因素。

二 失效概率(Probability of Failure)和可靠指标(Reliability Index)

1.失效概率

失效概率是指结构不能完成预定功能的概率。

2.可靠指标

可靠指标是指由 $\beta=-\Phi^{-1}(P_f)$ 定义的代替失效概率 P_f 的指标,其中 $\Phi^{-1}(\cdot)$ 为标准正态分布函数的反函数。

结构能够完成预定功能的概率称为可靠概率,用 P_s 表示;结构不能完成预定功能的概率称为失效概率,用 P_f 表示。再结合功能函数 $Z=R-S$ 的概念可得

$$P_s = P(Z \geqslant 0) = \int_0^{+\infty} f(Z) \mathrm{d}Z \tag{3.5}$$

$$P_f = P(Z < 0) = \int_{-\infty}^0 f(Z) \mathrm{d}Z = 1 - P_s \tag{3.6}$$

式中,$f(Z)$ 为功能函数 Z 的概率密度函数,如图 3.2 所示。由于假定 R 和 S 均服从正态分布且两者为线性关系,故图 3.2 中的功能函数 $Z=R-S$ 也服从正态分布,且有

平均值 $\qquad\qquad\mu_Z = \mu_R - \mu_S \tag{3.7}$

标准差 $\qquad\qquad\sigma_Z = \sqrt{\sigma_R^2 + \sigma_S^2} \tag{3.8}$

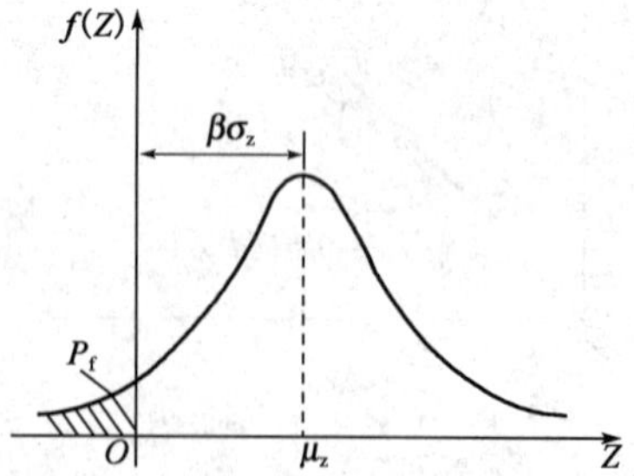

图 3.2 中的阴影部分面积表示 $Z<0$ 时出现的概率,即失效概率 P_f。可见,结构的可靠度可用结构的失效概率 P_f 来度量,失效概率 P_f 越小,结构的可靠度越大。

由式(3.6)可知,求解失效概率 P_f 需先求得功能函数 Z 的概率密度函数 $f(Z)$,再求式(3.6)的积分值。然而事实上,许多情况下根本不能求得功能函数 Z 的概率密度函数 $f(Z)$,或虽能求得 $f(Z)$,但仍存在式(3.6)不可积或求解相当烦琐等情况。为此定义图 3.2 中的 $\mu_Z=\beta\sigma_Z$,并称 β 为可靠指标,则有

图 3.2 Z 的概率密度分布曲线

$$\beta = \frac{\mu_Z}{\sigma_Z} = \frac{\mu_R - \mu_S}{\sqrt{\sigma_R^2 + \sigma_S^2}} \tag{3.9}$$

可见,求得 R 和 S 的统计平均值 μ_R、μ_S 和标准差 σ_R、σ_S 后,即可由式(3.9)求得可靠指标 β。同时由图 3.2 可知,可靠指标 β 与失效概率 P_f 是一一对应的,失效概率 P_f 越小,可靠指标 β 越大,两者之间的数值对应关系如表 3.2 所示。因此,结构的可靠度可用可靠指标 β 来表示。

可靠指标 β 与失效概率 P_f 的对应关系　　　　　　　表3.2

β	P_f	β	P_f	β	P_f	β	P_f
1.0	1.59×10^{-1}	2.5	6.21×10^{-3}	3.2	6.87×10^{-4}	4.0	3.17×10^{-5}
1.5	6.68×10^{-2}	2.7	3.47×10^{-3}	3.5	2.33×10^{-4}	4.2	1.33×10^{-5}
2.0	2.28×10^{-2}	3.0	1.35×10^{-3}	3.7	1.08×10^{-4}	4.5	3.40×10^{-6}

三 承载能力极限状态目标可靠指标

当结构功能函数的失效概率 P_f 小到某一值时,人们就会因结构失效的可能性很小而不再担心,该失效概率称作容许失效概率 $[P_f]$,与容许失效概率 $[P_f]$ 相对应的可靠指标称为目标可靠指标,用符号 $[\beta]$ 表示。即 $P_f \leq [P_f]$ 等价于 $\beta \geq [\beta]$,表示此时结构处于可靠状态。

《建筑结构可靠度设计统一标准》(GB 50068—2001)根据结构的安全等级和破坏类型规定了结构构件承载能力极限状态的目标可靠指标 $[\beta]$,如表3.3所列。表中延性破坏是指结构构件在破坏前有明显的变形或其他预兆;脆性破坏是指结构构件在破坏前无明显的变形或其他预兆。可见,延性破坏的危害比脆性破坏的相对小些,故延性破坏的目标可靠指标 $[\beta]$ 比脆性破坏的小0.5。

结构构件承载能力极限状态的目标可靠指标 $[\beta]$　　　　　　　表3.3

破坏类型	安全等级		
	一级	二级	三级
延性破坏	3.7	3.2	2.7
脆性破坏	4.2	3.7	3.2

《建筑结构可靠度设计统一标准》(GB 50068—2001)根据结构破坏可能产生的后果(危及人的生命、造成经济损失、产生社会影响等)的严重性,将建筑结构划分为三个安全等级,如表3.4所示。

建筑结构的安全等级　　　　　　　表3.4

安全等级	破坏后果	建筑物类型
一级	很严重	重要的房屋
二级	严重	一般的房屋
三级	不严重	次要的房屋

四 正常使用极限状态目标可靠指标

对于结构构件正常使用极限状态的目标可靠指标,根据其作用效应的可逆程度宜取0~1.5。例如某框架梁在某一荷载作用后,其挠度超过了规范的限值,卸去该荷载后,若梁的挠度小于规范的限值,则为可逆极限状态,否则为不可逆极限状态。对于可逆的正常使用极限状态,其目标可靠指标 $[\beta]$ 取为零;对于不可逆的正常使用极限状态,其目标可靠指标 $[\beta]$ 取为1.5。当可逆程度介于可逆与不可逆之间时,$[\beta]$ 取0~1.5,且对于可逆程度较高的结构构件宜取较低值。

第三节　荷载的代表值

一　荷载代表值(Representative Values of a Load)

荷载代表值是设计中用以验算极限状态所采用的荷载量值,例如标准值、组合值、频遇值和准永久值。

二　标准值(Characteristic Value/Nominal Value)

荷载标准值是荷载的基本代表值,是设计基准期内最大荷载统计分布的特征值(如均值、中值或某个分位值)。原则上可由设计基准期内最大荷载概率分布的某一分位值确定。

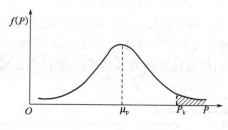

图 3.3　荷载标准值的取值方法

假定图 3.3 中的荷载 P 符合正态分布,当取分位数为 0.05 的上限分位值为荷载标准值 P_K 时,则有

$$P_K = \mu_P + 1.645\sigma_P \quad (3.10)$$

永久荷载标准值,对结构自重,可按结构构件的设计尺寸与材料单位体积的自重计算确定,相当于自重的统计平均值,即分位数为 0.5。对于自重变异较大的材料和构件(如现场制作的保温材料、防水材料及混凝土薄壁构件等),自重的标准应根据对结构的不利状态,取《建筑结构荷载规范》(GB 50009—2012)附录 A 给出的自重上限值或下限值。

可变荷载标准值由《建筑结构荷载规范》(GB 50009—2012)给出,结构设计时可直接查用,如住宅、办公楼的楼面活荷载标准值为 2kPa,商店、车站的楼面活荷载标准值为 3.5kPa 等。

三　组合值(Combination Value)

对于可变荷载,荷载组合值是为使组合后的荷载效应在设计基准期内的超越概率,能与该荷载单独出现时的相应概率趋于一致的荷载值;或使组合后的结构具有统一规定的可靠指标的荷载值。

具体来讲,当某一可变荷载参与组合时,取该可变荷载的标准值与组合值系数 ψ_c 的乘积作为该荷载的组合值,且组合系数 ψ_c 是一个小于 1 的折减系数。这是因为当结构上作用几个可变荷载时,各可变荷载最大值同时出现的概率很小,故乘以一个小于 1 的组合值系数 ψ_c。例如,某商店的楼面活荷载参与组合,商店的楼面活荷载标准值为 3.5kPa,组合值系数 ψ_c 为 0.7,则该活荷载组合值为 3.5kPa×0.7=2.45kPa。

四　频遇值(Frequent Value)

对于可变荷载,荷载频遇值是在设计基准期内,其超越的总时间为规定的较小比率或超越频率为规定频率的荷载值。

具体来讲,取可变荷载的标准值与频遇值系数ψ_f的乘积作为荷载的频遇值,同样频遇值系数ψ_f是一个小于1的折减系数,且频遇值系数$\psi_f \leqslant$组合值系数ψ_c,也就是说荷载频遇值被超越的概率要大于荷载组合值。

五 准永久值(Quasi-permanent Value)

对于可变荷载,荷载准永久值是在设计基准期内,其超越的总时间约为设计基准期一半的荷载值。

具体来讲,取可变荷载的标准值与准永久值系数ψ_q的乘积作为荷载的准永久值,同样准永久值系数ψ_q是一个小于1的折减系数,且准永久值系数$\psi_q <$频遇值系数$\psi_f \leqslant$组合值系数ψ_c,也就是说荷载准永久值被超越的概率要大于荷载频遇值和荷载组合值。

建筑结构设计时,应按下列规定对不同荷载采用不同的代表值:
(1)对永久荷载应采用标准值作为代表值;
(2)对可变荷载应根据设计要求采用标准值、组合值、频遇值或准永久值作为代表值;
(3)对偶然荷载应按建筑结构使用的特点确定其代表值。
确定可变荷载代表值时应采用50年设计基准期。

实际工程结构在使用期间所承受的荷载不是一个定值,具有一定的不确定性。因此,结构设计时所取用的荷载代表值需用概率统计的方法来确定。

荷载代表值是指结构设计时用以验算极限状态所采用的荷载量值,可变荷载的代表值有标准值、组合值、频遇值和准永久值四种,而永久荷载只有标准值。

第四节 材料强度的标准值和设计值

一 钢筋强度的标准值和设计值

1. 钢筋强度的标准值

《钢筋混凝土用热轧带肋钢筋》(GB 1499—2007)等国家标准规定钢材出厂前要按"废品限值"进行检验。对于有明显屈服点的热轧钢筋该废品限值相当于屈服强度平均值减去两倍标准差,即具有97.73%保证率。

《混凝土结构设计规范》(GB 50010—2010)规定钢筋的强度标准值应具有不小于95%的保证率,即相当于屈服强度平均值减去1.645倍标准差。《混凝土结构设计规范》(GB 50010—2010)的钢筋强度标准值按钢筋国家标准的废品限值取值,具体如下。

①对于有明显屈服点的热轧钢筋,取钢筋国家标准规定的屈服点(即屈服强度的限值)作为强度标准值,用符号f_{yk}表示,按附表3取值。

②对于无明显屈服点的钢绞线、钢丝和热处理钢筋,取钢筋国家标准规定的极限抗拉强度σ_b(即极限抗拉强度的限值)作为强度标准值,用符号f_{ptk}表示,按附表5取值。

2. 钢筋强度的设计值

为保证结构的安全性,在承载能力极限状态设计计算时,对钢筋强度取用一个比标准值小的强度值,即钢筋强度设计值,两者的关系如下。

①对于有明显屈服点的热轧钢筋,其强度设计值 f_y 按式(3.11)计算,计算时钢筋材料分项系数 γ_s 取 1.1。根据计算结果进行适当调整,最后 f_y 按附表 3 取值。

②对于无明显屈服点的钢绞线、钢丝和热处理钢筋,其强度设计值 f_{py} 按式(3.12)计算,计算时钢筋材料分项系数 γ_s 取 1.2。f_{py} 按附表 5 取值。

$$f_y = \frac{f_{yk}}{\gamma_s} \tag{3.11}$$

$$f_{py} = \frac{0.85 f_{ptk}}{\gamma_s} \tag{3.12}$$

式中:γ_s——钢筋材料分项系数,通过多种分项系数方案比较,优选与目标可靠指标误差最小的一组方案得到。

二 混凝土强度的标准值和设计值

1. 混凝土强度的标准值

在确定混凝土轴心抗压强度标准值 f_{ck} 和轴心抗拉强度标准值 f_{tk} 时,假定与立方体抗压强度具有相同的变异系数,f_{ck}、f_{tk} 按附表 1 取值。

2. 混凝土强度的设计值

为保证结构的安全性,在承载能力极限状态设计计算时,采用混凝土强度的设计值。混凝土强度设计值等于混凝土强度标准值除以混凝土材料分项系数 γ_c,并取 $\gamma_c = 1.4$,具体有:

轴心抗压强度设计值 f_c 为

$$f_c = \frac{f_{ck}}{\gamma_c} \tag{3.13}$$

轴心抗拉强度设计值 f_t 为

$$f_t = \frac{f_{tk}}{\gamma_c} \tag{3.14}$$

对式(3.13)和式(3.14)的计算结果进行适当调整,最后 f_c 和 f_t 按附表 1 取值。

第五节 荷载组合

(1)荷载组合(Load Combination):按极限状态设计时,为保证结构的可靠性而对同时出现的各种荷载设计值的规定。

①基本组合(Fundamental Combination) 承载能力极限状态计算时,永久荷载和可变荷载的组合。

②偶然组合(Accidental Combination) 承载能力极限状态计算时永久荷载、可变荷载和一个偶然荷载的组合,以及偶然事件发生后受损结构整体稳固性验算时永久荷载与可变荷载的组合。

③标准组合(Characteristic/Nominal Combination) 正常使用极限状态计算时,采用标准值或组合值为荷载代表值的组合。

④频遇组合(Frequent Combination) 正常使用极限状态计算时,对可变荷载采用频遇

值或准永久值为荷载代表值的组合。

⑤准永久组合(Quasi-permanent Combination) 正常使用极限状态计算时,对可变荷载采用准永久值为荷载代表值的组合。

(2)建筑结构设计应根据使用过程中在结构上可能同时出现的荷载,按承载能力极限状态和正常使用极限状态分别进行荷载组合,并应取各自的最不利的组合进行设计。

(3)对于承载能力极限状态,应按荷载的基本组合或偶然组合计算荷载组合的效应设计值,并应采用下列设计表达式进行设计。

$$\gamma_0 S_d \leqslant R_d \tag{3.15}$$

式中:γ_0——结构重要性系数,按表3.5取值;

S_d——荷载组合的效应设计值,按式(3.17)~式(3.20)确定;

$\gamma_0 S_d$——表示内力设计值N(轴向拉力或轴向压力)、M(弯矩)、V(剪力)和T(扭矩)等;

R_d——结构构件抗力的设计值,应按各有关建筑结构设计规范的规定确定。

(4)对于承载能力极限状态,荷载基本组合的效应设计值S_d,应从下列荷载组合值中取用最不利的效应设计值确定。

①由可变荷载控制的效应设计值,应按下式进行计算

$$S_d = \sum_{j=1}^{m} \gamma_{Gj} S_{Gjk} + \gamma_{Q1} \gamma_{L1} S_{Q1k} + \sum_{i=2}^{n} \gamma_{Qi} \gamma_{Li} \psi_{ci} S_{Qik} \tag{3.16}$$

式中:γ_{Gj}——第j个永久荷载的分项系数;

γ_{Qi}——第i个可变荷载的分项系数,其中γ_{Q1}为主导可变荷载Q_1的分项系数;

γ_{Li}——第i个可变荷载考虑设计使用年限的调整系数,其中γ_{L1}为主导可变荷载Q_1考虑设计使用年限的调整系数;

S_{Gjk}——按第j个永久荷载标准值G_{jk}计算的荷载效应值;

S_{Qik}——按第i个可变荷载标准值Q_{ik}计算的荷载效应值,其中S_{Q1k}为诸可变荷载效应中起控制作用者;

ψ_{ci}——第i个可变荷载Q_i的组合值系数;

m——参与组合的永久荷载数;

n——参与组合的可变荷载数。

②由永久荷载控制的效应设计值,应按下式进行计算

$$S_d = \sum_{j=1}^{m} \gamma_{Gj} S_{Gjk} + \sum_{i=1}^{n} \gamma_{Qi} \gamma_{Li} \psi_{ci} S_{Qik} \tag{3.17}$$

注:基本组合中的效应设计值仅适用于荷载与荷载效应为线性的情况;当对S_{Q1k}无法明显判断时,应轮次以各可变荷载效应作为S_{Q1k}并选取其中最不利的荷载组合的效应设计值。

(5)对于承载能力极限状态,基本组合的荷载分项系数,应按下列规定采用。

①永久荷载的分项系数应符合下列规定:

当永久荷载效应对结构不利时,对由可变荷载效应控制的组合应取1.2,对由永久荷载效应控制的组合应取1.35;

当永久荷载效应对结构有利时,不应大于1.0。

②可变荷载的分项系数应符合下列规定:

对标准值大于4kN/m²的工业房屋楼面结构的活荷载,应取1.3;

其他情况,应取1.4。

(3)对结构的倾覆、滑移或漂浮验算,荷载的分项系数应满足有关的建筑结构设计规范的

规定。

(4)楼面和屋面活荷载考虑设计使用年限的调整系数 γ_L 应按表3.5采用。

楼面和屋面活荷载考虑设计使用年限的调整系数 γ_L　　表3.5

结构设计使用年限(年)	5	50	100
γ_L	0.9	1.0	1.1

注：1.当设计使用年限不为表中数值时，调整系数 γ_L 可按线性内插确定；
　　2.对于荷载标准值可控制的活荷载，设计使用年限调整系数 γ_L 取1.0。

(6)对于承载能力极限状态，荷载偶然组合的效应设计值 S_d 可按下列规定采用 t 值。

①用于承载能力极限状态计算的效应设计值，应按下式进行计算

$$S_d = \sum_{j=1}^{m} S_{Gjk} + S_{Ad} + \psi_{f1} S_{Q1k} + \sum_{i=2}^{n} \psi_{qi} S_{Qik} \tag{3.18}$$

式中：S_{Ad}——按偶然荷载标准值 A_d 计算的荷载效应值；

　　　ψ_{f1}——第1个可变荷载的频遇值系数；

　　　ψ_{qi}——第 i 个可变荷载的准永久值系数。

②用于偶然事件发生后受损结构整体稳固性验算的效应设计值，应按下式进行计算

$$S_d = \sum_{j=1}^{m} S_{Gjk} + \psi_{f1} S_{Q1k} + \sum_{i=2}^{n} \psi_{qi} S_{Qik} \tag{3.19}$$

注：组合中的设计值仅适用于荷载与荷载效应为线性的情况。

【**例3.1**】某教室楼面简支梁如图3.4所示，安全等级为二级，跨度 $l=8m$，承受永久荷载（包括梁自重）标准值 $g_k=10kN/m$，$G_k=16kN$；承受楼面活荷载标准值 $q_k=12kN/m$，楼面活荷载的组合系数 $\psi_c=0.7$，频遇系数 $\psi_f=0.6$，准永久值系数 $\psi_q=0.5$。求梁跨中截面 C 的荷载效应基本组合设计值 M 和支座截面 A 的荷载效应基本组合设计值 V。

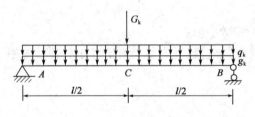

图3.4　例3.1图

【**解**】(1)求梁跨中截面 C 的荷载效应基本组合设计值 M。

由永久荷载在跨中截面 C 产生的弯矩标准值为

$$M_{Gk} = \frac{1}{8} g_k l^2 + \frac{1}{4} G_k l = 112 kN \cdot m$$

由楼面活荷载在跨中截面 C 产生的弯矩标准值为

$$M_{Qk} = \frac{1}{8} q_k l^2 = 96 kN \cdot m$$

由可变荷载效应控制的弯矩设计值 M_1 按式(3.16)计算

$$M_1 = \gamma_G M_{Gk} + \gamma_{Q1} M_{Q1k} + \sum_{i=2}^{n} \gamma_{Qi} \psi_{ci} M_{Qik} = 1.2 \times 112 + 1.4 \times 96$$
$$= 268.8 kN \cdot m$$

由永久荷载效应控制的弯矩设计值 M_2 按式(3.17)计算

$$M_2 = \gamma_G M_{Gk} + \sum_{i=1}^{n} \gamma_{Qi} \psi_{ci} M_{Qik} = 1.35 \times 112 + 1.4 \times 0.7 \times 96$$
$$= 245.28 kN \cdot m$$

梁跨中截面 C 的荷载效应基本组合设计值 M 为 M_1、M_2 两者中的较大值，即

$$M = \max\{M_1, M_2\} = 268.8 \text{kN} \cdot \text{m}$$

(2) 求梁支座截面 A 的荷载效应基本组合设计值 V。

由永久荷载在支座截面 A 产生的剪力标准值

$$V_{Gk} = \frac{1}{2}g_k l + \frac{1}{2}G_k = 48 \text{kN}$$

由楼面活荷载在支座截面 A 产生的剪力标准值

$$V_{Qk} = \frac{1}{2}q_k l = 48 \text{kN}$$

由可变荷载效应控制的剪力设计值 V_1 按式(3.17)计算

$$V_1 = \gamma_G V_{Gk} + \gamma_{Q1} V_{Q1k} + \sum_{i=2}^{n} \gamma_{Qi} \psi_{ci} V_{Qik} = 1.2 \times 48 + 1.4 \times 48 = 124.8 \text{kN}$$

由永久荷载效应控制的剪力设计值 V_2 按式(3.18)计算

$$V_2 = \gamma_G V_{Gk} + \sum_{i=1}^{n} \gamma_{Qi} \psi_{ci} V_{Qik} = 1.35 \times 48 + 1.4 \times 0.7 \times 48 = 111.8 \text{kN}$$

梁支座截面 A 的荷载效应基本组合设计值 V 为 V_1、V_2 两者中的较大值,即

$$V = \max\{V_1, V_2\} = 124.8 \text{kN}$$

(7) 对于正常使用极限状态,应根据不同的设计要求,采用荷载的标准组合、频遇组合或准永久组合,并应按下列设计表达式进行设计

$$S_d \leqslant C \tag{3.20}$$

式中:C——结构或结构构件达到正常使用要求的规定限值,如变形、裂缝、振幅、加速度、应力等的限值,应按各有关建筑结构设计规范的规定采用。

①对于正常使用极限状态,荷载标准组合的效应设计值 S_d 应按下式进行计算

$$S_d = \sum_{j=1}^{m} S_{Gjk} + S_{Q1k} + \sum_{i=2}^{n} \psi_{ci} S_{Qik} \tag{3.21}$$

注:组合中的设计值仅适用于荷载与荷载效应为线性的情况。

②对于正常使用极限状态,荷载频遇组合的效应设计值 S_d 应按下式进行计算

$$S_d = \sum_{j=1}^{m} S_{Gjk} + \psi_{f1} S_{Q1k} + \sum_{i=2}^{n} \psi_{qi} S_{Qik} \tag{3.22}$$

注:组合中的设计值仅适用于荷载与荷载效应为线性的情况。

③对于正常使用极限状态,荷载准永久组合的效应设计值 S_d 应按下式进行计算

$$S_d = \sum_{j=1}^{m} S_{Gjk} + \sum_{i=1}^{n} \psi_{qi} S_{Qik} \tag{3.23}$$

注:组合中的设计值仅适用于荷载与荷载效应为线性的情况。

(8) 永久荷载:

①永久荷载应包括结构构件、围护构件、面层及装饰、固定设备、长期储物的自重,土压力、水压力,以及其他需要按永久荷载考虑的荷载。

②结构自重的标准值可按结构构件的设计尺寸与材料单位体积的自重计算确定。

③一般材料和构件的单位自重可取其平均值,对于自重变异较大的材料和构件,自重的标准值应根据对结构的不利或有利状态,分别取上限值或下限值。常用材料和构件单位体积的自重可按《建筑结构荷载规范》(GB 50009—2012)附录 A 采用。

④固定隔墙的自重可按永久荷载考虑,位置可灵活布置的隔墙自重应按可变荷载考虑。

需要指出的是,"正常使用极限状态的荷载效应组合值 S" 具体是指荷载作用下混凝土构件的变形、裂缝宽度和应力等。

【例 3.2】 条件同【例 3.1】。求该梁跨中截面 C 的荷载效应标准组合设计值 M_K 和荷载效应准永久组合设计值 M_q。

【解】 由【例 3.1】已求得 $M_{Gk}=112\text{kN}\cdot\text{m}, M_{Qk}=96\text{kN}\cdot\text{m}$,所以,梁跨中截面 C 的荷载效应标准组合弯矩 M_K 为

$$M_k = M_{Gk} + M_{Q1k} + \sum_{i=2}^{n}\psi_{ci}M_{Qik} = 112 + 96 = 208\text{kN}\cdot\text{m}$$

梁跨中截面 C 的荷载效应准永久组合弯矩 M_q 为

$$M_q = M_{Gk} + \sum_{i=1}^{n}\psi_{qi}M_{Qik} = 112 + 0.5 \times 96 = 160\text{kN}\cdot\text{m}$$

(9)正常使用极限状态的验算规定及其限值 C:

①受弯构件的最大挠度应按荷载效应的标准组合并考虑长期作用影响进行计算。

②《混凝土结构设计规范》(GB 50010—2010)中混凝土结构构件正截面的裂缝控制等级分为三级,并应符合下列规定。

一级:严格要求不出现裂缝的构件。要求按荷载效应标准组合计算时,构件受拉边缘混凝土不应产生拉应力。

二级:一般要求不出现裂缝的构件。要求按荷载效应标准组合计算时,构件受拉边缘混凝土拉应力不应大于混凝土轴心抗拉强度标准值;按荷载效应准永久组合计算时,构件受拉边缘混凝土不宜产生拉应力。

三级:允许出现裂缝的构件。要求按荷载效应标准组合应考虑长期作用影响计算时,构件的最大裂缝宽度不应超过附表 10 规定的最大裂缝宽度限值(w_{lim})。

一级、二级裂缝控制等级的验算通常称为抗裂(或抗裂度)验算,其实质是应力控制;三级裂缝控制等级的验算通常称为裂缝宽度验算,其实质是控制最大裂缝宽度。

第六节 公路桥涵工程混凝土结构设计的基本原则

《混凝土结构设计规范》(GB 50010—2010)、《建筑结构荷载规范》(GB 50009—2012)、《建筑结构可靠度设计统一标准》(GB 50068—2001)、《公路桥涵设计通用规范》(JTG D60—2004)和《公路钢筋混凝土及预应力混凝土桥涵设计规范》(JTG D62—2004)都是采用以概率论为基础的极限状态设计方法,按分项系数的设计表达式进行设计。因此,公路桥涵混凝土结构与建筑混凝土结构的设计原则及其规定基本相同,以下主要介绍两者的区别。

一 两种结构的区别及其原因

《公路桥涵设计通用规范》(JTG D60—2004)规定桥涵结构的设计基准期为 100 年,而《建筑结构可靠度设计统一标准》(GB 50068—2001)规定一般建筑结构的设计基准期为 50 年。由设计基准期的概念可知,设计基准期是确定可变作用及与时间有关的材料性能等取值而选用的时间参数。设计基准期的取值不同是造成桥梁结构与建筑结构设计基本原则有所区别的主要原因。由此引起的主要区别有以下几点。

①当荷载标准值采用相同的分位值时,对于同种荷载,由于桥梁结构的设计基准期比建筑结构的长,所以桥梁工程的荷载标准值比建筑工程的取值要大。

②对于相同的钢筋或混凝土的强度设计值,桥梁工程比建筑工程的取值要小。

如 C30 混凝土的轴心抗压强度设计值,桥梁结构设计时取为 13.8MPa,建筑结构设计时则取为 14.3MPa。

又如 HRB335 级钢筋的抗拉强度设计值,桥梁结构设计时取为 280MPa,建筑结构设计时则取为 300MPa。

③对于安全等级相同结构的目标可靠指标,桥梁结构比建筑结构的取值要大。《公路桥涵设计通用规范》(JTG D60—2004)规定桥梁结构的设计安全等级与目标可靠指标分别如表 3.6 和表 3.7 所列。

桥涵结构的设计安全等级　　　　　　　　　　表 3.6

安全等级	桥涵类型	安全等级	桥涵类型
一级	特大桥、重要大桥	三级	小桥、涵洞
二级	大桥、中桥、重要小桥		

桥梁结构的目标可靠指标　　　　　　　　　　表 3.7

破坏类型	安全等级		
	一级	二级	三级
延性破坏	4.7	4.2	3.7
脆性破坏	5.2	4.7	4.2

二 极限状态设计表达式

1. 承载能力极限状态设计表达式

《公路钢筋混凝土及预应力混凝土桥涵设计规范》(JTG D62—2004)规定,桥梁构件的承载能力极限状态计算,应采用下列表达式

$$\gamma_0 S_d \leqslant R \tag{3.24}$$

$$R = R(f_d, a_d) \tag{3.25}$$

式中:γ_0——桥梁结构的重要性系数。按公路桥涵的设计安全等级,一级、二级、三级分别取用 1.1、1.0、0.9;桥梁的抗震设计不考虑结构的重要性系数;

S_d——作用(或荷载)效应(其中汽车荷载应计入冲击系数)的组合设计值,当进行预应力混凝土连续梁等超静定结构的承载能力极限状态计算时,式(3.24)中的 $\gamma_0 S_d$ 应改为 $\gamma_0 S_d + \gamma_P S_P$,其中 S_P 为预应力(扣除全部预应力损失)引起的次效应,γ_P 为预应力分项系数,当预应力效应对结构有利时,取 $\gamma_P = 1.2$;

R——构件承载力设计值;

$R(\cdot)$——构件承载力函数;

f_d——材料强度设计值;

a_d——几何参数设计值,当无可靠数据时,可采用几何参数标准值 a_K,即设计文件规定值。

《公路桥涵设计通用规范》(JTG D60—2004)规定按极限承载能力极限状态进行设计时,应根据各自的情况选用基本组合和偶然组合的一种或两种作用效应组合。下面仅介绍荷载效应基本组合表达式。

基本组合是承载极限状态设计时,永久作用设计值效应与可变作用设计值效应相组合,其

效应组合表达式为

$$\gamma_0 S_{ud} = \gamma_0 \left(\sum_{i=1}^{m} \gamma_{Gi} S_{Gik} + \gamma_{Q1} S_{Q1k} + \psi_c \sum_{j=2}^{n} \gamma_{Qj} S_{Qjk} \right) \tag{3.26}$$

式中：S_{ud}——承载能力极限状态下作用基本组合的效应组合设计值；

γ_0——桥梁结构的重要性系数。按公路桥涵的设计安全等级，一级、二级、三级分别取用 1.1、1.0、0.9；桥梁的抗震设计不考虑结构的重要性系数；

γ_{Gi}——第 i 个永久作用效应的分项系数，按《公路桥涵设计通用规范》(JTG D60—2004)表 4.1.6 选用；

S_{Gik}——第 i 个永久作用效应的标准值；

γ_{Q1}——汽车荷载效应(含汽车冲击力、离心力)的分项系数，取 $\gamma_{Q1}=1.4$；

S_{Q1k}——汽车荷载效应(含汽车冲击力、离心力)的标准值；

γ_{Qj}——在作用效应组合中除汽车荷载效应(含汽车冲击力、离心力)、风荷载处的第 j 个可变作用效应的分项系数，取 $\gamma_{Qj}=1.4$，但风荷载的分项系数 $\gamma_{Qj}=1.1$；

S_{Qjk}——在作用效应组合中除汽车荷载效应(含汽车冲击力、离心力)外的其他第 j 个可变作用效应的标准值；

ψ_c——在作用效应组合中除汽车荷载效应(含汽车冲击力、离心力)外的其他可变作用效应的组合系数。当永久作用与汽车荷载和人群荷载(或其他一种可变作用)组合，人群荷载(或其他一种可变作用)的组合系数取 $\psi_c=0.8$，当除汽车荷载(含汽车冲击力、离心力)外尚有两种其他可变作用参与组合时，其组合系数取 $\psi_c=0.7$，尚有三种可变作用参与组合时，其组合系数取 $\psi_c=0.6$，尚有四种及多于四种的可变作用参与组合时，取 $\psi_c=0.5$。

2. 正常使用极限状态设计表达式

《公路桥涵设计通用规范》(JTG D60—2004)规定按正常使用极限状态的抗裂、裂缝宽度和挠度验算时，应根据不同结构不同的设计要求，选用以下一种或两种效应组合。

(1)作用短期效应组合

作用短期效应组合是指永久作用标准值效应与可变作用频遇值效应的组合，其效应组合表达式为

$$S_{sd} = \sum_{i=1}^{m} S_{Gik} + \sum_{j=1}^{n} \psi_{1j} S_{Qjk}$$

式中：S_{sd}——作用短期效应组合设计值；

ψ_{1j}——第 j 个可变作用效应的频遇值系数，汽车荷载(不计冲击力)$\psi_1=0.7$，人群荷载 $\psi_1=1.0$，风荷载 $\psi_1=0.75$，温度梯度作用 $\psi_1=0.8$，其他作用 $\psi_1=1.0$。

(2)作用长期效应组合

作用长期效应组合是指永久作用标准值效应与可变作用准永久值效应的组合，其效应组合表达式为

$$S_{ld} = \sum_{i=1}^{m} S_{Gik} + \sum_{j=1}^{n} \psi_{2j} S_{Qjk}$$

式中：S_{ld}——作用长期效应组合设计值；

ψ_{2j}——第 j 个可变作用效应的准永久值系数，汽车荷载(不计冲击力)$\psi_2=0.4$，人群荷载 $\psi_2=0.4$，风荷载 $\psi_2=0.75$，温度梯度作用 $\psi_2=0.8$，其他作用 $\psi_2=1.0$。

本章小结

(1) 结构设计原则就是用于工程结构设计的既安全可靠又经济合理的方法。

(2) 施加在结构上的作用可分为永久作用、可变作用和偶然作用。作用效应是由作用引起的。结构设计就是在作用效应和抗力之间寻求一种最佳的平衡。

(3) 设计基准期与设计使用年限是两个不同的概念。

(4) 结构的功能包括安全性、适用性和耐久性。结构可靠性是安全性、适用性和耐久性的总称。

(5) 结构的极限状态分为承载能力极限状态和正常使用极限状态两类。

(6) 结构的设计状况有持久状况、短暂状况和偶然状况3种。

(7) 结构可靠度是结构可靠性的概率度量。目标可靠指标的取值与结构的安全等级、破坏类型有关,同时桥涵结构的目标可靠指标比建筑结构的大1.0。

(8) 荷载代表值是指结构设计时用以验算极限状态所采用的荷载量值,有标准值、组合值、频遇值和准永值4种。

(9) 混凝土与钢筋的材料强度指标有标准值和设计值之分。

(10) 建筑结构设计时,荷载组合有基本组合、标准组合和准永久组合3种。

(11) 桥涵结构设计时,荷载组合则有基本组合、短期效应组合和长期效应组合3种。

思考与练习

思考题

3.1 什么是结构上的作用?按时间的变异,作用分为哪几类?什么是作用效应?

3.2 什么是设计基准期?建筑结构和桥涵结构的设计基准期分别是多少?

3.3 什么是设计使用年限?建筑结构的设计使用年限是如何规定的?

3.4 结构有哪些功能要求?结构可靠性与可靠度的关系如何?

3.5 什么是结构的极限状态?承载能力极限状态与正常使用极限状态又如何定义?各有哪些标志?结构的设计状况有哪些?各设计状况分别应进行哪些极限状态的设计?

3.6 材料强度设计值与标准值是怎样的关系?对于同种材料,其材料强度设计值为什么桥涵结构中的取值比建筑结构小?

3.7 荷载设计值与标准值是怎样的关系?

3.8 写出承载能力极限状态的设计表达式和荷载效应基本组合的表达式,说明式中各符号的含义,并指出目标可靠指标体现在哪里。

3.9 写出荷载效应标准组合和准永久组合的表达式,并说明式中各符号的含义。

3.10 写出作用效应基本组合、作用短期效应组合、作用长期效应组合的表达式,并说明式中各符号的含义。

第二篇　混凝土构件弯曲及受压性能

第四章　混凝土受弯构件正截面承载力计算

知识描述

本章贯穿"试验—基本假定—应力图形—基本公式—适用条件"这一主线进行阐述。以适筋梁正截面试验为基础,分析受弯构件破坏现象和破坏机理,阐明基本假定;以基本假定为准则,绘出应力图形,突出问题的主要特性并使其简化;以应力图形为框架,推导基本公式和适用条件,并注重构造要求。

学习要求

通过本章学习,应熟练掌握适筋受弯构件正截面三个受力阶段,包括截面上应力与应变的分布、破坏形态、纵向受拉钢筋配筋率对破坏形态的影响、三个工作阶段在混凝土结构设计中的应用等。掌握受弯构件正截面承载力计算的基本假定及其在受弯承载力计算中的应用。熟练掌握单筋矩形、双筋矩形与 T 形截面受弯构件正截面受弯承载力的计算方法,配置纵向受拉钢筋的主要构造要求。能够区别混凝土结构规范与桥梁规范中关于受弯构件正截面承载力计算的差异。

第一节　梁板构造

受弯构件是指截面上同时承受以弯矩(M)和剪力(V)为主,而轴力(N)可以忽略不计的构件。它是土木工程中数量最多、使用较为广泛的一类构件。工程结构中的梁和板就是典型的受弯构件。它们存在着受弯破坏和受剪破坏两种可能性。其中,由弯矩引起的破坏往往发生在弯矩最大处且与梁板轴线垂直的正截面上,所以称之为正截面受弯破坏。本章主要介绍受弯构件正截面的受力特点和破坏形态、承载力计算方法以及相应的构造措施。

一　截面形状及尺寸

1. 截面形状

工程结构中的梁和板的区别在于:梁的截面高度一般大于自身的宽度,而板的截面高度则远小于自身的宽度。

梁的截面形状常见的有矩形、T 形、工字形、箱形及倒 L 形等;板的截面形状常见有矩形、槽形及空心形等,如图 4.1 所示。

2. 截面尺寸

受弯构件截面尺寸的确定,既要满足承载能力的要求,也要满足正常使用的要求,同时还要满足施工方便的要求。也就是说,梁、板的截面高度 h 与荷载的大小、梁的计算跨度 l_0 有关。一般根据刚度条件由设计经验确定。工程结构中梁的截面高度可参照表 4.1 选用。同时,考虑便于施工和利于模板的定型化,构件截面尺寸宜统一规格,可按下述要求采用:

矩形截面梁的高宽比 h/b 一般取 2.0～3.5；T 形截面梁的 h/b 一般取 2.5～4.0。矩形截面的宽度或 T 形截面的梁肋 b 一般取为 100mm、120mm、150mm、180mm、200mm、220mm、250mm、300mm、350mm……300mm 以上每级级差为 50mm。其中 $b=180$mm、220mm 仅用于木模板。

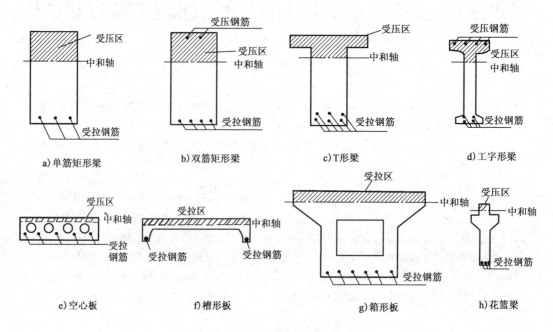

图 4.1 受弯构件常用截面形状

矩形截面梁和 T 形梁高度一般为 250mm、300mm、350mm……750mm、800mm、900mm 等，800mm 以下每级级差为 50mm，800mm 以上每级级差为 100mm。

不需要做变形验算梁的截面最小高度　　　　　　　　　　　　　　　表 4.1

构件种类		简　支	两端连续	悬　臂
整体肋性梁	主梁	$\dfrac{l_0}{12}$	$\dfrac{l_0}{15}$	$\dfrac{l_0}{6}$
	次梁	$\dfrac{l_0}{15}$	$\dfrac{l_0}{20}$	$\dfrac{l_0}{8}$
独立梁		$\dfrac{l_0}{12}$	$\dfrac{l_0}{15}$	$\dfrac{l_0}{6}$

注：l_0 为梁的计算跨度；当 $l_0>9$m 时表中数值应乘以 1.2 的系数；悬臂梁的高度是指其根部的高度。

板的宽度一般比较大，设计计算时可取单位宽度（$b=1000$mm）进行计算。其厚度应满足以下要求（如已满足则可不进行变形验算）：

①单跨简支板的最小厚度不小于 $\dfrac{l_0}{35}$。

②多跨连续板的最小厚度不小于 $\dfrac{l_0}{40}$。

③悬臂板的最小厚度（指的是悬臂板的根部厚度）不小于 $\dfrac{l_0}{12}$。同时，应满足表 4.2 的规定。

现浇钢筋混凝土板的最小厚度(mm)　　　　　表 4.2

板的类别		厚　度
单向板	屋面板	60
	民用建筑楼板	60
	工业建筑楼板	70
	行车道下的楼板	80
双向板		80
密肋楼盖	面板	50
	肋高	250
悬臂板(根部)	板的悬臂长度≤500mm	60
	板的悬臂长度 1200mm	100
无梁楼板		150
现浇空心楼盖		200

注：悬臂板的厚度是指悬臂根部的厚度；板厚度以 10mm 为模数。

二 钢筋布置

1. 梁的钢筋布置要求

梁的纵向受力钢筋，宜采用 HRB500、HRB400 或 HRB335，常用直径为 12mm、14mm、16mm、18mm、20mm、22mm 和 25mm。根数不得小于 2 根。设计中若需要两种不同直径的钢筋，钢筋直径相差至少 2mm，以便于在施工中能用肉眼识别，但相差也不宜超过 6mm。

为了便于混凝土的浇筑，保证钢筋能与混凝土黏结在一起，以保证钢筋周围混凝土的密实性，纵筋的净间距以及钢筋的最小保护层厚度应满足图 4.2 所示的要求。如果受力纵筋必须排成两排，上、下两排钢筋应对齐，若多于两排时，两排以上钢筋水平方向的中距应比下面两排的中距增大 2 倍。

截面的有效高 h_0 指的是梁截面受压区的外边缘至受拉钢筋合力点的距离，$h_0 = h - a_s$（a_s 为受拉钢筋合力点至受拉区边缘的距离）。当纵筋为一排时，$a_s = c + d/2$；当纵筋为两排钢筋时，$a_s = c + d + e/2$，此处 c 为纵筋外边缘至混凝土截面边缘的距离，称之为混凝土保护层厚度，一般取为 25mm，特殊情况依据规范选用。e 为上、下两排钢筋的净距。在计算时，一般取 $e = 25$mm，$d = 20$mm，所以纵筋为单排时，近似取 $a_s = 35$mm；纵筋为两排时，近似取 $a_s = 60$mm。

为了固定箍筋并与纵向钢筋形成骨架，在梁的受压区内应设置架立钢筋。架立钢筋的直径与梁的跨度 L 有关。当 $L > 6$m 时，架立钢筋

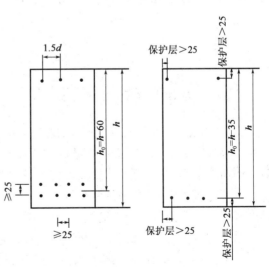

图 4.2　梁钢筋净距、保护层及有效高度

的直径不宜小于 10mm;当 $L=4\sim6m$ 时,不宜小于 8mm;当 $L<4m$ 时,不宜小于 6mm。简支梁架立钢筋一般伸至梁端;当考虑其受力时,架立钢筋两端在支座内应有足够的锚固长度。

2.板的钢筋布置要求

(1)板的受力钢筋

板的纵向受拉钢筋常采用 HPB300、HRB335 级别钢筋,常用直径是 6mm、8mm、10mm 和 12mm。为了便于施工,设计时选用钢筋直径的种类越少越好。

为了便于浇筑混凝土,保证钢筋周围混凝土的密实性,板内钢筋间距不宜太密;为了正常承受弯矩,也不宜过稀。钢筋的间距一般为 $70\sim200mm$;当采用绑扎钢筋时,若板厚 $h>150mm$ 时,不应大于 $1.5h$,且不应大于 300mm。

板的受力钢筋一般是一排钢筋,截面设计时,$a_s=c+d/2$,取 $d=10mm$,$c=15mm$,所以近似取 $a_s=20mm$,如图 4.3 所示。

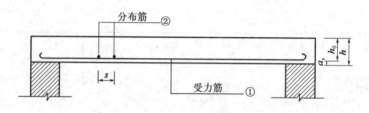

图 4.3 板的配筋

(2)板的分布钢筋

当按单向板设计时,除沿受力方向布置受力钢筋外,还应在垂直受力钢筋方向布置分布钢筋。其作用是将荷载更均匀地传递给受力钢筋,同时通过细铁丝与受力钢筋绑扎在一起,起到在施工中固定受力钢筋的位置,并抵抗温度、收缩应力的作用。

分布钢筋宜采用 HPB300 和 HRB335 级别的钢筋,常用直径是 6mm 和 8mm。截面面积不应小于受力钢筋面积的 15%,其间距不宜大于 250mm;当集中荷载较大或温度应力过大时,分布钢筋的截面面积应适当增加,其间距不宜大于 200mm。

第二节 试验研究分析

一 正截面工作的三个阶段

为了能消除剪力对正截面受弯的影响,使正截面只受到弯矩的作用,一般在试验中采取对一简支梁进行三分点对称集中加载的方式(图 4.4),使两个对称集中荷载之间的区段,在忽略自重的情况下,只受纯弯矩作用而无剪力,称为纯弯区段。

在纯弯区段内,沿梁高两侧布置测点,用仪表量测梁的纵向变形。并可观察加载后梁的受力全过程。荷载由零开始逐级施加,直至梁正截面受弯破坏。

图 4.5 所示为中国建筑科学研究院所做的钢筋混凝土试验梁的弯矩与截面曲率关系曲线实测结果。图中纵坐标为梁跨中截面的弯矩试验值 M^0,横坐标为梁跨中截面曲率试验值 φ^0。M^0-φ^0 关系图曲线上有两个明显的转折点 c 和 y,则可把梁的截面受力和变形过程划分为以下三个阶段。

1. 第Ⅰ阶段——混凝土开裂前的未裂阶段

当荷载较小时,截面上的内力非常小,此时梁的工作情况与匀质弹性体梁相似,混凝土基本上处于弹性工作阶段,应力与应变成正比,截面的应力分布成直线(图4.6Ⅰ),这种受力阶段称为第Ⅰ阶段。

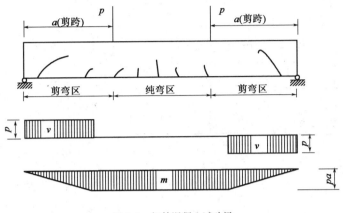

图4.4 钢筋混凝土试验梁

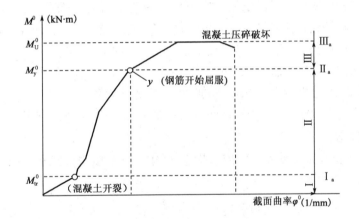

图4.5 M^0-φ^0 关系曲线

当荷载逐渐增加,截面所受的弯矩在增大,量测到的应变也随之增大,由于混凝土的抗拉能力远比抗压能力弱,故在受拉区边缘处混凝土首先表现出应变的增长比应力的增长速度快的塑性特征。受拉区应力图形开始偏离直线而逐步呈曲线变化。弯矩继续增大,受拉区应力图形中曲线部分的范围不断沿梁高向上发展。

当弯矩增加到 M_{cr} 时,受拉区边缘纤维的应变值将达到混凝土受弯时的极限拉应变 ε_{tu},截面处于即将开裂状态,称为第Ⅰ阶段末,用Ⅰ$_a$表示(图4.6Ⅰ$_a$)。这时,受压区边缘纤维应变量测值相对还很小,故受压区混凝土基本上处于弹性工作阶段,受压区应力图形接近三角形,而受拉区应力图形则呈曲线分布。在Ⅰ$_a$阶段,由于黏结力的存在,受拉钢筋的应变与周围同一水平处混凝土拉应变相等,故这时钢筋应变接近 ε_{tu} 值,相应的应力较低,为 20~30N/mm²。由于受拉区混凝土塑性的发展,Ⅰ$_a$阶段时中性轴的位置比第Ⅰ阶段初期略有上升。Ⅰ$_a$阶段可作为受弯构件抗裂的计算依据。

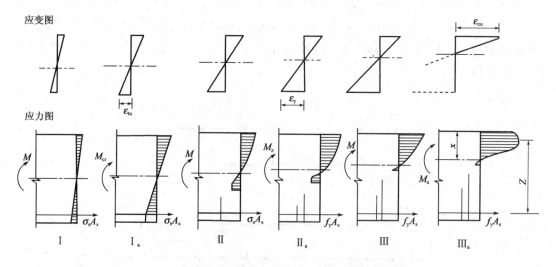

图 4.6 梁在各受力阶段的应力与应变图

2. 第Ⅱ阶段——混凝土开裂后至钢筋屈服前的带裂缝工作阶段

截面受力达到Ⅰ$_a$阶段后,荷载只要稍许增加,混凝土就会开裂,并把原先由混凝土承担的那一部分拉力转给钢筋,使钢筋应力突然增大许多,故裂缝出现时梁的挠度和截面曲率都突然增大。截面上应力会发生重分布,裂缝处的混凝土不再承受拉应力,受压区混凝土出现明显的塑性变形。应力图形呈曲线(图4.6Ⅱ)。这种受力阶段称为第Ⅱ阶段。

荷载继续增加,弯矩再增大,截面曲率加大,主裂缝开展越来越宽。当荷载增加到某一数值时,受拉区纵向受力钢筋开始屈服,钢筋应力达到其屈服强度(图4.6Ⅱ$_a$)。这种特定的受力状态称为Ⅱ$_a$状态。

阶段Ⅱ相当于梁在正常使用时的应力状态,可作为正常使用极限状态的变形和裂缝宽度计算时的依据。

3. 第Ⅲ阶段——钢筋开始屈服至截面破坏阶段

受拉区纵向受力钢筋屈服后,将继续变形而保持应力大小不变。截面曲率和梁的挠度也突然增大,裂缝宽度随之扩展并沿梁高向上延伸。中性轴继续上移,受压区高度进一步减小。受压区混凝土压应力迅速增大,受压区混凝土边缘应变也迅速增长,塑性特征将表现得更为充分,受压区压应变图形更趋丰满(图4.6Ⅲ)。

弯矩再增大至极限弯矩 M_u 时,称为第Ⅲ阶段末,用Ⅲ$_a$表示。此时,在荷载几乎保持不变的情况下,裂缝进一步急剧开展,受压区混凝土出现纵向裂缝,混凝土被完全压碎,截面发生破坏(图4.6Ⅲ$_a$)。

在第Ⅲ阶段整个过程中,钢筋所承受的总拉力大致保持不变,但由于中性轴逐步上移,内力臂 Z 略有增加,故截面极限弯矩 M_u 略大于屈服弯矩 M_y,可见第Ⅲ阶段是截面的破坏阶段,破坏始于纵向受拉钢筋屈服,终结于受压区混凝土压碎。第Ⅲ阶段末(Ⅲ$_a$)可作为正截面受弯承载力计算的依据。

试验同时表明,从开始加载到构件破坏的整个受力过程中,变形前的平面,在变形后仍保持平面。

二、正截面破坏的三种形态

根据试验研究,梁正截面的破坏形式与配筋率 ρ 和钢筋、混凝土的强度等级有关。但是以配筋率对构件破坏特征的影响最为明显。配筋率 $\rho = \dfrac{A_s}{bh_0}$,此处 A_s 为受拉钢筋截面面积,bh_0 为截面的有效面积。试验表明,在常用的钢筋级别和混凝土强度等级情况下,其破坏形式主要随配筋率 ρ 的大小而异。梁的破坏形式可以分为以下三种形态。

1. 适筋梁破坏

所谓适筋梁就是指配筋率比较适中,从开始加载至截面破坏,整个截面的受力过程符合前面所述的三个阶段的梁。这种梁的破坏特点是:受拉钢筋首先达到屈服强度,维持应力不变而发生显著的塑性变形,直到受压区混凝土边缘应变达到混凝土弯曲受压的极限压应变时,受压区混凝土被压碎,截面即告破坏,梁在完全破坏以前,由于钢筋要经历较大的塑性伸长,随之引起裂缝急剧向上开展和梁挠度的激增,它将给人明显的破坏预兆,习惯上把这种梁的破坏称之为塑性破坏,如图 4.7a)所示。

2. 超筋梁破坏

配筋率 ρ 过大的梁一般称之为超筋梁,试验表明,由于这种梁内钢筋配置过多,抗拉能力过强,当荷载加到一定程度后,在钢筋拉应力尚未达到屈服之前,受压区混凝土已先被压碎,致使构件破坏。由于超筋梁在破坏前钢筋尚未屈服而仍处于弹性工作阶段,其延伸较小,因而梁的裂缝较细,挠度较小,破坏没有预兆,比较突然,习惯上称之为脆性破坏,如图 4.7b)所示。超筋梁虽然在受拉区配置有很多受拉钢筋,但其强度不能充分利用,这是不经济的,同时破坏前又无明显预兆,所以在实际工程中应避免设计成超筋梁。

3. 少筋梁破坏

当梁的配筋率 ρ 很小时称为少筋梁。这种梁在开裂以前受拉区主要由混凝土承担,钢筋承担的拉力占很少的一部分。在 I_a 段,受拉区一旦开裂,拉力就几乎全部转由钢筋承担。但由于受拉区钢筋数量配置太少,使裂缝截面的钢筋拉应力突然剧增直至超过屈服强度而进入强化阶段,此时受拉钢筋的塑性伸长已很大,裂缝开展过宽,梁将严重下垂,受压区混凝土不会压碎,但过大的变形及裂缝已经不适于继续承载,从而标志着梁的破坏,如图 4.7c)所示。

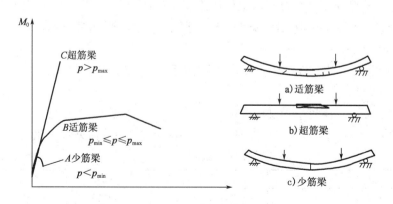

图 4.7 梁正截面的三种破坏形式

少筋梁的破坏一般是在梁出现第一条裂缝后突然发生，也属于脆性破坏。所以少筋梁也是不安全的。少筋梁虽然在受拉区配了钢筋，但不能起到提高混凝土梁承载能力的作用，同时，混凝土的抗压强度也不能充分利用，因此在实际工程中也应避免。

由此可见，当截面配筋率变化到一定程度时，将引起梁破坏性质的改变。由于在实际工程设计中不允许出现超筋梁或少筋梁，就必须在设计中对适筋梁的配筋率作出规定，具体规定将在以后的计算中再进行描述。

第三节　受弯构件正截面承载力计算原则

一　基本假定

为了能推导出受弯构件正截面承载力的计算公式，根据试验研究，对钢筋混凝土受弯构件的正截面承载力计算采用了以下4个基本假定。

① 截面应变保持平面(平截面假定)。

② 不考虑混凝土的抗拉强度；对处于承载能力极限状态下的正截面，其受拉区混凝土的绝大部分因开裂已经退出工作，而中性轴以下可能残留很小的未开裂部分，作用相对很小，为简化计算，完全可以忽略其抗拉强度的影响。

③ 混凝土的应力—应变关系曲线采用理想化的应力—应变曲线，如图4.8所示。

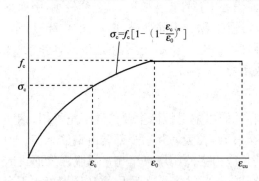

图 4.8　混凝土应力—应变关系曲线

第一段(上升段)，当 $\varepsilon_c \leqslant \varepsilon_0$ 时

$$\sigma_c = f_c \left[1 - \left(1 - \frac{\varepsilon_c}{\varepsilon_0} \right)^n \right] \quad (4.1)$$

第二段(水平段)，当 $\varepsilon_0 \leqslant \varepsilon_c \leqslant \varepsilon_{cu}$ 时

$$\sigma_c = f_c \quad (4.2)$$

$$n = 2 - \frac{1}{60}(f_{cu,k} - 50) \quad (4.3)$$

$$\varepsilon_0 = 0.002 + 0.5(f_{cu,k} - 50) \times 10^{-5} \quad (4.4)$$

$$\varepsilon_{cu} = 0.0033 - (f_{cu,k} - 50) \times 10^{-5} \quad (4.5)$$

式中：σ_c——对应于混凝土应变为 ε_c 时的混凝土压应力；

ε_0——对应于混凝土压应力刚达到 f_c 时的混凝土压应变，当计算的值 $\varepsilon_0 < 0.002$ 时，应取 0.002；

ε_{cu}——正截面处于非均匀受压时的混凝土极限压应变，当计算的 $\varepsilon_{cu} > 0.0033$ 时，取为 0.0033；

$f_{cu,k}$——混凝土立方体抗压强度标准值；

n——系数，当计算的 $n > 2.0$ 时，应取为 2.0；n、ε_0、ε_{cu} 的取值见表4.3。

n、ε_0、ε_{cu} 的 取 值　　　　　　　　　　　　　表 4.3

参　　数	≤C50	C55	C60	C65	C70	C75	C80
n	2	1.917	1.833	1.750	1.667	1.583	1.500
ε_0	0.002000	0.002025	0.002050	0.002075	0.002100	0.002125	0.002150
ε_{cu}	0.00330	0.00325	0.00320	0.00315	0.00310	0.00305	0.00300

从表 4.3 中可以发现,当混凝土的强度等级大于 C50 时,随着混凝土强度等级的提高,ε_0 值不断增大,而 ε_{cu} 却逐渐减小,即在图 4.8 中的水平区段逐渐缩短,材料的脆性加大。

④钢筋的应力—应变关系方程为 $\sigma_s = E_s\varepsilon_s \leqslant f_y$,受拉钢筋的极限拉应变取 0.01。

二 基本方程

根据基本假定和正截面受力三个阶段的应力—应变曲线,以单筋矩形截面为例,推导正截面受弯的基本方程。

图 4.9 所示是Ⅲ$_a$ 阶段正截面的应力—应变图形。从图中可知,截面在承载力极限状态下,受压边缘达到了混凝土的极限压应变 ε_{cu}。若假定这时截面受压区高度为 x_c,y 为受压区任意一点距截面中性轴的距离,则受压区任意一点混凝土的压应变为

$$\varepsilon_c = \varepsilon_{cu} \frac{x}{x_c} \tag{4.6}$$

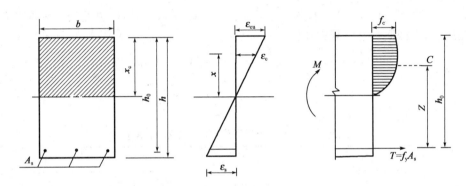

图 4.9 受压区混凝土的应力图形

将式(4.6)代入式(4.1)或式(4.2),可得截面受压区应力分布图形和压应力的合力 C

$$C = \int_0^{x_c} \sigma_c b \, dx = f_c b x_1 + \int_0^x \sigma_c b x \, dx \tag{4.7}$$

受拉钢筋应力已经达到屈服强度,钢筋的拉力 T 即为

$$T = f_y A_s \tag{4.8}$$

根据力的平衡条件,$C = T$,可得

$$\int_0^{x_c} \sigma_c b \, dx = f_y A_s \tag{4.9}$$

此时截面所能承受的弯矩 M_u

$$M_u = Cz = \int_0^{x_c} \sigma_c b(h_0 - x_c + x) \, dx \tag{4.10}$$

式中:z——混凝土压应力合力作用点 C 至钢筋合力作用点 T 之间的距离,简称内力臂。

利用上式求梁的承载力的计算过程过于复杂,求受压区混凝土的合力 C 及其合力点的作用位置是非常复杂的,所以设计上采用简化处理方法,即采用等效矩形应力图形(图 4.10)来代替受压区混凝土的曲线应力图形。

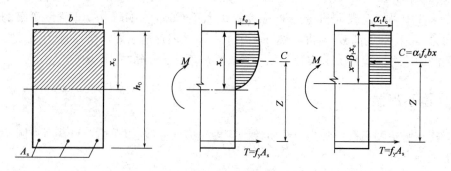

图 4.10 等效矩形应力图形的换算

采用这种等效方法时,需满足以下两个前提条件。

①保持原来受压区混凝土合力 C 的作用点不变。

②保持原来受压区混凝土合力 C 的大小方向不变。

在图 4.10 中,设曲线应力图形的高度为 x_c,应力为 f_c,等效矩形应力图形的高度为 $x=x_c\beta_1$;应力峰值为 $\alpha_1 f_c$,α_1 和 β_1 称为等效矩形应力图形系数,具体取值见表 4.4,采用等效矩形应力图形后,正截面受弯承载力计算公式可写成

$$\alpha_1 f_c bx = f_y A_s \tag{4.11}$$

$$M_u = \alpha_1 f_c bx \left(h_0 - \frac{x}{2}\right) \tag{4.12}$$

受压区混凝土等效矩形应力图形系数 α_1 和 β_1 值   表 4.4

混凝土强度等级	≤C50	C55	C60	C65	C70	C75	C80
β_1	0.8	0.79	0.78	0.77	0.76	0.75	0.74
α_1	1.0	0.99	0.98	0.97	0.96	0.95	0.94

三 适筋和超筋破坏的界限条件

式(4.11)、式(4.12)是根据适筋梁Ⅲ$_a$阶段的应力状态推导而得的,故它们不适用于超筋梁和少筋梁。

适筋梁的破坏是受拉钢筋首先屈服,经过一段塑性变形后,受压区混凝土才被压碎;而超筋梁的破坏是在钢筋屈服前,受压区混凝土首先达到极限压应变 ε_{cu},导致构件破坏。当梁的钢筋等级和混凝土强度等级确定后,就可以找到某个特定的配筋率 ρ,使具有这个特定配筋率的梁的破坏介于适筋梁和超筋梁之间,也就是说它的钢筋屈服与受压区混凝土的压碎是同时发生的。把这种梁的破坏称为界限破坏。

再用如图 4.11 所示的情形来说明这一点,设界限破坏时中性轴高度为 x_{cb},则有

$$\frac{x_{cb}}{h_0} = \frac{\varepsilon_{cu}}{\varepsilon_{cu} + \varepsilon_y} \tag{4.13}$$

引用 $x_b = \beta_1 x_{cb}$ 代入式(4.13)中,可得

$$\frac{x_b}{\beta_1 h_0} = \frac{\varepsilon_{cu}}{\varepsilon_{cu} + \varepsilon_y} \tag{4.14}$$

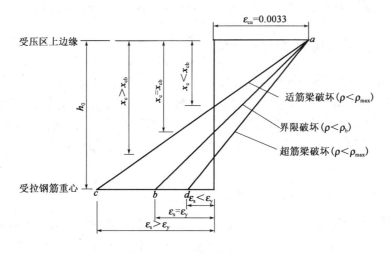

图 4.11 适筋梁、超筋梁及界限破坏时截面平均应变图

设 $\xi_b = x_b/h_0$，并称之为界限相对受压区高度，则

$$\xi_b = \frac{x_b}{h_0} = \beta_1 \cdot \frac{\varepsilon_{cu}}{\varepsilon_{cu} + \varepsilon_y} = \frac{\beta_1}{1+\frac{\varepsilon_y}{\varepsilon_{cu}}} = \frac{\beta_1}{1+\frac{f_y}{\varepsilon_{cu}E_S}} \qquad (4.15)$$

从式(4.15)可知，界限相对受压区高度与截面尺寸无关，仅与材料性能有关，将相关数值 f_y、ε_{cu}、E_s、β_1 代入式(4.15)，即可求出 ξ_b，ξ_b 的值也可通过查表 4.5 得到。当 $\xi = \xi_b$ 时，与之对应的配筋率就是适筋梁与超筋梁的界限配筋率 ρ_b，根据式(4.11)，可得

$$\alpha_1 f_c b x_b = f_y A_s = \rho_b b h_0 f_y$$

所以

$$\rho_b = \rho_{max} = \frac{x_b}{h_0} \cdot \frac{\alpha_1 f_c}{f_y} = \xi_b \frac{\alpha_1 f_c}{f_y} \qquad (4.16)$$

界限相对受压区高度 ξ_b 值　　　　表 4.5

混凝土强度等级	ξ_b						
	≤C50	C55	C60	C65	C70	C75	C80
	$\beta_1=0.8$	$\beta_1=0.79$	0.78	0.77	0.76	0.75	$\beta_1=0.74$
HPB300	0.576	0.566	0.556	0.547	0.537	0.528	0.518
HRB335 HRBF335	0.550	0.541	0.538	0.522	0.512	0.503	0.493
HRB400 HRBF400 RRB400	0.52	0.508	0.499	0.49	0.481	0.472	0.463
HRB500 HRBF500	0.482	0.473	0.464	0.456	0.447	0.438	0.429

当梁的配筋率 $\rho \leqslant \rho_b$(或 $\xi \leqslant \xi_b$)时,属于适筋梁,而当 $\rho > \rho_b$(或 $\xi > \xi_b$)时,则属于超筋梁。

四、适筋和少筋破坏的界限条件

根据前面所述少筋梁破坏的特点,从理论上讲,受拉钢筋的最小配筋率 ρ_{min} 是根据钢筋混凝土梁的受弯极限承载力 M_u 应等于按 I_a 阶段计算的素混凝土受弯承载力(即开裂弯矩 M_{cr})。但是,考虑到混凝土抗拉强度的离散性,以及收缩等因素的影响,最小配筋率 ρ_{min} 往往是根据传统经验得出的。《混凝土结构设计规范》(GB 50010—2010)建议按式(4.17)计算最小配筋率。

$$\rho_{min} = \frac{A_s}{bh_0} = \max\left(0.002, 0.45\frac{f_t}{f_y}\right) \tag{4.17}$$

ρ_{min} 只与混凝土抗拉强度及钢材强度有关。具体的最小配筋率的值详见附表6。

第四节 单筋矩形截面正截面承载力计算

一、基本公式及适用条件

单筋矩形截面正截面受弯承载力计算简图如图4.12所示。其受弯承载力计算公式如下。
由力的平衡条件 $\sum X = 0$,可得

$$\alpha_1 f_c bx = f_y A_s \tag{4.18}$$

由力矩平衡条件 $\sum M = 0$,可得

$$\gamma_0 M \leqslant M_u = f_y A_s \left(h_0 - \frac{x}{2}\right) \tag{4.19}$$

或

$$\gamma_0 M \leqslant M_u = \alpha_1 f_c bx \left(h_0 - \frac{x}{2}\right) \tag{4.20}$$

式中:M——截面所受的弯矩设计值;
x——混凝土受压区高度;
γ_0——结构重要性系数。

在运用上述公式时,应注意它们的适用条件。

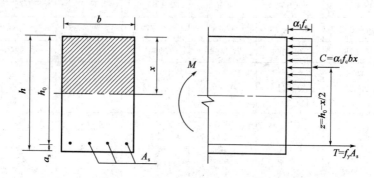

图4.12 单筋矩形截面梁正截面受弯承载力计算简图

①为了防止超筋破坏,保证梁截面破坏时纵向受拉钢筋首先屈服,应满足 $\xi \leqslant \xi_b$ 或 $\rho \leqslant \rho_{max}$。

②为了防止少筋破坏,应满足 $A_s \geq \rho_{min}bh_0$ 或 $\rho \geq \rho_{min}$。

二 受弯构件单筋矩形截面正截面承载力的计算

1. 截面复核

当已知构件截面尺寸 $b \times h$,混凝土强度等级,钢筋的级别,所配受拉钢筋截面面积 A_s,构件所承受的弯矩设计值 M,要求验算该构件正截面承载力 M_u 是否足够时,复核步骤如下。

①由式(4.18)可得 $x = \dfrac{f_y A_s}{\alpha_1 f_c b}$,从而可得 $\xi = \dfrac{x}{h_0}$。

②检验是否满足条件 $\xi \leq \xi_b$,若不满足,则取 $\xi = \xi_b$。

③由式(4.19)和式(4.20)可得

$$M_u = \alpha_1 f_c b h_0^2 \xi \left(1 - \dfrac{\xi}{2}\right) \tag{4.21}$$

$$M_u = f_y A_s h_0 \left(1 - \dfrac{\xi}{2}\right) \tag{4.22}$$

当 $\gamma_0 M \leq M_u$ 时,认为正截面承载力满足要求,否则,是不安全的。

【例4.1】 已知某矩形钢筋混凝土梁,安全等级二级,一类环境,截面尺寸为 $250\text{mm} \times 600\text{mm}$,选用 C30 等级混凝土和 HRB400 级钢筋,截面配有受拉钢筋 6⌀20 的钢筋,如图 4.13 所示,该梁受荷载引起的最大弯矩设计值 $M = 300\text{kN·m}$,试复核该梁能否安全。

【解】 (1)确定计算参数

查表可知:$f_c = 14.3\text{N/mm}^2$,$f_t = 1.43\text{N/mm}^2$,$f_y = 360\text{N/mm}^2$,$\alpha_1 = 1.0$,$\xi_b = 0.52$,$\gamma_0 = 1.0$,$A_s = 1885\text{mm}^2$。

由于钢筋较多,如放一排,不能满足钢筋净距构造要求,所以必须放两排。

钢筋净间距 $S_n = (250 - 2 \times 25 - 4 \times 20)/(4-1) = 40\text{mm} > d = 20\text{mm}$ 且 $>25\text{mm}$,符合要求。

一类环境,$C = 25\text{mm}$,则 $a_s = c + d + e/2 = (25 + 20 + 25/2) = 57.5\text{mm}$,取为 60mm,则 $h_0 = h - 60 = 540\text{mm}$。

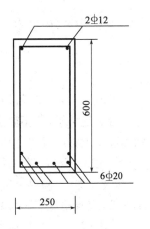

图 4.13 例 4.1 配筋图

$$\rho_{min} = 0.2\% > 0.45\dfrac{f_t}{f_y} = 0.45 \times 1.43 \times 100\%/360 = 0.18\%$$

(2)适用条件判断,并计算受压高度 x

$$A_s = 1885\text{mm}^2 > \rho_{min} b h_0 = 0.2\% \times 250 \times 540 = 270\text{mm}^2$$

所以不会产生少筋破坏。

由式(4.18)可得

$$x = \dfrac{f_y A_s}{\alpha_1 f_c b} = \dfrac{360 \times 1885}{1.0 \times 14.3 \times 250} = 189.92\text{mm} < \xi_b h_0 = 0.52 \times 540 = 280.8\text{mm}$$

所以不会产生超筋破坏。

(3)计算 M_u

由式(4.19)可得

$$M_u = f_y A_s \left(h_0 - \frac{x}{2}\right) = 360 \times 1885 \times (540 - 189.92/2)$$
$$= 302 \text{kN} \cdot \text{m} > \gamma_0 M = 300 \text{kN} \cdot \text{m}$$

因此,该截面是安全的。

2. 截面设计

截面设计是指根据截面所需承担的弯矩设计值 M,选定材料(混凝土强度等级、钢筋级别),确定截面尺寸 $b \times h(h_0)$ 和截面配筋量 A_s。

由于只有两个基本公式,而未知数却有多个,所以这时截面设计的结果并非唯一解,设计人员应根据构件的特点、受力性能、材料供应、施工条件及使用要求等因素综合分析,确定较为经济合理的设计。一般采用的设计步骤如下:

①根据构件类型和通常做法选择材料强度 f_y 和 f_c。

②假定配筋率 ρ。

根据我国的设计经验,板的经济配筋率为 0.3%~0.8%,单筋矩形截面梁的经济配筋率为 0.6%~1.5%。

③由式(4.18)确定 $\xi = \dfrac{\rho f_y}{\alpha_1 f_c}$。

④由式(4.20)确定 h_0,即

$$h_0 \geqslant \sqrt{\frac{M}{\alpha_1 f_c b \xi (1 - 0.5\xi)}} \tag{4.23}$$

再取 $h_0 = h - a_s$ 和 $b = (1/4 \sim 1/2)h$,然后根据本章第一节所述构造要求,检查所取截面尺寸是否满足要求,若不满足构造要求,需进行调整,直至符合要求为止。其中 a_s 应根据环境类别和混凝土强度等级,由附表 10 查得混凝土保护层最小厚度 c 来假定。

⑤由式(4.20)解一元二次方程,确定 x 值。

⑥验算是否满足 $\xi \leqslant \xi_b$ 或 $x \leqslant \xi_b h_0$ 的条件,若不满足,则应加大截面尺寸,或提高混凝土强度等级,或改用双筋矩形截面重新计算。

⑦由式(4.18)可解得

$$A_s = \xi \frac{\alpha_1 f_c}{f_y} b h_0 \tag{4.24}$$

⑧验算是否满足 $A_s \geqslant \rho_{\min} b h_0$ 的条件,若不满足,则按 $A_s = \rho_{\min} b h_0$ 配置钢筋。

若已知条件比较多,则可相应节省某些步骤而直接计算出结果。

【例 4.2】 某现浇钢筋混凝土简支楼板支承在砖墙上(图 4.14),安全等级二级,一类环境,板上作用的均布活荷载标准值为 $q_k = 3 \text{kN/m}^2$。瓷砖地面及水泥砂浆找平层共 40mm 厚(密度为 22 kN/m³),板底粉刷 10mm 厚(密度为 14 kN/m³),混凝土强度等级选用 C25,纵向受拉钢筋采用 HPB300(Ⅰ级)热轧钢筋。试确定板厚和受拉钢筋截面面积。

【解】 (1)确定设计参数

查表知,C25 混凝土 $f_c = 11.9 \text{N/mm}^2$,$f_t = 1.27 \text{N/mm}^2$,HPB300 级钢筋 $f_y = 270 \text{N/mm}^2$,$\alpha_1 = 1.0$,$\xi_b = 0.576$。

楼板的厚度及荷载到处都相等,所以可以取 $b = 1000\text{mm}$ 宽的板带进行计算并配钢筋,其余板带均按 1000mm 宽板配筋。初选板厚 $h = 90\text{mm}$(约为计算跨度的 1/32)。

一类环境，$c=15\text{mm}$，则 $a_s=c+d/2=20\text{mm}$，$h_0=h-20=70\text{mm}$。

$$\rho_{\min}=0.45\times\frac{f_t}{f_y}=0.45\times 1.27\times 100\%/270=0.21\%>0.2\%，取\ \rho_{\min}=0.21\%。$$

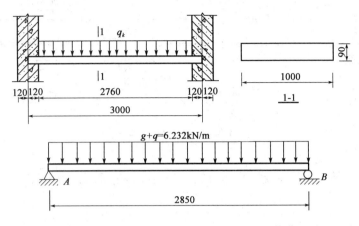

图 4.14　例 4.2 图

(2) 计算弯矩 M

板的计算简图如图 4.14 所示，单跨板的计算跨度取轴线间尺寸或净跨加板厚的最小值，则有：$l_0=l_n+h=2760+90=2850\text{mm}<3000\text{mm}$。

板上恒载标准值：

瓷砖及找平层	$0.04\times 1\times 22=0.88\text{kN/m}$
钢筋混凝土板自重	$0.09\times 1\times 25=2.25\text{kN/m}$
板底粉刷	$0.01\times 1\times 14=0.14\text{kN/m}$
总计	$g_k=3.27\text{kN/m}$
板上活荷载标准值：	$q_k=3\times 1=3.0\text{kN/m}$
恒载的分项系数：	$r_g=1.2$，活载分项系数 $r_q=1.4$
恒载设计值：	$g=r_g g_k=1.2\times 3.27=3.924\text{kN/m}$
活载设计值：	$q=q_k r_q=1.4\times 3.0=4.2\text{kN/m}$
板的最大弯矩：	$M=\frac{1}{8}(g+q)l_0^2=\frac{1}{8}\times(3.924+4.2)\times 2.85^2=8.25\text{kN}\cdot\text{m}$

(3) 求 x 及 A_s 值

由式 (4.20) 可得

$$x=h_0\left[1-\sqrt{1-\frac{2M}{\alpha_1 f_c b h_0^2}}\right]=70\times\left[1-\sqrt{1-\frac{2\times 8.25\times 10^6}{1.0\times 11.9\times 1000\times 70^2}}\right]$$

$$x=10.7\text{mm}<\xi_b h_0=0.576\times 70=40.32\text{mm}$$

满足要求，把 x 代入式 (4.19) 可得

$$A_s=\frac{xb\alpha_1 f_c}{f_y}=\frac{10.7\times 1000\times 11.9}{270}=471.6\text{mm}^2$$

$$\rho=\frac{A_s}{bh_0}=\frac{471.6}{1000\times 70}\times 100\%=0.674\%>\rho_{\min}=0.21\%$$

满足要求。

(4)选用钢筋及绘制配筋图

查附表11,选用φ8@100(A_s=503mm²)。配筋如图 4.15 所示。

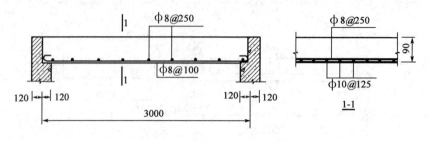

图 4.15　例 4.2 配筋图

第五节　双筋矩形截面正截面承载力计算

一　基本公式及适用条件

双筋截面指的是在受压区配有受压钢筋 A'_s,受拉区配有受拉钢筋 A_s 的截面。压力由混凝土和受压钢筋共同承担,拉力由受拉钢筋承担。

受压钢筋可以提高构件截面的延性,并可减少构件在荷载作用下的变形,但用钢量较大,因此,一般情况下采用钢筋来承担压力是不经济的,但遇到下列情况之一可考虑采用双筋截面。

①截面所承受的弯矩较大,且截面尺寸和材料品种等由于某些原因不能改变,此时,若采用单筋则会出现超筋现象。

②同一截面在不同荷载组合下出现正、负号弯矩。

③构件的某些截面由于某种原因,在截面的受压区预先已经布置了一定数量的受力钢筋(如连续梁的某些支座截面)。

双筋矩形截面受弯承载力的计算公式可以根据如图 4.16 所示的计算简图由力和力矩的平衡条件得出

$$\sum X = 0 \quad \alpha_1 f_c bx + f'_y A'_s = f_y A_s \tag{4.25}$$

$$\sum M = 0 \quad M_u = \alpha_1 f_c bx \left(h_0 - \frac{x}{2}\right) + f'_y A'_s (h_0 - a'_s) \tag{4.26}$$

式中:A'_s——受压钢筋的截面面积;

　　a'_s——受压区纵向受力钢筋合力作用点到受压区混凝土外边缘之间的距离。对于梁,当受压钢筋按一排布置时,可取 a'_s=35mm;当受压钢筋按两排布置时,可取 a'_s=60mm;对于板,可取 a'_s=20mm。

以上两个基本公式,必须满足以下适用条件。

①$\xi \leqslant \xi_b$(或 $x \leqslant x_b$)。这个条件是避免产生超筋破坏,保证受拉区钢筋先屈服,然后混凝土被压碎。

②$x \geqslant 2a'_s$。这个条件是为了防止受压钢筋在构件破坏时达不到抗压强度设计值 f'_y。因为在基本公式中已假定受压钢筋 A'_s 可以屈服,达到屈服强度 f'_y,而 A'_s 是否可以达到屈服强

度主要取决于 A'_s 处的压应变是否足够大(大于 $\frac{f'_y}{E_s}$),由平截面假定可知,受压区高度 x 值越大则 A'_s 处的压应变就越大,因此第二个条件是保证 A'_s 可以屈服的条件。

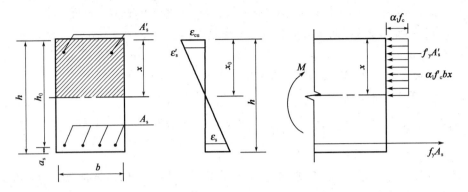

图 4.16　双筋矩形截面受弯构件正截面承载力计算简图

当不满足 $x \geqslant 2a'_s$ 时,则应假定受压区混凝土的合力 C 通过受压钢筋 A'_s 的重心,即令 $x = 2a'_s$,那么这时就可以直接对 A'_s 取矩求出受拉钢筋 A_s,即

$$A_s = \frac{M}{f_y(h_0 - a'_s)} \tag{4.27}$$

应该注意的是,按式(4.27)求得的 A_s 可能比不考虑受压钢筋而按单筋矩形截面计算的 A_s 还要小,这时应按单筋矩形截面设计配筋。

二 截面设计

在双筋矩形截面受弯构件正截面设计时经常会碰到以下两种情况。

(1)已知截面的弯矩设计值 M,构件的截面尺寸 $b \times h$,混凝土强度 f_c,钢筋的强度 f_y、f'_y,求:受拉钢筋和受压钢筋的截面面积 A_s、A'_s。设计步骤如下。

①判断是否需要采用双筋。

若 $M > \alpha_1 f_c \xi_b \left(1 - \frac{\xi_b}{2}\right) b h_0^2$,则需要采用双筋,否则就没必要。

②为了使配筋最少,就要充分利用混凝土的受压能力。而当 $x = h_0 \xi_b$ 时,混凝土受压能力达到极限。

令 $\xi_b = \frac{x}{h_0}$ 或 $\xi = \xi_b$,由式(4.26)可求 A'_s。

$$A'_s = \frac{M - \alpha_1 f_c \xi_b \left(1 - \frac{\xi_b}{2}\right) b h_0^2}{f'_y (h_0 - a'_s)} \tag{4.28}$$

③求 A_s。

由式(4.25)可求 A_s。

$$A_s = \frac{\alpha_1 f_c \xi_b b h_0 + f'_y A'_s}{f_y} \tag{4.29}$$

由于双筋本身配筋量较大,一般情况下不会出现少筋情况,所以不必验算是否满足最小配筋率。

【**例 4.3**】 某一框架梁处于一类环境,截面尺寸为 250mm×600mm,采用 C20 等级混凝土和 HRB335 钢筋,承受弯矩设计值 $M=300$ kN·m,试计算所需配置的纵向受力钢筋。

【**解**】 (1)确定计算参数

查表可知,$f_c=9.6$ N/mm^2,$f_t=1.1$ N/mm^2,$f_y=f'_y=300$ N/mm^2,$\xi_b=0.55$。

查附表 10,一类环境,$c=30$mm,由于该梁弯矩较大,假设受拉钢筋排两排,则 $a_s=c+d+e/2=30+20+25/2=62.5$mm,取 $a_s=65$mm,$h_0=h-65=535$mm。

假定受压钢筋排一排,则 $a'_s=c+d/2=30+20/2=40$mm。

(2)判断是否需要采用双筋截面

$$M_{max}=\alpha_1 f_c \xi_b \left(1-\frac{\xi_b}{2}\right)bh_0^2 = 1.0 \times 9.6 \times 0.55 \times \left(1-\frac{0.55}{2}\right) \times 250 \times 535^2$$
$$=273.92 \text{kN·m} < M = 300 \text{kN·m}$$

由于单筋截面能承受的最大弯矩 M_{max} 小于荷载所引起的弯矩设计值 M,所以要采用双筋截面或改变设计参数。

(3)求受压钢筋 A'_s

由式(4.28)可得

$$A_s = \frac{M-M_{max}}{f'_y(h_0-a'_s)} = \frac{(300-273.92)\times 10^6}{300\times(535-40)} = 175.63 \text{mm}^2$$

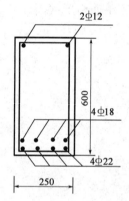

图 4.17 例 4.3 配筋图

(4)求受拉钢筋 A_s

由式(4.29)可得

$$A'_s = \frac{f'_y}{f_y}A'_s + \zeta_b \frac{\alpha_1 f_c b h_0}{f_y}$$
$$= \frac{300}{300}\times 175.62 + 0.55 \times \frac{1.0\times 9.6}{300}\times 250 \times 535$$
$$= 2529.62 \text{mm}^2$$

(5)选配钢筋及绘制配筋图

受拉钢筋选用 4Φ22 + 4Φ18 ($A_s=1521+1018=2539$mm^2),受压钢筋选用 2Φ12 ($A'_s=226$mm^2),配筋图如图 4.17 所示。

(2)已知 M、b、h、f_c、f_y、A'_s,求 A_s。

由于只有 A_s 和 x 两个未知数,可以用式(4.25)和式(4.26)联立求解。为了避免求解一元二次方程,也可用表格系数法求解。设计步骤如下:

①求 α_s。

由式(4.32)可得

$$\alpha_s = \frac{M-f'_y A'_s(h_0-a'_s)}{\alpha_1 f_c b h_0} \tag{4.30}$$

②求 ξ 和 x 并校核适用条件。

利用 $\xi=1-\sqrt{1-2\alpha_s}$ 直接求出 ξ,再利用 $x=\xi h_0$ 求出 x,若 $\xi > \xi_b$,说明给定的 A'_s 不足,应按 A'_s 未知的情况重新计算 A'_s 和 A_s。若 $x<2a'_s$,则应按式(4.27)直接求出 A_s。

③求 A_s。

由公式可求

$$A_s = \frac{\alpha_1 f_c b x + f'_y A'_s}{f_y}$$

【例 4.4】 梁的基本情况与例 4.3 相同,但是由于在受压区已经配有受压钢 $2\Phi16(A'_s=402\text{mm}^2)$,试求所需受拉钢筋面积。

【解】 (1)确定计算参数

参考例 4.3 所确定的参数。

(2)求 α_s 并校核

根据式(4.26)可得

$$\alpha_s = \frac{M - f'_y A'_s (h_0 - a'_s)}{\alpha_1 f_c b h_0^2} = \frac{300 \times 10^6 - 300 \times 402 \times (535 - 40)}{1.0 \times 9.6 \times 250 \times 535^2}$$
$$= 0.350 < \alpha_{sb} = 0.399$$

满足要求,不会超筋。

(3)求 ξ 和 x 并校核

$\xi = 1 - \sqrt{1 - 2\alpha_s} = 0.452$, $x = \xi h_0 = 241.79\text{mm} > 2a'_s = 80\text{mm}$,满足要求。

(4)求 A_s

由式(4.25)可得

$$A_s = A'_s \frac{f'_y}{f_y} + \alpha_1 \frac{f_c}{f_y} bx$$
$$= 402 \times \frac{300}{300} + 1.0 \times \frac{9.6}{300} \times 250 \times 241.79$$
$$= 402 + 1934 = 2336.32\text{mm}^2$$

(5)选配钢筋及绘制配筋图

受拉钢筋选用 $4\Phi22 + 4\Phi16 (A'_s = 1521 + 804 = 2325\text{mm}^2)$,配筋如图 4.18 所示。

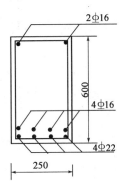

图 4.18 例 4.4 配筋图

比较例 4.3 和例题 4.4 可以得出,前者总用钢量为 $175.62 + 2529.6 = 2705.22\text{mm}^2$,后者总用钢量 $402 + 2336.32 = 2738.32\text{mm}^2$,也就是说当充分利用混凝土来承担压力,即令 $\xi = \xi_b$(或 $x = h_0\xi_b$)时,总用钢量相对要少。

三 截面复核

如果已经知道截面弯矩设计值 M,截面尺寸 $b \times h$,混凝土强度等级和钢筋级别,受拉钢筋 A_s 和受压钢筋 A'_s,要验算该截面承载力 M_u 是否足够,这就属于双筋截面的复核问题,其具体步骤如下所示。

① 由式(4.25)可得到 $x = \frac{f_y A_s - f'_y A'_s}{\alpha_1 f_c b}$ 当 $2a'_s \leq x \leq \xi_b h_0$ 时,可直接由式(4.26)计算出 M_u。

② 如果 $x < 2a'_s$,则取 $x = 2a'_s$ 代入式(4.26)求解出 M_u,或直接由式(4.27)计算出 M_u。如果 $x > \xi_b h_0$,则应取 $x = \xi_b h_0$ 代入式(4.26)计算出 M_u。

③ 截面承载力 M_u 与截面弯矩设计值 M 进行比较,如果 $M_u \geq M$,则说明满足承载力要求,构件安全。反之,如果 $M_u < M$,则说明截面承载力不够,构件不安全,需重新设计截面,直到满足要求。

【例 4.5】 已知位于一类环境中的梁的截面尺寸为 $b \times h = 200\text{mm} \times 400\text{mm}$,选用 C20 混凝土和 HRB335 级钢筋,已配有 $2\Phi16$ 的受压钢筋和 $3\Phi25$ 的受拉钢筋,若承受的弯矩设计值的最大值为 $M = 120\text{kN} \cdot \text{m}$,试复核截面是否安全。

【解】 (1)确定计算参数

查表可得:$f_c = 9.6\text{N/mm}^2$,$f'_y = f_y = 300\text{N/mm}^2$,$\alpha_1 = 1.0$,$\xi_b = 0.55$,$A_s = 1473\text{mm}^2$,$A'_s = 402\text{mm}^2$。

一类环境,$c = 30\text{mm}$,则 $a_s = c + d/2 = 30 + 25/2 = 42.5\text{mm}$,取 $a_s = 45\text{mm}$,$h_0 = 400 - 45 = 355\text{mm}$,$a'_s = 30 + 16/2 = 38\text{mm}$,取 $a'_s = 40\text{mm}$。

(2)计算 x

由式(4.25)可得

$$x = \frac{f_y A_s - f'_y A'_s}{\alpha_1 f_c b} = \frac{300 \times 1473 - 300 \times 402}{1.0 \times 9.6 \times 200} = 167.34\text{mm} > 2a'_s = 80\text{mm}$$

且 $x < h_0 \xi_b = 0.55 \times 355 = 195.25\text{mm}$,满足公式要求条件。

(3)计算 M_u 并校核截面

由式(4.26)可得

$$M_u = \alpha_1 f_c b x \left(h_0 - \frac{x}{2}\right) + f'_y A'_s (h_0 - a'_s)$$
$$= 1.0 \times 9.6 \times 200 \times 167.34 \times (355 - 167.34/2) + 300 \times 402 \times (355 - 40)$$
$$= 87.18 + 37.99 = 125.17\text{kN·m} > M = 120\text{kN·m}$$

截面安全。

第六节 T形截面正截面承载力计算

一、概述

T形截面梁在工程中的应用是十分广泛的,如T形截面吊车梁、箱形截面桥梁、大型屋面板及空心板等,如图4.19所示。

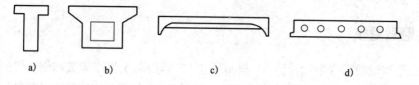

图4.19 T形截面独立梁(板)

在现浇整体式肋梁楼盖中,梁和板是在一起整浇的,也形成T形截面梁,如图4.20所示。它在跨中截面往往承受正弯矩,翼缘受压可按T形截面计算,而支座截面往往承受负弯矩,翼缘受拉开裂,此时不考虑混凝土承担拉力,因此对支座截面应按肋宽为 b 的矩形截面计算,形状类似于倒T形梁。

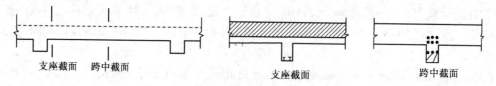

图4.20 连续梁跨中与支座截面

因为在受弯构件正截面承载力计算中有一基本假定是受拉区混凝土不承担拉力,拉力全部由受拉钢筋承担。如图4.21所示$b'_f \times h$的矩形截面,配有4根受拉钢筋。假如在满足构造要求的前提下,把原有4根受拉钢筋全部放置于宽度为b的梁肋部,再把两边阴影所示部分混凝土挖去,这样原来的矩形截面就变成T形截面了。同时,我们也可以发现原来矩形截面的受弯承载力与后面的T形截面的受弯承载力基本相同或完全相同(当中性轴在受压翼缘内)。因此采用T形截面可以减小混凝土材料用量,减轻结构自重。

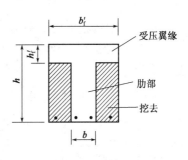

图4.21 T形截面

由试验研究与理论分析可知,T形截面承受荷载作用后,翼缘上的纵向压应力是不均匀分布的,离梁肋越远压应力就越小,如图4.22a)、c)所示,可见翼缘参与受压的有效宽度是有限的,故在工程设计中把翼缘限制在一定范围内,这个范围的宽度就称为翼缘的计算宽度b'_f,并假定在b'_f范围内压应力是均匀分布的,如图4.22b)、d)所示。因此,对预制T形截面梁(即独立梁),在设计时应使其实际翼缘宽度不超过b'_f,而对于现浇板肋梁结构中的T形截面肋形梁的翼缘宽度b'_f的取值应符合表4.6的规定。

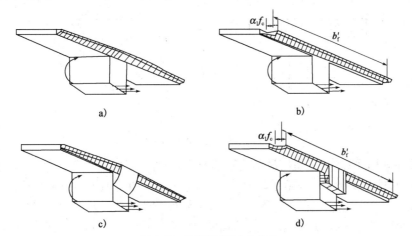

图4.22 T形截面应力分布图

T形、工字形及倒L形截面受弯构件位于受压区的翼缘计算宽度 b'_f　　　表4.6

考虑的情况		T形、工字形		倒L形截面
		肋性梁(板)	独立梁	肋性梁(板)
按计算跨度l_0考虑		$\dfrac{l_0}{3}$	$\dfrac{l_0}{3}$	$\dfrac{l_0}{6}$
按梁(肋)净距S_n考虑		$b+S_n$	—	$b+\dfrac{S_n}{2}$
按翼缘高度h'_f考虑	当$\dfrac{h'_f}{h_0} \geq 0.1$	—	$b+12h'_f$	—
	当$0.05 \leq \dfrac{h'_f}{h_0} < 0.1$	$b+12h'_f$	$b+6h'_f$	$b+5h'_f$
	当$\dfrac{h'_f}{h_0} < 0.05$	$b+12h'_f$	b	$b+5h'_f$

注:1. 表中b为梁的腹板宽度。
2. 如果肋形梁在梁跨内没有间距小于纵肋间距的横肋时,则可不遵守表列第三种情况的规定。
3. 对有加腋的T形和倒L形截面,当受压区加腋的高度$h_x \geq h'_f$且加腋的宽度$b_n \leq 3h'_n$时,则其翼缘计算宽度可按表列第三种情况规定分别增加$2b_n$(T形截面)和b_n(倒L形截面)。
4. 独立梁受压的翼缘板在荷载作用下经验算沿纵肋方向可能产生裂缝时,其计算宽度应取腹板宽度b。

二 计算公式及适用条件

T形截面梁根据所受荷载的大小可以分为两种类型:第一种类型,中性轴在翼缘内,即 $x \leqslant h'_f$;第二种类型,中性轴在梁肋内,即 $x > h'_f$。下面分别介绍这两种类型的基本计算公式和适用条件。

1. 第一种T形(假T形)

由于第一种类型的T形截面梁的中性轴在翼缘内,$x \leqslant h'_f$,所以根据基本假定,该类T形截面与截面尺寸为 $b'_f \times h$ 的矩形截面的受力情况一致(图4.23),基本计算公式也完全相同,只是用 b'_f 代替矩形截面计算公式中的 b。基本计算公式为

$$\alpha_1 f_c b'_f x = f_y A_s \tag{4.31}$$

$$M \leqslant \alpha_1 f_c b'_f x \left(h_0 - \frac{x}{2}\right) \tag{4.32}$$

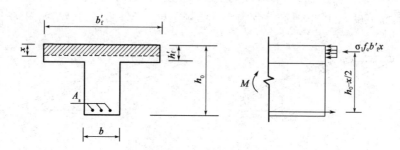

图4.23 第一类T形截面应力图

适用条件:以上两公式应满足最小配筋率的要求,即 $A_s \geqslant \rho_{\min} b h_0$。应该注意的是,尽管该类T形截面承载力按 $b'_f \times h$ 的矩形截面计算,但其最小配筋率还是应按 $\rho = A_s/b h_0$ 计算。而不是 $\rho = A_s/b'_f h_0$,这是因为最小配筋率 $\rho_{\min}$ 是根据钢筋混凝土梁开裂后的受弯承载力与相同截面素混凝土梁受弯承载力相同的条件得出的,而素混凝土T形截面受弯构件(肋宽为 b、梁高为 h)的受弯承载力比矩形截面素混凝土梁($b \times h$)的提高不多(这是因为受弯承载力与受拉区形状关系较大,而受压区形状对之影响较小)。为简化计算并考虑以往设计经验,此处 $\rho_{\min}$ 仍按矩形截面的数值采用。

而对于防止超筋破坏($x \leqslant h_0 \xi_b$),因为该类截面 $\xi = x/h_0 \leqslant h'_f/h_0$,一般情况下,$h'_f/h_0$ 较小,所以通常都满足 $\xi \leqslant \xi_b$ 的条件,而不必验算。

2. 第二类T形(真T形)

第二类T形截面梁的中性轴位于梁肋内,即 $x > h'_f$,如图4.24所示,根据力的平衡条件,仍可计算得出其基本公式

$$\sum x = 0 \quad \alpha_1 f_c b x + \alpha_1 f_c (b'_f - b) h'_f = f_y A_s \tag{4.33}$$

$$\sum M = 0 \quad M \leqslant \alpha_1 f_c b x \left(h_0 - \frac{x}{2}\right) + \alpha_1 f_c (b'_f - b) h'_f \left(h_0 - \frac{h'_f}{2}\right) \tag{4.34}$$

适用条件:为了保证不超筋,破坏时始于受拉钢筋的屈服。要求基本公式满足 $x \leqslant h_0 \xi_b$。同时为了防止少筋,还应满足 $\rho \geqslant \rho_{\min}$,但该条件一般能满足,计算中可不必验算。

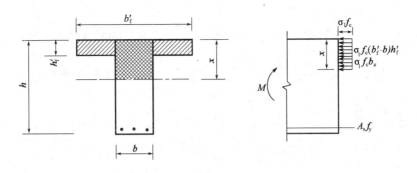

图 4.24 第二类 T 形截面应力图

三 截面设计

已知 T 形梁截面弯矩设计值 M，截面的各项尺寸，混凝土强度等级和钢筋级别，要求该 T 形梁的受拉钢筋面积时，应按以下步骤进行。

1. 首先判别截面类型

如果 $M \leqslant \alpha_1 f_c b'_f h'_f \left(h_0 - \dfrac{h'_f}{2}\right)$ 时，即 $x \leqslant h'_f$，则属于第一类 T 形截面（假 T 形）。如果 $M > \alpha_1 f_c b'_f h'_f \left(h_0 - \dfrac{h'_f}{2}\right)$ 时，即 $x > h'_f$，则属于第二类 T 形截面（真 T 形）。

2. 求 A_s

①第一类 T 形可按 $b'_f \times h$ 的矩形截面计算，步骤如下所示

$$\alpha_s = \dfrac{M}{\alpha_1 f_c b'_f h_0^2} \rightarrow \gamma_s = \dfrac{1+\sqrt{1-2\alpha_s}}{2} \rightarrow A_s = \dfrac{M}{\gamma_s f_y h_0}$$

②第二类 T 形由式(4.41)，再运用系数法，可得

$$\alpha_s = \dfrac{M - \alpha_1 f_c (b'_f - b) h'_f \left(h_0 - \dfrac{h_f}{2}\right)}{\alpha_1 f_c b h_0^2} \tag{4.35}$$

$$\xi = 1 - \sqrt{1 - 2\alpha_s}$$

$$x = \xi h_0$$

$$A_s = \dfrac{\alpha_1 f_c b x + \alpha_1 f_c (b'_f - b) h'_f}{f_y} \tag{4.36}$$

3. 验算适用条件

①第一类 T 形应满足：$\rho = \dfrac{A_s}{b h_0} \geqslant \rho_{\min}$。

②第二类 T 形应满足：$\alpha_s \leqslant \alpha_{sb}$（或 $x \leqslant \xi_b h_0$）。

【例 4.6】 已知一肋形楼盖的次梁，弯矩设计值 $M = 450 \text{kN·m}$，梁的截面尺寸为 $b \times h = 200\text{mm} \times 600\text{mm}$，$b'_f = 1000\text{mm}$，$h'_f = 90\text{mm}$，混凝土等级为 C20；钢筋采用 HRB335，环境类别为一类，求受拉钢筋截面面积 A_s。

【解】 (1)确定计算参数

查表可知:$f_c=9.6\text{N/mm}^2$,$f_t=1.1\text{N/mm}^2$,$f_y=300\text{N/mm}^2$,$\alpha_1=1.0$,$\alpha_{sb}=0.399$,$\xi_b=0.55$。

查附表,一类环境,$c=30\text{mm}$,由于该梁弯矩较大,假设受拉钢筋排两排,则 $a_s=65\text{mm}$,$h_0=h-65=535\text{mm}$。

(2)判断截面类型

$$\alpha_1 f_c b_f' h_f' \left(h_0 - \frac{h_f'}{2}\right) = 1.0 \times 9.6 \times 1000 \times 90 \times \left(535 - \frac{90}{2}\right)$$
$$= 423.36 \text{kN} \cdot \text{m} < 450 \text{kN} \cdot \text{m}$$

属于第二种类型的 T 形截面。

(3)求 A_s

$$\alpha_s = \frac{M - \alpha_1 f_c (b_f' - b) h_f' \left(h_0 - \frac{h_f'}{2}\right)}{\alpha_1 f_c b h_0^2}$$

$$= \frac{450 \times 10^6 - 1.0 \times 9.6 \times (1000 - 200) \times 90 \times \left(535 - \frac{90}{2}\right)}{1.0 \times 9.6 \times 200 \times 535^2}$$

$$= 0.203 < \alpha_{sb} = 0.399$$

$$\xi = 1 - \sqrt{1 - 2\alpha_s} = 0.299$$

$$x = \xi h_0 = 0.299 \times 535 = 159.97 \text{mm}$$

$$A_s = \frac{\alpha_1 f_c b x + \alpha_1 f_c (b_f' - b) h_f'}{f_y}$$

$$= \frac{1.0 \times 9.6 \times 200 \times 159.97 + 1.0 \times 9.6 \times (1000 - 20) \times 90}{300}$$

$$= 3327.81 \text{mm}^2$$

选用 $3\underline{\Phi}28+3\underline{\Phi}25(A_s=3320\text{mm}^2)$。

四 截面复核

一般情况下,当已知截面弯矩设计值 M,截面尺寸,受拉钢筋截面面积 A_s,混凝土强度等级及钢筋级别时,可以对该 T 形构件进行承载力的复核,以求证该截面受弯承载力 M_u 是否足够。复核步骤如下。

1. 判断 T 形截面的类型

由于 A_s 已知,当 $A_s f_y \leq \alpha_1 f_c b_f' h_f'$ 时,即 $x \leq h_f'$,为第一类 T 形,反之,当 $A_s f_y > \alpha_1 f_c b_f' h_f'$ 时,即 $x > h_f'$ 时为第二类 T 形。

2. 求 x 并判别是否满足适用条件

①若为第一类 T 形,则利用式(4.31)可得

$$x = \frac{f_y A_s}{\alpha_1 f_c b_f'} \tag{4.37}$$

②若为第二类 T 形,则由式(4.33)可得

$$x = \frac{f_y A_s - \alpha_1 f_c (b_f' - b) h_f'}{\alpha_1 f_c b} \tag{4.38}$$

以上所求得的 x 要满足 $x \leqslant h_0 \xi_b$ 的要求,若 $x > h_0 \xi_b$ 则应取 $x = h_0 \xi_b$ 代入相应公式求解 M_u。

3. 求 M_u 并判断

①若为第一类 T 形,则把 x 代入式(4.32)可得

$$M_u = \alpha_1 f_c b'_f x \left(h_0 - \frac{x}{2}\right) \tag{4.39}$$

②若为第二类 T 形,则把 x 代入式(4.34)可得

$$M_u \leqslant \alpha_1 f_c b x \left(h_0 - \frac{x}{2}\right) + \alpha_1 f_c (b'_f - b) h'_f \left(h_0 - \frac{h'_f}{2}\right) \tag{4.40}$$

如果求得的 $M \geqslant M_u$,说明承载力足够,截面安全,否则应重新设计该截面。

【例 4.7】 一根 T 形截面简支梁,截面尺寸 $b \times h = 250\text{mm} \times 600\text{mm}$,$b'_f = 500\text{mm}$,$h'_f = 100\text{mm}$,混凝土采用 C20,钢筋采用 HRB335,在梁的下部配有两排共 6⌀25 的受拉钢筋,该截面承受的设计弯矩为 $M = 350\text{kN} \cdot \text{m}$,试校核该梁是否安全(环境类别为一类)。

【解】 (1)确定计算参数

查表可得 $f_c = 9.6\text{N/mm}^2$,$f_y = 300\text{N/mm}^2$,$\alpha_1 = 1.0$,$\xi_b = 0.55$。

查附表,一类环境,$c = 30\text{mm}$,则 $a'_s = (30 + 20 + 25/2)\text{mm} = 62.5\text{mm}$。

取 $a'_s = 65\text{mm}$,则 $h_0 = (600 - 65)\text{mm} = 535\text{mm}$。

(2)判断截面类型

$$f_y A_s = 300 \times 2945 = 883.5\text{kN} > \alpha_1 f_c b'_f h'_f$$
$$= 1.0 \times 9.6 \times 500 \times 100 = 480\text{kN}$$

故该梁属于第二类 T 形。

(3)求 x 并判别

$$f_y A_s = \alpha_1 f_c (b'_f - b) h'_f + \alpha_1 f_c b x$$

$$x = \frac{f_y A_s - \alpha_1 f_c (b'_f - b) h'_f}{\alpha_1 f_c b}$$

$$= \frac{2945 \times 300 - 9.6 \times (500 - 250) \times 100}{9.6 \times 250}$$

$$= 358.13\text{mm} > \xi_b h_0 = 0.55 \times 535 = 294\text{mm}$$

$$\therefore x = \xi_b h_0 = 294\text{mm}$$

满足要求。

(4)求 M_u

$$M_u = \alpha_1 f_c b x \left(h_0 - \frac{x}{2}\right) + \alpha_1 f_c (b'_f - b) h'_f \left(h_0 - \frac{h'_f}{2}\right)$$

$$= 1.0 \times 9.6 \times 250 \times 294 \times \left(535 - \frac{294}{2}\right) + 1.0 \times$$

$$9.6 \times (500 - 250) \times 100 \times \left(535 - \frac{100}{2}\right)$$

$$= 285.41\text{kN} \cdot \text{m} < M = 350\text{kN} \cdot \text{m}$$

该截面是不安全的,应该加大截面尺寸。

第七节 公路桥涵中受弯构件正截面承载力计算

公路桥涵中的受弯构件正截面承载能力计算方法和建筑工程中受弯构件正截面承载力计算方法大同小异,但在一些参数具体的处理中,与建筑工程混凝土结构设计规范有所不同,在学习时,要注意两者的相同与不同之处。

一、正截面承载力计算的基本假设

《公路钢筋混凝土及预应力混凝土桥涵设计规范》(JTG D62—2004)在进行正截面承载力计算时采用下列基本假设。

①平截面假设,即构件弯曲变形后,其截面仍保持为平面。

②截面受拉混凝土退出工作,拉力完全由钢筋承担。

③受压区混凝土应力图形可通过混凝土应力—应变关系曲线描述,为简化计算,采用等效矩形分布。

④钢筋应力原则上按其应变确定,对钢筋混凝土采用的 HRB 300、HRB335、HRB400 级钢筋,其应力—应变曲线采用完全弹塑性模型。即钢筋的应力等于钢筋应变与其弹性模量的乘积,但不大于其强度设计值。

二、单筋矩形截面正截面承载力计算

1. 计算简图

根据上述的基本假设,单筋矩形截面正截面承载能力计算简图如图 4.25 所示。

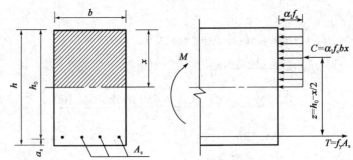

图 4.25 单筋矩形截面承载力计算简图

2. 基本计算公式

根据计算简图 4.25,由静力平衡条件可列出矩形截面受弯构件正截面承载力计算公式

$$\sum X = 0 \quad \alpha_1 f_{cd} bx = f_{sd} A_s = \alpha_1 f_{cd} b\xi h_0 \tag{4.41}$$

$$\sum M = 0 \quad \gamma_0 M_d \leqslant M_u = \alpha_1 f_{cd} bx \left(h_0 - \frac{x}{2}\right) = \alpha_1 f_{cd} b\xi h_0^2 (1 - 0.5\xi) \tag{4.42}$$

式中:M_d——弯矩组合设计值;

γ_0——桥梁结构的重要性系数;

f_{cd}——混凝土轴心抗压强度设计值,按附表1采用;

f_{sd}——纵向受拉钢筋抗拉强度设计值,按附表1采用;
A_s——纵向受拉钢筋截面面积;
x——混凝土受压区高度;
b——矩形截面高度;
h_0——截面有效高度。

3. 适用范围

①为防止超筋破坏,截面受压区高度应满足

$$x \leqslant x_b = \xi_b h_0 \quad (4.43)$$

$$\rho = \frac{A_s}{bh_0} \leqslant \rho_{\max} = \xi_b \frac{f_{cd}}{f_{sd}} \quad (4.44)$$

其中,ξ_b 为界限相对受压区高度,即当受拉钢筋屈服同时,受压区混凝土边缘纤维的应变也达到混凝土的抗压极限压应变的界限状态时,受压区高度与截面有效高度的比值。应按表4.7采用。

公路桥涵工程受弯构件相对界限受压区高度 表4.7

混凝土强度等级 钢筋种类	C50及以下	C55、C60	C65、C70	C75、C80
HRB 300	0.62	0.60	0.58	—
HRB335	0.56	0.54	0.52	—
HRB400、KL400	0.53	0.51	0.49	—
钢绞线、钢丝	0.40	0.38	0.36	0.35
精轧螺纹钢筋	0.40	0.38	0.36	—

注:1. 截面受拉区内配置不同种类钢筋的受弯构件,其 ξ_b 值应选用相应于各种钢筋的较小者。

2. $\xi_b = \frac{x_b}{h_0}$,x_b 为纵向受拉钢筋和受压区混凝土同时达到其强度设计值时的受压区高度。

②为防止构件少筋破坏,要求构件纵向钢筋配筋率不小于最小配筋率,即

$$\rho = \frac{A_s}{bh_0} \geqslant \rho_{\min} = 0.45 f_{td}/f_{sd}, 且不小于 0.2\% \quad (4.45)$$

在这里值得注意的是,《混凝土结构设计规范》(GB 50010—2010)给出的最小配筋率,与《公路钢筋混凝土及预应力桥涵设计规范》(JTG D62—2004)规定的最小配筋率相同,但对受弯构件所定义的配筋率不同。前者对 ρ 的定义也是 $\rho = \frac{A_s}{bh_0}$。

【例4.8】 已知矩形截面梁截面尺寸为 $b \times h = 250\text{mm} \times 500\text{mm}$,弯矩组合设计值为 $M_d = 136\text{kN} \cdot \text{m}$,混凝土强度等级为C25,钢筋采用 HRB335 级,桥梁结构重要性系数 $= 1.1$,求所需纵向钢筋面积 A_s。

【解】 查表得,$f_{cd} = 11.5\text{MPa}$,$f_{sd} = 300\text{MPa}$,$f_{td} = 1.23\text{MPa}$。设 $a_s = 40\text{mm}$,则 $h_0 = h - a_s = 500 - 40 = 460\text{mm}$(按单排钢筋考虑)。由式(4.42)可得

$$\gamma_0 M_d = f_{cd} bx \left(h_0 - \frac{x}{2}\right)$$

$$\frac{x^2}{2} - h_0 x + \frac{\gamma_0 M_d}{f_{cd} \cdot b} = 0$$

$$x = h_0 - \sqrt{h_0^2 - \frac{2\gamma_0 M_d}{f_{cd} b}} = 460 - \sqrt{460^2 - \frac{2 \times 1.1 \times 136 \times 10^6}{11.5 \times 250}}$$

$$=132.1\text{mm} < \xi_b h_0 = 0.56 \times 460 = 257.6\text{mm}$$

由公式求得钢筋截面面积 A_s

$$A_s = \frac{f_{cd}bx}{f_{sd}} = \frac{11.5 \times 250 \times 132.1}{300} = 1266\text{mm}^2$$

查表选取 $4\Phi 22$,$A_s = 1520\text{mm}^2$,钢筋排成一排布置,满足钢筋净距要求。

梁的实际有效高度为 $h_0 = 500 - (30+12) = 458\text{mm}$

配筋率验算

$$\rho_{\min} = 45\frac{f_{td}}{f_{sd}} = 0.45 \times \frac{1.23}{300} = 0.1845\% < 0.2\%$$

$$\rho = \frac{A_s}{bh_0} = \frac{1520}{250 \times 460} = 1.32 > \rho_{\min} = 0.2\%$$

配筋率满足要求。

三 双筋矩形截面正截面承载力计算

1. 双筋矩形截面梁正截面承载力计算简图

双筋矩形截面梁正截面承载力计算时的基本假定同单筋矩形截面。受压区配置的受力钢筋,当满足一定条件($x \geqslant 2a'_s$,采用闭合箍筋,其间距不大于受压钢筋直径的15倍),在截面达到受弯极限承载力时,受压钢筋能够达到抗压强度设计值。计算简图如图4.26所示。

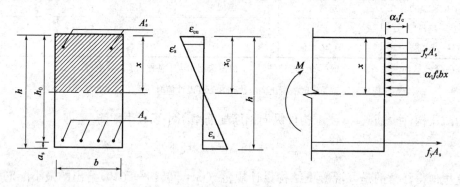

图4.26 双筋矩形截面承载力计算简图

2. 基本计算公式

由计算简图,根据平衡条件,可以写出矩形双筋截面计算的两个平衡方程

$$\sum X = 0 \quad f_{cd}bx + f'_{sd}A'_s = f_{sd}A_s \tag{4.46}$$

$$\sum M = 0 \quad \gamma_0 M_d \leqslant f_{cd}bx\left(h_0 - \frac{x}{2}\right) + f'_{sd}A'_s(h_0 - a'_s) \tag{4.47}$$

其符合规定如前。

3. 适用条件

(1)为避免超筋破坏,应满足 $\xi \leqslant \xi_b$。

(2)为避免少筋破坏,应满足 $\rho_1 = \frac{A_{s1}}{bh_0} \geqslant \rho_{\min}$。

(3)为保证在极限破坏时,受压钢筋应力达到抗压强度设计值,要求

$$x \geqslant 2a'_s$$

式中:a'_s——受压区钢筋合力点到受压区边缘的距离。

当计算中考虑受压区纵向钢筋,但不满足 $x \geqslant 2a'_s$,此时,可令 $x=2a'_s$,对纵向受压钢筋合力点取矩,则受弯构件正截面抗弯承载力可按下面公式计算

$$\gamma_0 M_d \leqslant f_{sd} A_s (h_0 - a'_s) \tag{4.48}$$

四 翼缘位于受压区的 T 形截面正截面承载力计算

1. 翼缘计算宽度

《公路钢筋混凝土及预应力混凝土桥涵设计规范》(JTG D62—2004)规定,T 形截面或工字形截面的翼缘有效宽度 b'_f 应按下列规定取值。

(1) 内梁的翼缘有效宽度取下列三者中的最小值:

对于简支梁,去计算跨径的 1/3;对连续梁,各中间跨正弯矩区段,取该跨计算跨径的 0.2 倍;边跨正弯矩区段,取该跨计算跨径的 0.27 倍,各中间支点负弯矩区段,则取该支座相邻两跨计算跨径之和的 0.07 倍;

(2) 相邻两梁的平均间距;

① $(b+2b_h+12h'_f)$,此处 b 为梁腹板宽度,b_h 承托长度,h'_f 为受压区翼缘悬出板的厚度,当 $h_h/b_h < 1/3$ 时,上式 b_h 应以 $3h_h$ 代替,此处 h_h 为承托根部厚度。

② 外梁翼缘的有效宽度取相邻内梁翼缘有效宽度的一半加上腹板宽度的 1/2,再加上外侧悬臂板平均厚度的 6 倍或外侧悬臂板实际宽度两者中的较小值。

对超静定结构进行作用(或荷载)效应分析时,T 形截面梁的翼缘宽度可以取实际宽度。

2. 两类 T 形截面划分及判别方法

根据受压区混凝土的形状为矩形或 T 形,将 T 形截面梁分为两类。当中和轴位于翼缘内,受压区为矩形的 T 形截面称为第一类 T 形截面(图 4.27);当中和轴位于腹板内,受压区为 T 形的 T 形截面梁称为第二类 T 形截面(图 4.28)。和建筑工程中 T 形截面梁一样,在进行公路桥涵 T 形截面梁正截面承载力计算之前,首先要判断该 T 形梁属于哪一类 T 形截面。

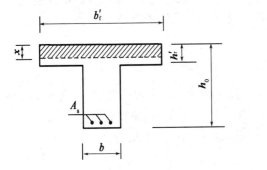 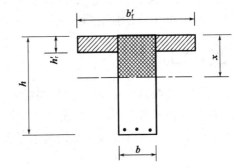

图 4.27 第一类 T 形截面图　　图 4.28 第二类 T 形截面图

如图 4.27、图 4.28 所示,公路桥梁中 T 形截面梁的判别方法为

当

$$x \leqslant h'_f \tag{4.49}$$

或

$$f_{sd} A_s \leqslant f_{sd} b'_f h'_f \tag{4.50}$$

或

$$\gamma_0 M_d \leqslant f_{cd} b'_f h'_f \left(h_0 - \frac{h'_f}{2} \right) \tag{4.51}$$

满足上述时为第一类 T 形截面,否则为第二类 T 形截面。

3. 基本计算公式及使用条件

(1)第一类 T 形截面

第一类 T 形截面正截面抗弯承载力可按宽度为 b'_f 的矩形截面进行计算。

基本计算公式为

$$f_{cd}b'_f x = f_{sd}A_s \tag{4.52}$$

$$\gamma_0 M_d \leqslant f_{cd}b'_f x \left(h_0 - \frac{x}{2}\right) \tag{4.53}$$

(2)第二类 T 形截面

基本计算公式为

$$f_{cd}\left[(b'_f - b)h'_f + bx\right] = f_{sd}A_s \tag{4.54}$$

$$\gamma_0 M_d \leqslant f_{cd}\left[(b'_f - b)h'_f\left(h_0 - \frac{h'_f}{2}\right) + bx\left(h_0 - \frac{x}{2}\right)\right] \tag{4.55}$$

第八节 影响受弯构件正截面承载力的因素分析

一 混凝土强度等级

从前面的分析中可以发现,混凝土强度等级对受弯构件正截面承载力影响主要表现在两个方面,一是影响受弯构件的抗裂度,这主要是通过混凝土的抗拉强度 f_t 来实现的。f_t 越大,受弯构件的抗裂度也就越大。二是影响受弯构件的正截面承载力,这是通过混凝土的抗压强度 f_c 来影响的。f_c 越大,受弯构件的正截面承载力也就越大。

二 钢筋强度等级

钢筋的强度等级对受弯构件的正截面承载力的影响也是巨大的,它们的关系成正比例关系,一般情况下钢筋的强度等级越高,受弯构件的正截面承载力也就越高,但钢筋的强度一般不超过 $400\text{N}/\text{mm}^2$,否则,钢筋的强度将不会被充分利用,达不到屈服。

三 截面尺寸

受弯构件的截面尺寸 $b \times h$ 是影响受弯构件正截面承载力的主要因素之一,宽度 b 与承载力是一次正比例关系,b 越大,承载力也越高,但高度 h 的影响更大,主要是由于 h 与承载力是二次正比例关系。所以增加 h 是提高受弯构件正截面承载力最有效的方法之一。

◁ 本章小结 ▷

(1)受弯构件的破坏有两种可能:一是沿正截面破坏,二是沿斜截面破坏。因此在计算受弯构件的承载力时,既要计算其正截面的承载力也要计算其斜截面的承载力。本章主要对受弯构件正截面承载力进行了分析和计算,并叙述了有关的主要构造要求。

(2)钢筋混凝土受弯构件由于纵向钢筋的配筋率不同,正截面的破坏形态有三种:适筋截面延性破坏、超筋截面脆性破坏及少筋截面脆性破坏。

对于单筋矩形截面受弯构件,影响截面破坏形态的主要因素有纵向受拉钢筋配筋率,钢筋强度和混凝土强度。对于双筋矩形截面受弯构件,除了上述三个因素外,受压钢筋配筋率也是一项重要因素。

由于超筋破坏和少筋破坏都呈脆性性质,在实际工程中不允许采用。具体设计时是通过限制相对受压高度和最小配筋率的措施来避免将受弯构件设计成超筋构件和少筋构件。

(3)适筋截面从开始加载到完全破坏的全过程,根据受力状态可分为如下三个阶段:第1阶段为整截面工作阶段,作为抗裂验算的依据;第2阶段为带裂缝工作阶段,作为变形和裂缝宽度验算依据;第3阶段为破坏阶段,作为受弯构件正截面承载力计算的依据。

(4)受弯构件正截面承载力的计算公式是以适筋梁的第Ⅲ$_a$阶段的应力状态为依据,采用了4个基本假定,根据静力平衡条件建立的。在实际工程中,受弯构件采用适筋截面。

(5)受弯构件正截面承载力的计算公式的应用有两种情况:截面设计和截面复核。截面设计时先求出 x 而后计算钢筋面积,截面复核是先求出 x 而后计算 M_u。在应用基本公式是要随时注意检验其适用条件。要熟练掌握单筋矩形截面的基本公式及其应用。

(6)构造要求是钢筋混凝土结构的有机组成部分,是基本公式成立的条件。受弯构件的截面尺寸拟定,材料选择,钢筋直径、根数选配和布置等都应该符合构造要求。故在设计时应保证钢筋的混凝土保护层厚度,钢筋之间的净间距等。除受力钢筋外尚需配置一定的构造钢筋如分布筋、架立筋等。

思考与练习

思考题

4.1 一般民用建筑的梁、板截面尺寸是如何确定的?混凝土保护层的作用是什么?梁、板的保护层厚度按规定应取多少?

4.2 梁内纵向受拉钢筋的根数、直径及间距有何规定?纵向受拉钢筋在什么情况下才按两排设置?

4.3 适筋梁从开始加载到正截面承载力破坏经历了哪几个阶段?各阶段截面上应变—应力分布、裂缝开展、中性轴位置、梁的跨中挠度的变化规律如何?各阶段的主要特征是什么?每个阶段是哪种极限状态设计的基础?

4.4 适筋梁、超筋梁和少筋梁的破坏特征有何不同?

4.5 什么是纵向受拉钢筋的配筋率?钢筋混凝土受弯构件正截面有哪几种破坏形式?其破坏特征有何不同?

4.6 什么是界限破坏?界限破坏时的界限相对受压区高度 ξ_b 与什么有关?ξ_b 与最大配筋率 ρ_{max} 有何关系?

4.7 适筋梁正截面承载力计算中,如何假定钢筋和混凝土材料的应力?

4.8 单筋矩形截面承载力计算公式是如何建立的?为什么要规定其适用条件?

4.9 钢筋混凝土梁若配筋率不同,即 $\rho \leqslant \rho_{min}, \rho_{min} \leqslant \rho \leqslant \rho_{max}, \rho = \rho_{max}, \rho > \rho_{max}$,试回答下列问题:

(1) 它们属于何种破坏？破坏现象有何区别？

(2) 哪些截面能写出极限承载力受压区高度 h 的计算式？哪些截面则不能？

(3) 破坏时钢筋应力各等于多少？

(4) 破坏时截面承载力 M_u 各等于多少？

4.10 纵向受拉钢筋的最大配筋率 ρ_{max} 和最小配筋率 ρ_{min} 是根据什么原则确定的？各与什么因素有关？规范规定的最小配筋率 ρ_{min} 是多少？

4.11 影响受弯构件正截面抗弯能力的因素有哪些？如欲提高截面抗弯能力 M_u，宜优先采用哪些措施？哪些措施提高 M_u 的效果不明显？为什么？

4.12 根据矩形截面承载力计算公式，分析提高混凝土强度等级、提高钢筋级别、加大截面宽度和高度对提高承载力的作用？哪种最有效、最经济？

4.13 在正截面承载力计算中，对于混凝土强度等级小于 C50 的构件和混凝土强度等级等于及大于 C50 的构件，其计算有什么区别？

4.14 复核单筋矩形截面承载力时，若 $\xi > \xi_b$，如何计算其承载力？

4.15 在设计双筋矩形截面时，受压钢筋的抗压强度设计值应如何确定？为什么说受压钢筋不宜采用高强度的钢筋？

4.16 在双筋截面中受压钢筋起什么作用？为何一般情况下采用双筋截面受弯构件不经济？在什么条件下可采用双筋截面梁？

4.17 为什么在双筋矩形截面承载力计算中必须满足 $x \geq 2a_s'$ 的条件？当双筋矩形截面出现 $x < 2a_s'$ 时应当如何计算？

4.18 在矩形截面弯矩设计值、截面尺寸、混凝土强度等级和钢筋级别已知的条件下，如何判别应设计成单筋还是双筋？

4.19 根据中性轴位置不同，T 形截面的承载力计算有哪几种情况？截面设计和承载力复核时应如何鉴别？

习题

4.1 已知钢筋混凝土矩形梁，处于一类环境，其截面尺寸 $b \times h = 250\text{mm} \times 550\text{mm}$，承受弯矩设计值 $M = 180\text{kN} \cdot \text{m}$，采用 C30 混凝土和 HRB335 级钢筋。试配置截面钢筋。

4.2 已知矩形截面梁 $b \times h = 200\text{mm} \times 600\text{mm}$，已配纵向受拉钢筋 6Φ22mm 的 II 级钢筋，按下列条件计算此梁所能承受的弯矩设计值。

(1) 混凝土强度等级为 C30。

(2) 若由于施工原因，混凝土强度等级仅达到 C20 级。

4.3 已知钢筋混凝土矩形梁，处于二类环境，承受弯矩设计值 $M = 190\text{kN} \cdot \text{m}$，采用 C40 混凝土和 HRB335 级钢筋，试按正截面承载力要求确定截面尺寸及纵向钢筋截面面积。

4.4 已知某单跨简支板，处于一类环境，计算跨度 $l_0 = 2.68\text{m}$，承受均布荷载设计值 $g + q = 6\text{kN/m}^2$（包括板自重），采用 C30 混凝土和 HPB300 级钢筋，求现浇板的厚度 h 以及所需受拉钢筋截面面积 A_s。

4.5 某教学楼内廊现浇简支在砖墙上的钢筋混凝土平板，板厚 80mm，混凝土强度等级为 C20，采用 I 级钢筋，计算跨度 $l_0 = 2.45\text{m}$。板上作用的均布荷载标准值为 2kN/m^2，水磨石地面及细石混凝土垫层共 30mm 厚（重度为 22kN/m^3），试求受拉钢筋的截面面积。

4.6 已知钢筋混凝土矩形梁,处于一类环境,其截面尺寸 $b \times h = 250\text{mm} \times 650\text{mm}$,采用 C20 混凝土,配有 HRB335 级钢筋 3⌀22($A_s = 1140\text{mm}^2$)。试验算此梁承受弯矩设计值 $M = 180\text{kN} \cdot \text{m}$ 时,是否安全?

4.7 已知某矩形梁,处于一类环境,截面尺寸 $b \times h = 250\text{mm} \times 600\text{mm}$,采用 C30 混凝土和 HRB400 级钢筋,截面弯矩设计值 $M = 340\text{kN} \cdot \text{m}$。试配置截面钢筋。

4.8 已知条件同习题 7,但在受压区已配有 3⌀20 的 HRB335 级钢筋。试计算受拉钢筋的截面面积 A_s。

4.9 已知矩形截面梁,处于二类 a 环境,截面尺寸 $b \times h = 200\text{mm} \times 500\text{mm}$,采用 C30 混凝土和 HRB335 级钢筋。在受压区配有 3⌀20 的钢筋,在受拉区配有 3⌀22 的钢筋,试验算此梁承受弯矩设计值 $M = 120\text{kN} \cdot \text{m}$ 时是否安全?

4.10 有一计算跨径为 2.15m 的人行道板(图 4.29),承受的人群荷载为 3.5kN/m²,截面为矩形,板厚为 80mm,下缘配置⌀8 的 HPB300 钢筋,间距为 130mm,混凝土强度等级为 C20。试复核正截面抗弯承载能力,验算构件是否安全。

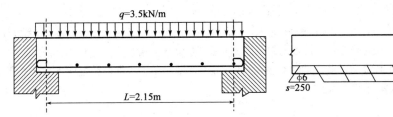

图 4.29 习题 4.10 人行道板配筋图

第五章 混凝土受弯构件斜截面承载力计算

知识描述

受弯构件在弯矩和剪力共同作用的区段常常产生斜裂缝,并可能沿斜截面发生破坏。斜截面破坏带有脆性破坏性质,应当避免,在工程设计时必须进行受弯构件斜截面承载力的计算。现有的斜截面承载力计算式是综合大量试验结果得出的。本章的难点是材料抵抗弯矩图的绘制以及纵向受力钢筋的弯起、截断和锚固等构造规定。

学习要求

通过本章的学习,熟悉无腹筋梁斜裂缝出现前后的应力状态。掌握剪跨比的概念、无腹筋梁斜截面受剪的三种破坏形态以及腹筋对斜截面受剪破坏形态的影响。掌握矩形、T形和工字形等截面受弯构件斜截面受剪承载力的计算模型、计算方法及限制条件。掌握受弯构件钢筋的布置、梁内纵筋的弯起、截断及锚固等构造要求。

第一节 斜截面开裂前受力分析

一般情况下受弯构件总是由弯矩和剪力共同作用的。通过试验可知,在主要承受弯矩的区段,将产生垂直裂缝,但在剪力为主的区段,受弯构件却产生斜裂缝。为了说明这种情况,下面采用力学方法用一实例来分析其原因。

图 5.1 所示为一对称集中加载的钢筋混凝土简支梁,及其弯矩图和剪力图。当荷载不大混凝土尚未开裂之前,可以认为该梁处于弹性工作状态。这时,该梁截面上任意一点的正应力σ、剪应力τ、主拉应力σ_{tp}、主压应力σ_{cp}及主应力的作用方向与梁纵轴的夹角,都可以用材料力学公式计算出来。

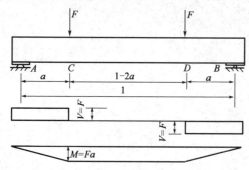

图 5.1 对称集中加载的钢筋混凝土简支梁

根据计算结果,图 5.2 给出了梁内主应力的轨迹线,实线为主拉应力σ_{tp},虚线为主压应力σ_{cp},轨迹线上任一点的切线就是该点的主应力方向,从截面 1-1 的中性轴、受压区、受拉区分别取出一个微元体,其编号为 1、2、3,它们所处的应力状态各不相同,具体如下:

微元体 1 由于位于中性轴处,所以正应力$\sigma=0$,剪应力τ最大,σ_{tp}和σ_{cp}作用方向与梁纵轴的夹角为 45°。

微元体 2 在受压区,σ 为压应力,σ_{tp}减小而σ_{cp}增大,主拉应力的方向与梁纵轴的夹角大于 45°。

微元体 3 在受拉区内,σ 为拉应力,σ_{tp}增大而σ_{cp}减小,主拉应力的方向与梁纵轴的夹角小于 45°。

由于混凝土的抗拉强度非常低,当主拉应力 σ_{tp} 超过混凝土的抗拉强度时,就会在垂直主拉应力 σ_{tp} 方向产生裂缝,由上可知,该裂缝应为斜裂缝。梁的斜裂缝有弯剪型斜裂缝和腹剪型斜裂缝两种。腹剪型斜裂缝则出现在梁腹较薄的构件中,例如 T 形和工字形薄腹梁。由于梁腹部的主拉应力过大,致使中性轴附近出现约 45°的斜裂缝,随荷载的增加,裂缝向上下延伸。腹剪型斜裂缝的特点是中部宽,两头细,呈梭形[图 5.3a)]。弯剪型斜裂缝由梁底的垂直弯曲裂缝向集中荷载作用点斜向延伸发展而成,其特点是下宽上细[图 5.3b)],多见于一般的钢筋混凝土梁。

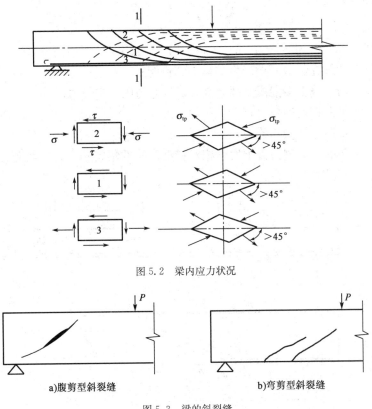

图 5.2 梁内应力状况

a)腹剪型斜裂缝   b)弯剪型斜裂缝

图 5.3 梁的斜裂缝

第二节 无腹筋梁受剪性能

如图 5.4 所示,在受弯构件当中,一般由纵向钢筋和腹筋构成钢筋骨架。腹筋指的是箍筋和弯起钢筋的总称。所谓无腹筋梁指的是不配箍筋和弯起钢筋的梁。但在实际工程中的梁都要配置箍筋,有时甚至还要配有弯起钢筋。而下面要研究无腹筋梁的受剪性能,主要是因为无腹筋梁较简单,影响斜截面破坏的因素较少,从而为有腹筋梁的受力及破坏分析奠定基础。

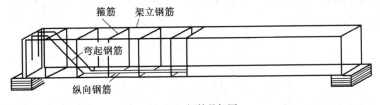

图 5.4 钢筋骨架图

一 无腹筋梁斜截面受力分析

无腹筋梁出现斜裂缝后,梁的应力状态发生了很大变化,即发生了应力重分布。以一无腹筋简支梁在荷载作用下出现斜裂缝的情况为例[图5.5a)],取 $AA'B$ 主斜裂缝的左边为隔离体,作用在该隔离体上的内力和外力如图5.5b)所示。根据作用在隔离体上力及力矩的平衡,可得

$$\sum X = 0 \quad D_c = T_s \tag{5.1}$$
$$\sum Y = 0 \quad V_A = V_c + V_a + V_d \tag{5.2}$$
$$\sum M = 0 \quad M_A = V_A \cdot a = T_s \cdot Z + V_d \cdot c \tag{5.3}$$

式中:V_A、M_A——荷载在斜截面上产生的剪力和弯矩;

D_c、V_c——斜裂缝上端混凝土残余面(AA')上的压力和剪力;

T_s——纵向钢筋的拉力;

V_d——纵向钢筋的销栓力;

V_a——斜裂缝两侧混凝土发生相对错动产生的集料咬合力的竖向分力;

a、Z、c——相应力的力臂。

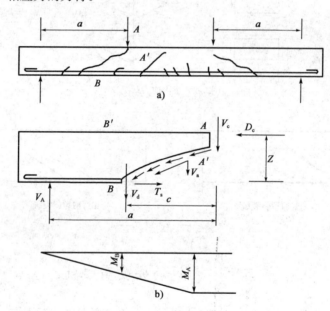

图5.5 斜裂缝形成后的受力状态

随着斜裂缝的增大,集料咬合力的竖向分力 V_a 逐渐减弱以至消失。在销栓 V_d 作用下,阻止纵向钢筋发生竖向位移的只有下面很薄的混凝土保护层,所以销栓作用也不可靠,目前的抗剪试验还很难准确测出 V_a、V_d 的量值,为了简化分析,V_a 和 V_d 可不予以考虑,故该隔离体的平衡方程可简化为

$$\sum X = 0 \quad D_c = T_s \tag{5.4}$$
$$\sum Y = 0 \quad V_c = V_A \tag{5.5}$$
$$\sum M = 0 \quad M_A = V_A \cdot a = T_s \cdot Z \tag{5.6}$$

由此可知,无腹筋梁斜裂缝出现后梁内的应力状态,将发生很大变化,具体如下:

①在斜裂缝出现前,剪力 V_A 由全截面承受,斜裂缝出现后,剪力 V_A 全部由斜裂缝上端混凝土残余面(AA')承受。因此,开裂后混凝土所承担的剪应力增大了。

②由 V_A 和 V_c 所组成的力偶须与由纵筋拉力 T_s 和混凝土压力 D_c 组成的力偶平衡。因此,剪力 V_A 在斜截面上不仅引起 V_c,还引起 T_s 和 D_c 作用,致使斜裂缝上端混凝土残余面既受剪又受压,称为剪压区。随着斜裂缝的发展,剪压区面积逐渐减少,剪压区内的混凝土压应力大大增加,剪应力也显著加大。

③在斜裂缝出现前,截面 BB' 纵筋的拉应力由该截面处的弯矩 M_B 所决定,在斜裂缝形成后,截面 BB' 处的纵筋拉应力则由截面 AA' 处的弯矩 M_A 所决定。由于 $M_B > M_A$,所以纵筋的拉应力急剧增大,这也是简支梁纵筋为什么在支座内需要一定的锚固长度的原因。

二 无腹筋梁剪切破坏形态

1. 剪跨比 λ

在讨论梁沿斜截面破坏的各种形态之前,首先必须了解与它密切相关的一个参数——剪跨比 λ。剪跨比的定义有广义和狭义之分。

广义的剪跨比是指该截面所承受的弯矩 M 和剪力 V 的相对比值,即

$$\lambda = \frac{M}{Vh_0} \tag{5.7}$$

式中:M、V——计算截面的弯矩和剪力;

h_0——截面的有效高度。

狭义的剪跨比是指集中荷载作用点处至邻近支座的距离与截面有效高度 h_0 的比值,即:

$$\lambda = \frac{a}{h_0} \tag{5.8}$$

式中:a——集中荷载作用点至邻近支座的距离,称为剪跨,如图 5.5a)所示。

由式(5.8)可知,剪跨比 λ 是一个无量纲的参数,试验表明,它是一个影响斜截面承载力和破坏形态的重要参数。

2. 受剪破坏形态

根据试验研究,无腹筋梁在集中荷载作用下,沿斜截面受剪破坏的形态主要与剪跨比有关。而在均布荷载作用下的梁,则可由广义剪跨比化简推出主要受剪破坏的形态与梁的跨高比 l_0/h 有关。无腹筋梁的剪切破坏主要有斜拉破坏、剪压破坏和斜压破坏三种主要形式。

(1)斜压破坏

当剪跨比或跨高比较小时($\lambda < 1$),就发生斜压破坏。如图 5.6a)所示,首先在荷载作用点与支座间梁的腹部出现若干条平行的斜裂缝,也就是腹剪型斜裂缝,随着荷载的增加,梁腹被这些斜裂缝分割为若干斜向短柱,最后因为柱体混凝土被压碎而破坏。这种破坏也属于脆性破坏,但承载力较高。

(2)剪压破坏

当剪跨比或跨高比位于中间值时($1 \leq \lambda \leq 3$),将会发生剪压破坏,如图 5.6b)所示,其破坏特征是:弯剪斜裂缝出现后,荷载仍可有较大增长。当荷载增大时,弯剪型斜裂缝中将出现一条又长又宽的主要斜裂缝,称为临界斜裂缝。当荷载继续增大,临界斜裂缝上端剩余截面逐渐缩小,剪压区混凝土被压碎而破坏。这种破坏仍为脆性破坏。但其承载力较斜拉破坏高,比斜

压破坏低。

(3)斜拉破坏

当剪跨比或跨高比较大时($\lambda>3$),会发生斜拉破坏,如图5.6c)所示。当斜裂缝一旦出现,便很快形成一条主要斜裂缝,并迅速向集中荷载作用点延伸,梁即被分成两部分而破坏,破坏面平整,无压碎痕迹。破坏荷载等于或略高于临界斜裂缝出现时的荷载。斜拉破坏主要是由于主拉应力产生的拉应变达到混凝土的极限拉应变而形成的,它的承载力较低,且属于非常突然的脆性破坏。

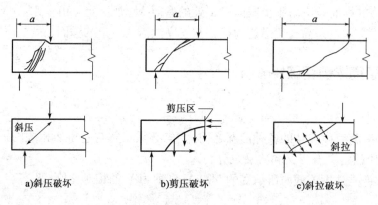

图5.6 梁的剪切破坏的三种主要形式

三 影响无腹筋梁受剪承载力的因素

试验研究结果显示,影响受弯构件斜截面受剪承载力的因素很多,但对于无腹筋梁来说,主要因素有以下几种。

1. 剪跨比

剪跨比 λ 是影响集中荷载下无腹筋梁的破坏形态和受剪承载力的最主要因素。对于无腹筋梁来说,剪跨比越大,受剪承载力就越小,但是当剪跨比大于或等于3时,其影响已不再明显,在均布荷载作用下,随跨高比(l_0/h)的增大,梁的受剪承载力降低,当跨高比大于6,对梁的受剪承载力影响就很小。

2. 混凝土强度

剪压区混凝土处于复合应力状态,不论是斜拉破坏、斜压或剪压破坏,都与混凝土的强度有关,试验也表明梁的斜截面受剪承载力随混凝土强度的提高而增大,且两者大致呈线性关系。剪跨比较大时,梁的抗剪强度随混凝土强度提高而增加的速率低于小剪跨比的情况。这是因为剪跨比大时,抗剪强度取决于混凝土的抗拉强度,而剪跨比小时,梁的抗剪强度取决于混凝土的抗压强度。

3. 纵向钢筋

纵筋对抗剪能力也是有一定的影响,纵筋的配筋率高,则纵筋的销栓作用强,延缓弯曲裂缝和斜裂缝向受压区发展,从而可以提高集料的咬合作用,并且增大了剪压区高度,使混凝土的抗剪能力提高。因此,配筋率 ρ 大时,梁的斜截面受剪承载力有所提高。在相同配筋率情况下,纵向钢筋的强度越高,对抗剪越有利,但不如配筋率影响显著。

四 无腹筋梁受剪承载力的计算公式

《混凝土结构设计规范》(GB 50010—2010)规定,对无腹筋梁以及不配置箍筋和弯起钢筋的一般板类受弯构件,其斜截面受剪承载力应按下列公式计算

$$V \leqslant V_c = 0.7\beta_h f_t b h_0 \tag{5.9}$$

$$\beta_h = \left(\frac{800}{h_0}\right)^{\frac{1}{4}} \tag{5.10}$$

式中:V——构件斜截面上的最大剪力设计值;

β_h——截面高度影响系数,当 $h_0 < 800$mm 时,取 $h_0 = 800$mm;当 $h_0 \geqslant 2000$mm 时,取 $h_0 = 2000$mm;

f_t——混凝土轴心抗拉强度设计值。

而对于集中荷载作用下的无腹筋梁,若采用式(5.9)计算在剪跨比较大时得到的值将偏高,因此必须考虑剪跨比的影响,对于集中荷载在支座截面上所产生的剪力值占总剪力值的75%以上的情况,应按下式计算

$$V \leqslant V_c = \frac{1.75}{\lambda + 1.0} \beta_h b h_0 f_t \tag{5.11}$$

式中:λ——计算截面的剪跨比:当 $\lambda < 1.5$ 时,取 $\lambda = 1.5$;当 $\lambda > 3$ 时,取 $\lambda = 3$。

由于无腹筋梁的斜截面破坏属于脆性破坏,斜裂缝一出现,梁即告破坏,单靠混凝土承受剪力是不安全的。除非有专门规定,一般无腹筋梁应按构造要求配置钢筋。

【例 5.1】 已知一简支板,位于一类环境,采用混凝土等级为 C20,纵向受拉钢筋采用 HRB335 级钢筋,板的计算长度为 3m,宽度为 1m,均布荷载在板内产生的最大剪力设计值为 210kN。试确定板厚。

【解】 (1)确定计算参数

查附表,$f_t = 1.1$N/mm^2,$C = 20$mm,$a_s = c + d/2 = 25$mm。

(2)求板的有效高度 h_0

先假定 $h_0 < 800$mm,由式(5.10)可得

$$\beta_h = \left(\frac{800}{800}\right)^{\frac{1}{4}} = 1$$

再由式(5.9)可得

$$V \leqslant 0.7\beta_h f_t b h_0$$

$$h_0 \geqslant \frac{210 \times 10^2}{0.7 \times 1 \times 1.1 \times 1000} = 272.73\text{mm}$$

(3)确定板的厚度

$$h = h_0 + a_s = 272.73 + 25 = 297.73\text{mm}$$

取 $h = 300$mm $> l_0/35 = 3000/35 = 85.71$mm

一般的板类构件由于截面尺寸大,承受的荷载较小,剪力较小,因此一般情况下不必进行斜截面承载力的计算。也不用配箍筋和弯起钢筋。但是,当板上承受的荷载较大时,就需要对其斜截面承载力进行计算。

第三节　有腹筋梁的受剪性能

一　腹筋的作用

在配有箍筋或弯起钢筋的梁中,在荷载较小,斜裂缝出现之前,腹筋的作用不明显,对斜裂缝出现的影响不大,它的受力性能和无腹筋梁相似,但是在斜裂缝出现以后,混凝土逐步退出工作。而与斜裂缝相交的箍筋、弯起钢筋的应力显著增大,箍筋直接承担大部分剪力,并且在其他方面也起重要作用。其作用具体表现如下。

①腹筋可以直接承担部分剪力。

②腹筋能限制斜裂缝的延伸和开展,增大剪压区的面积,提高剪压区的抗剪能力。

③腹筋可以提高斜裂缝交界面上的集料咬合作用和摩阻作用,从而有效地减少斜裂缝的开展宽度。

④腹筋还可以延缓沿纵筋劈裂裂缝的展开,防止混凝土保护层的突然撕裂,提高纵筋的销栓作用。

二　有腹筋梁的受剪破坏形态

1. 有腹筋梁沿斜截面破坏的形态

有腹筋梁的斜截面破坏与无腹筋梁相似,也可分为斜拉破坏、剪压破坏和斜压破坏三种形态,但在具体分析时,不能忽略腹筋的影响,因为腹筋虽然不能防止斜裂缝的出现,但却能限制斜裂缝的展开和延伸。所以,腹筋的数量对梁斜截面的破坏形态和受剪承载力有很大影响。

(1) 斜拉破坏

如果箍筋配置数量过少,且剪跨比 $\lambda>3$ 时,则斜裂缝一出现,原来由混凝土承受的拉力转由箍筋承受,箍筋很快会达到屈服强度,变形迅速增加,不能抑制斜裂缝的发展。从而产生斜拉破坏,属于脆性破坏。

(2) 斜压破坏

如果箍筋配置数量过多,剪跨比 $\lambda<1$ 则在箍筋尚未屈服时,斜裂缝间的混凝土就因主压应力过大而发生斜压破坏,箍筋应力达不到屈服,强度得不到充分利用。此时梁的受剪承载力取决于构件的截面尺寸和混凝土强度。也属于脆性破坏。

(3) 剪压破坏

如果箍筋配置的数量适当,且 $1\leqslant\lambda\leqslant3$ 时,则在斜裂缝出现以后,应力大部分由箍筋(或弯起钢筋)承担。在箍筋尚未屈服时,由于箍筋限制了斜裂缝的展开和延伸,荷载还可有较大增长。当箍筋屈服后,由于箍筋应力基本不变而应变迅速增加,箍筋不能再有效地抑制斜裂缝的展开和延伸。最后斜裂缝上端剪压区的混凝土在剪压复合应力的作用下达到极限强度,发生剪压破坏。

2. 有腹筋梁斜截面受剪承载力因素影响

配有箍筋或弯起钢筋的混凝土梁斜截面受剪承载力的影响因素与无腹筋梁相似,它包括剪跨比 λ 的影响、混凝土强度的影响、纵向钢筋的影响等,但最重要的影响因素是箍筋或弯起钢筋的配置数量。试验研究表明,当箍筋配置适当时,有腹筋梁斜截面受剪承载力随配筋率和箍筋强度的提高而有较大幅度的增加。

配箍率 ρ_{sv} 反映的是梁沿轴线方向单位长度水平截面拥有的箍筋截面面积,用下式表示

$$\rho_{sv} = \frac{nA_{sv1}}{bs} \tag{5.12}$$

式中:ρ_{sv}——配箍率;
　　　n——同一截面内箍筋的肢数;
　　　A_{sv1}——单肢箍筋的截面面积;
　　　b——截面的宽度;
　　　s——沿梁轴线方向箍筋的间距。

三 仅配箍筋梁的斜截面承载力计算公式

1. 基本假定

前面所述钢筋混凝土梁沿斜截面的破坏形态中,斜拉、斜压破坏具有明显脆性,一般在工程设计中采取有关构造措施来处理。而对于剪压破坏,由于梁的受剪承载力变化幅度较大,设计时则必须进行计算来防止破坏。本节和下一节所介绍的计算公式都是针对剪压破坏形态给出的。

对仅配箍筋的梁受剪承载力计算一般要作如下基本假定。

①如图 5.7 所示为一根仅配箍筋的简支梁,在出现斜裂缝 BA 后,取斜裂缝 BA 到支座的一段为隔离体。

假定斜截面的受剪承载力只有两部分组成,即

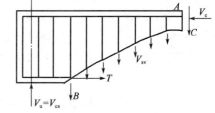

图 5.7　仅配箍筋梁的斜截面承载力计算图

$$V_{cs} = V_c + V_{sv} \tag{5.13}$$

式中:V_{cs}——构件斜截面上混凝土和箍筋受剪承载力设计值;
　　　V_c——混凝土的受剪承载力;
　　　V_{sv}——箍筋的受剪承载力。

②忽略纵向钢筋对受剪承载力的影响。

③以集中荷载为主的梁,应考虑剪跨比 λ 对受剪承载力的影响。其他梁则忽略剪跨比的影响。

④假设发生剪压破坏时,与斜裂缝相交的腹筋达到屈服。同时混凝土在剪压复合力作用下达到极限强度。

⑤在 V_c 中不考虑箍筋的影响,而将由箍筋的影响使混凝土的承载力提高的部分包含在 V_{sv} 中。

2. 斜截面受剪承载力计算公式

对矩形、T 形和工字形截面的一般受弯构件,有

$$V \leqslant V_{cs} = 0.7 f_t b h_0 + 1.25 \frac{f_{yv} A_{sv}}{s} h_0 \tag{5.14}$$

式中：f_t——混凝土轴心抗拉强度设计值；

$\quad f_{yv}$——箍筋的抗拉强度设计值；

$\quad b$——梁的截面宽度（T形、工字形梁为腹板宽度）；

$\quad h_0$——梁截面有效高度；

$\quad A_{sv}$——同一截面内箍筋的截面面积，$A_{sv}=nA_{sv1}$。

其他符号与前所述相同。

对集中荷载作用下的独立梁（包括作用有多种荷载，且其中集中荷载在支座截面或节点边缘所产生的剪力值占总剪力值的 75% 以上的情况），有

$$V \leqslant V_{cs} = \frac{1.75}{\lambda+1}f_t bh_0 + \frac{f_{yv}A_{sv}}{s}h_0 \tag{5.15}$$

式中：λ——计算截面的剪跨比，$\lambda=a/h_0$，a 为集中荷载作用点至支座截面的距离。当 $\lambda<1.5$ 时，取 $\lambda=1.5$，当 $\lambda>3.0$ 时，取 $\lambda=3.0$。

3. 斜截面受剪承载力计算公式的适用条件

(1) 防止斜压破坏

从上面计算公式可以看出，当梁的截面尺寸确定以后，提高配箍率可以有效地提高斜截面受剪承载力。但是这种增加是有限的，当箍筋的数量超过一定值后，梁的受剪承载力几乎不再增加，箍筋的应力达不到屈服强度而发生斜压破坏，此时梁的受剪承载力取决于混凝土的抗压强度 f_c 和梁的截面尺寸。为了防止这种情况发生，《混凝土结构设计规范》（GB 50010—2010）对梁的截面尺寸有如下限制条件。

对于一般梁，即当 $h_w/b \leqslant 4$ 时，应满足下式

$$V \leqslant 0.25\beta_c f_c bh_0 \tag{5.16}$$

对于薄腹梁，即当 $h_w/b \geqslant 6$ 时，应满足下式

$$V \leqslant 0.2\beta_c f_c bh_0 \tag{5.17}$$

而当 $4<h_w/b<6$ 时，应满足下式

$$V \leqslant 0.025\left(14-\frac{h_w}{b}\right)\beta_c f_c bh_0 \tag{5.18}$$

式中：f_c——混凝土轴心抗压强度设计值；

$\quad \beta_c$——混凝土强度影响系数：当混凝土强度等级不超过 C50 时，取 $\beta_c=1.0$，当混凝土强度等级为 C80 时，取 $\beta_c=0.8$；其间按线性内插法取用；

$\quad V$——截面上的最大剪力设计值；

$\quad b$——矩形截面宽度，T形或工字形截面的腹板宽度；

$\quad h_w$——截面的腹板高度，按如图 5.8 所示选取，矩形截面 $h_w=h_0$，T形截面 $h_w=h_0-h_f$，工字形截面 $h_w=h_0-h_f'-h_f$。

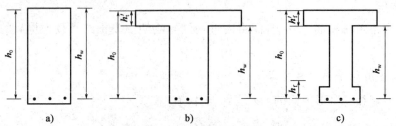

图 5.8 梁的腹板高度

(2) 防止斜拉破坏

对于具有突然性的斜拉破坏,在工程设计中是不允许出现的脆性破坏,《混凝土结构设计规范》(GB 50010—2010)规定箍筋的最小配箍率和最大箍筋间距来防止产生该破坏。箍筋的最大间距可参见第五章第六节的内容。箍筋最小配筋率按下列公式取用

$$\rho_{svmin} = 0.24 \frac{f_t}{f_{yv}} \tag{5.19}$$

式中:ρ_{svmin}——箍筋的最小配筋率。

箍筋的实际配筋率 ρ_{sv} 应大于 ρ_{svmin},否则按构造配筋。

【例 5.2】 一钢筋混凝土矩形截面简支梁,处于一类环境,安全等级二级,采用混凝土等级为 C30,纵向钢筋采用 HRB335 级钢筋,箍筋采用 HPB300 级钢筋,梁的截面尺寸为 $b \times h = 200mm \times 500mm$,均布荷载在梁支座边缘产生的最大剪力设计值为 200kN。正截面强度计算已配置 5Φ22 的纵筋,求所需的箍筋。

【解】 (1)确定计算参数

查附表得,$f_t = 1.43N/mm^2$,$f_{yv} = 270N/mm^2$,$f_y = 300N/mm^2$,$f_c = 14.3N/mm^2$。

查附表可知 $c = 25mm$,假设纵筋排一排,则

$$2c + 5d + 4e = 2 \times 25 + 5 \times 22 + 4 \times 25 = 260mm > b = 200mm$$

不满足要求,所以纵筋要排两排。

$$a_s = c + d/2 + e/2 = 25 + 22 + 25/2 = 59.5mm$$

取 $a_s = 60mm$,则 $h_0 = h - a_s = 500 - 60 = 440mm$,$h_w = h_0 = 440mm$,$\beta_c = 1.0$。

(2)截面尺寸验算

因为

$$h_w/b = 440/200 = 2.2 < 4$$

属于一般梁,所以

$$0.25\beta_c f_c b h_0 = 0.25 \times 1.0 \times 14.3 \times 200 \times 440 = 314.6kN > 200kN$$

截面尺寸满足要求。

(3)求箍筋数量

$$V_c = 0.7 f_t b h_0 = 0.7 \times 1.43 \times 200 \times 440 = 88.09kN < 200kN$$

要计算配箍筋用量,由式(5.14)可得

$$\frac{A_{sv}}{s} \geq \frac{V - V_c}{1.25 f_{yv} h_0} = \frac{200000 - 88090}{1.25 \times 270 \times 440} = 0.753$$

选用双肢箍Φ8($A_{sv1} = 50.3mm^2$,$n = 2$)代入上式,可得

$$s \leq 133.6mm$$

取 $s = 120mm$

$$\rho_{sv} = \frac{A_{sv}}{bs} = \frac{50.3 \times 2}{200 \times 120} = 0.419\% > \rho_{svmin} = 0.24 \frac{f_t}{f_{yv}} = 0.24 \times \frac{1.43}{270} = 0.127\%$$

满足要求。

四 弯起钢筋

当梁所承受的剪力较大时,可配置箍筋和弯起钢筋来共同承受剪力。如图 5.9 所示,弯起

钢筋所承受的剪力值等于弯起钢筋的承载力在垂直于梁的纵轴方向的分力值。按下式来确定弯起钢筋的抗剪承载力

$$V_{sb} = 0.8 A_{sb} f_y \sin\alpha_s \tag{5.20}$$

式中：V_{sb}——构造斜截面上与斜裂缝相交的弯起钢筋的受剪承载力设计值；

f_y——弯起钢筋的抗拉强度设计值，考虑到弯起钢筋在靠近斜裂缝顶部的剪压区时，可能达不到屈服强度，所以乘以 0.8 的折减系数；

A_{sb}——同一弯起平面内弯起钢筋的截面面积；

α_s——斜截面上弯起钢筋与构件纵向轴线的夹角。

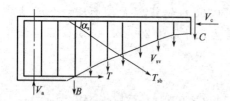

图 5.9　同时配置箍筋和弯起钢筋的梁斜截面受剪承载力计算图

(1) 对矩形、T 形和工字形截面的一般受弯构件同时配置箍筋和弯起钢筋的计算公式应按下式计算。

$$V \leqslant V_{cs} + V_{sb} = 0.7 f_t b h_0 + 1.25 \frac{f_{yv} A_{sv}}{s} h_0 + 0.8 f_y A_{sb} \sin\alpha_s \tag{5.21}$$

(2) 对集中荷载作用下的独立梁（包括作用有多种荷载，且其中集中荷载在支座截面或节点边缘所产生的剪力值占总剪力值 75% 以上的情况）同时配置箍筋和弯起钢筋的计算公式应按下式计算。

$$V \leqslant V_{cs} + V_{sb} = \frac{1.75}{\lambda+1} f_t b h_0 + \frac{f_{yv} A_{sv}}{s} h_0 + 0.8 f_y A_{sb} \sin\alpha_s \tag{5.22}$$

公式的符号含义与前面相同，公式的适用条件也与前面相同。

【例 5.3】 已知条件同例 5.2，但已在梁内配置双肢箍筋Φ8@200，试计算需要多少根弯起钢筋（从已配的纵向受力钢筋中选择，弯起角度 $\alpha_s = 45°$）。

【解】 (1) 确定计算参数

计算参数的确定同例 5.2 一样，5Φ22 分两排，下面 3Φ22，上面 2Φ22。

(2) 截面尺寸验算

同例 5.2，满足要求。

(3) 求弯起钢筋截面面积 A_{sb}

由式(5.14)可得

$$V_{cs} = 0.7 f_t b h_0 + 1.25 \frac{f_{yv} A_{sv}}{s} h_0$$

$$= 0.7 \times 1.43 \times 200 \times 440 + 1.25 \times (270 \times 2 \times 50.3)/200 \times 440$$

$$= 88088 + 74695.5 = 162.78 \text{kN} < 200 \text{kN}$$

要配弯起钢筋。

由式(5.21)可得

$$V \leqslant V_{cs} + V_{sb} = \frac{1.75}{\lambda+1} f_t b h_0 + \frac{f_{yv} A_{sv}}{s} h_0 + 0.8 f_y A_{sb} \sin\alpha_s$$

$$A_{sb} \geqslant \frac{V - V_{cs}}{0.8 f_y \sin\alpha_s} = \frac{200000 - 162780}{0.8 \times 300 \times \sin 45°} = 219.27 \text{mm}^2$$

选择下排纵筋的中间一根22mm纵筋弯起,$A_{sb}=380.1\text{mm}^2$,满足要求。

第四节 斜截面抗剪承载力计算方法和步骤

一 计算截面位置的选择

有腹筋梁斜截面受剪破坏一般是发生在剪力设计值比较大或受剪承载力比较薄弱的地方,因此在进行斜截面承载力设计时,计算截面的选择是有规律可循的,一般情况下应满足下列规定。

①支座边缘处截面,如图5.10中的1-1截面所示。

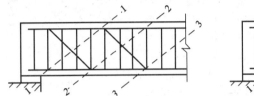
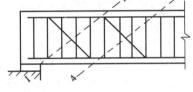

图5.10 受剪承载力计算截面

②受拉区弯起钢筋弯起点处截面,如图5.10中的2-2截面和3.3截面。
③箍筋截面面积或间距改变处截面,如图5.10中的4-4截面。
④腹板宽度改变处截面。
计算截面处剪力设计值的选择应按下面方法取用。
①计算支座边缘处的截面时,取箍筋数量开始改变处的剪力值。
②计算箍筋数量改变处的截面时,取箍筋数量开始处的剪力值。
③计算从支座算起第一排弯起钢筋时,取支座边缘处的剪力值。
④计算以后各排弯起钢筋时,取前排弯起钢筋弯起点处的剪力值。

二 截面设计

当已知剪力设计值V,材料强度和截面尺寸,要求确定箍筋和弯起钢筋的数量的一类问题时,是属于受弯构件斜截面承载力计算的设计题,一般情况下其计算步骤如下。

1. 验算梁的截面尺寸是否满足要求

利用式(5.16)~式(5.18)复核梁的截面尺寸,如果不满足要求,应加大梁的截面尺寸或提高混凝土强度等级,而后重新验算,直到满足要求。

2. 判别是否需要按计算配置腹筋

利用式(5.9)或式(5.11)来判别,如果满足公式要求,则不需要进行斜截面受承载力计算。仅需按构造要求配置腹筋,如果不满足,则需计算配置腹筋,这时有两种方案:一是只配箍筋,二是既配箍筋又配弯起钢筋。

3. 计算仅配的箍筋

剪力设计值只由混凝土和箍筋来承受,要先确定箍筋的直径 d 和肢数 n,再根据不同的荷载采用不同的计算公式。

①对矩形、T 形和工字形截面的一般受弯构件,可由式(5.14)得

$$s \leqslant \frac{1.25 f_{yv} A_{sv} h_0}{V - 0.7 f_t b h_0} \tag{5.23}$$

②对于集中荷载作用下的独立梁(包括作用有多种荷载且其中集中荷载在支座截面产生的剪力值占总剪力值 75% 以上的情况)可由式(5.15)得

$$s \leqslant \frac{f_{yv} A_{sv} h_0}{V - \frac{1.75}{\lambda + 1.0} f_t b h_0} \tag{5.24}$$

4. 计算既配箍筋又配弯起钢筋时的弯起钢筋

当剪力设计值较大,需要配置弯起钢筋与混凝土和箍筋共同承受剪力时,一般可按构造要求和最小配箍率要求来选定箍筋的直径和间距。然后由式(5.14)或式(5.15)确定 V_{cs},再由下列公式计算弯起钢筋的截面面积

$$A_{sb} \geqslant \frac{V - V_{cs}}{0.8 f_y \sin \alpha_s} \tag{5.25}$$

也可以先根据正截面承载力计算确定的纵向钢筋情况,确定可弯起钢筋数量 A_{sb}。由式(5.21)或式(5.22)求出 V_{cs},再按只配箍筋的方法计算箍筋。

5. 验算最小配箍率

利用式(5.12)求解出箍筋的配箍率以后,再利用式(5.19)校核是否满足,如果不满足,则应取等号按构造配箍,同时,箍筋的直径、最大间距、最小间距都应满足第五章第六节第二条中所述的构造要求。

【例 5.4】 已知一简支梁,一类环境,安全等级二级,梁的截面尺寸 $b \times h = 250\text{mm} \times 600\text{mm}$ 计算简图如图 5.11 所示,梁上受到均布荷载设计值 $q = 10.0 \text{kN/m}$(包括梁自重),集中荷载设计值 $Q = 150 \text{kN}$,梁中配有纵向受拉钢筋 HRB335 级 4Φ22($A_s = 1520 \text{mm}^2$),混凝土强度等级为 C25,箍筋为 HPB300 级钢筋,试计算抗剪腹筋。

【解】 (1)确定计算参数

查附表可知:$f_c = 11.9 \text{N/mm}^2$, $f_t = 1.27 \text{N/mm}^2$, $f_{yv} = 270 \text{N/mm}^2$, $f_y = 300 \text{N/mm}^2$。

查附表可知:$c = 25 \text{mm}$, $a_s = c + d/2 = 25 + 22/2 = 36 \text{mm}$。

则 $h_0 = h - a_s = 564 \text{mm}$, $h_w = h_0 = 564 \text{mm}$, $\beta_c = 1.0$。

(2)计算最大剪力设计值 V

最大剪力设计值将在支座边缘截面处

$$V = 1/2 ql + Q = 1/2 \times 10 \times 8 + 150 = 190 kN$$

(3)验算截面尺寸

$$h_w / b = 564/250 = 2.26 < 4.0,属一般梁。$$

则由式(5.16)可得

$$0.25 \beta_c f_c b h_0 = 0.25 \times 1.0 \times 11.9 \times 250 \times 564 = 419.5 kN > V = 190 kN$$

满足要求。

(4) 判别是否需要计算腹筋

集中荷载在支座截面产生的剪力与总剪力之比为 $150\times100\%/190=78.95\%>75\%$，要考虑 λ 的影响。

$$\lambda = a/h_0 = 1600/564 = 2.84 < 3$$

由式(5.11)可得

$$\frac{1.75}{\lambda+1.0}f_tbh_0 = \frac{1.75}{2.84+1.0}\times1.27\times250\times564 = 81.61\text{kN} \leqslant 190\text{kN}$$

需按计算配置腹筋。

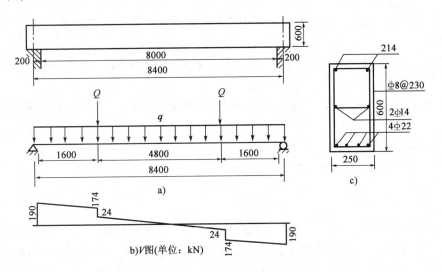

图 5.11 例 5.4 计算简图（尺寸单位：mm）

(5) 计算腹筋

方案一：仅配箍筋，选择双肢箍筋 $\Phi 8$ ($A_{sv}=2\times50.3$)。由式(5.24)可得

$$s \leqslant \frac{f_{yv}A_{sv}h_0}{V-\frac{1.75}{\lambda+1.0}f_tbh_0} = \frac{270\times2\times50.3\times564}{190000-81610} = 140.04\text{mm}$$

取 $s=120$mm。

$$\rho_{sv} = \frac{A_{sv}}{bs} = \frac{2\times50.3}{200\times120} = 0.419\% > \rho_{svmin} = 0.24\frac{f_t}{f_{yv}} = 0.24\times\frac{1.27}{270} = 0.129\%$$

配箍率满足要求，且所选箍筋直径和间距均符合构造规定。

方案二：既配箍筋又配弯起钢筋。

根据设计经验和构造规定，本例选用 $\Phi 8@150$ 的箍筋，弯起钢筋利用梁底 HRB335 级纵筋弯起，弯起角 $\alpha=45°$，则由式(5.25)可得

$$A_{sb} \geqslant \frac{V-\frac{1.75}{\lambda+1.0}f_tbh_0 - f_{yv}\frac{A_{sv}}{s}h_0}{0.8f_y\sin\alpha}$$

实际弯起 $1\Phi 22$，$A_{sb}=380$mm >170.65mm 满足要求。

还要验算弯起钢筋弯起点处斜截面的抗剪承载力，取弯起钢筋($1\Phi 22$)的弯终点到支座

边缘的距离 $s_1=50$mm,由 $\alpha=45°$,可求出弯起钢筋的弯起点到支座边缘的距离为 $50+564-36=578$mm,所以弯起点的剪力设计值为

$$V = 190 - 0.5 \times 10 \times 0.578 = 187.11 \text{kN} > V_{cs}$$

不满足要求,需要再弯起一排钢筋,可依照上述方法计算并校核弯起钢筋,就会发现弯起钢筋要在集中荷载到支座边缘这个范围内都布置钢筋才能满足承载力要求,比较两个方案可知,方案一是施工方便、经济效果最佳的方案。

三 截面复核

当已知材料强度、构件的截面尺寸,配箍数量以及弯起钢筋的截面面积,要求校核斜截面所能承受的剪力设计值一类问题时,就属于构件斜截面承载力的复核问题。这类问题的计算步骤如下。

①根据已知条件检验已配腹箍是否满足构造要求,如果不满足,则应该调整或只考虑混凝土的抗剪承载力 V_c。

②利用式(5.12)或式(5.19)验算已配箍筋是否满足最小配箍率的要求,如果不满足,则只考虑混凝土的抗剪承载力 V_c。

③当前面2个条件都满足时,则可把已知条件直接代入式(5.14)或式(5.15)以及式(5.21)或式(5.22)复核斜截面承载力。

④利用式(5.16)、式(5.17)或者式(5.18)验算截面尺寸是否满足要求,如果不满足要求则应重新设计。

【例5.5】 已知有一钢筋混凝土矩形截面简支梁,安全等级二级,处于一类环境,两端搁在240mm厚的砖墙上,梁的净跨为3.5m,矩形截面尺寸为 $b \times h = 200\text{mm} \times 450\text{mm}$,混凝土强度等级为C25,箍筋采用HPB300级钢筋,弯起钢筋用HRB335级钢筋,在支座边缘截面配有双肢箍筋⌀8@150,并有弯起钢筋2⌀12,弯起角 α 为 $45°$,荷载 q 为均布荷载设计值(包括自重)。求该梁可承受的均布荷载设计值 q。

【解】 (1)确定计算参数

查附表可知:$f_c=11.9 \text{N/mm}^2$,$f_t=1.27 \text{N/mm}^2$,$f_{yv}=270 \text{N/mm}^2$,$f_y=300 \text{N/mm}^2$,$A_{sv1}=50.3 \text{mm}^2$,$A_{sb}=226 \text{mm}^2$。

查附表得,$c=25$mm,$a_s=c+d/2=35$mm,则 $h_0=h-a_s=415$mm。

(2)验算配箍率

由式(5.19)和式(5.12)可知

$$\rho_{svmin} = 0.24 \frac{f_t}{f_{yv}} = 0.24 \times \frac{1.27}{270} = 0.129\%$$

$$\rho_{sv} = \frac{A_{sb}}{bs} = \frac{2 \times 50.3}{200 \times 150} \times 100\% = 0.335\% > \rho_{svmin},满足要求$$

(3)计算斜截面承载力设计值 V_u

由于构造要求都满足,故可直接用式(5.21),可得

$$V_u = V_{cs} + V_{sb} = 0.7 f_t b h_0 + 1.25 f_{yv} \frac{A_{sv}}{s} h_0 + 0.8 f_y A_{sb} \sin\alpha$$

$$= 0.7 \times 1.27 \times 200 \times 415 + 1.25 \times 270 \times \frac{50.3 \times 2}{150} \times 415 + 0.8 \times 300 \times 226 \times 0.707$$

$$= 206.1 \text{kN}$$

(4)计算均布荷载设计值 q

因为是简支梁,故根据力学公式可得

$$q = \frac{2V_u}{l_n} = \frac{2 \times 206.1}{3.5} = 117.75 \text{kN/m}$$

(5)验算截面限制条件

$h_w/b = 415/200 = 2.08 < 4$,属一般梁。利用式(5.16)可得

$$0.25\beta_c f_c b h_0 = 0.25 \times 1.0 \times 11.9 \times 200 \times 415 = 246.9 \text{kN} > V_u = 206.1 \text{kN}$$

满足要求,故该梁可以承受的均布荷载设计值为 117.75kN/m。

第五节 保证斜截面受弯承载力的构造措施

受弯构件斜截面承载力包括斜截面受剪承载力和斜截面受弯承载力两个方面。其中,斜截面受剪承载力的计算已在前面讨论过,而斜截面受弯承载力是靠构造要求来保证的。这些构造要求有纵向钢筋的弯起和截断等。为了理解这些构造要求,必须先建立抵抗弯矩图的概念。

一 抵抗弯矩图及绘制方法

1. 抵抗弯矩图

抵抗弯矩图又称为材料抵抗弯矩图,它是按梁实际配置的纵向受力钢筋所确定的各正截面所能抵抗的弯矩图形。它反映了沿梁长正截面上材料的抗力。在该图上竖向坐标表示的是正截面受弯承载力设计值 M_u,也称为抵抗弯矩。

以一单筋矩形截面构件为例来说明抵抗弯矩图的形成。若已知单筋矩形截面构件的纵向受力钢筋面积为 A_s,则可通过下式计算正截面弯矩承载力

$$M_u = f_y A_s \left(h_0 - \frac{f_y A_s}{2\alpha_1 f_c b} \right) \tag{5.26}$$

然后把构件的截面位置作为横坐标,而将其相应的抵抗弯矩 M_u 值连接起来,就形成了抵抗弯矩图。

2. 抵抗弯矩图的绘制方法

根据纵向受弯钢筋的形式,可以把抵抗弯矩图绘制分成以下三类。

(1)纵向受力钢筋沿梁长不变化时 M_u 的制法

图 5.12 所示是一根均布荷载作用下的钢筋混凝土简支梁,它已按跨中最大弯矩计算所需纵筋为 2Φ25+1Φ22。由于 3 根纵筋全部锚入支座,所以该梁任一截面的 M_u 值是相等的。如图 5.12 所示的 abba 就是抵抗弯矩图,它所包围的曲线就是梁所受荷载引起的弯矩图,这也直观地告诉我们,该梁的任一正截面都是安全的。但是,对如图 5.12 所示的简支梁来说,越靠近支座荷载弯矩越小,而支座附近的正截面和跨中的正截面配置同样的纵向钢筋,显然是不经济的,为了节约钢材,可以根据荷载弯矩图的变化而将一部分纵向受拉钢筋在正截面受弯不需要的地方截断或弯起作为受剪钢筋。

(2)纵筋弯起时的抵抗弯矩图制法

在简支梁设计中,一般不宜在跨中截面将纵筋截断,而是在支座附近将纵筋弯起抵抗剪力。如图5.13所示,如果将4号钢筋在CE截面处弯起,由于在弯起过程中,弯起钢筋对受压区合力点的力臂是逐渐减小的,因而其抗弯承载力并不立即消失,而是逐渐减小,一直到截面DF处弯起钢筋穿过梁的中性轴基本上进入受压区后,才认为它的正截面抗弯作用完全消失。作图时应从C、E两点作垂直投影线与M_u图的轮廓线相交于c、e,再从D、F点作垂直投影线与M_u图的基线ab相交于d、f,则连线$adcefb$就为4号钢筋弯起后的抵抗弯矩图。

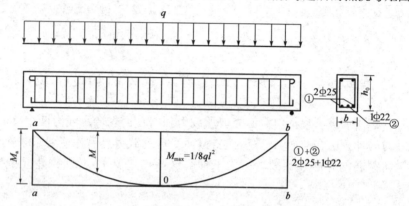

图5.12 纵筋沿梁长不变化时的抵抗弯矩图

(3)纵筋被截断时的抵抗弯矩图制法

图5.14所示为一钢筋混凝土连续梁中间支座的荷载弯矩图、抵抗弯矩图。从图中可知,1号纵筋在A-A截面(4号点)被充分利用,而到了B-B、C-C截面,按正截面受弯承载力已不需要1号钢筋了。也就是说在理论上1号纵筋可以在b、c点截断,当1号纵筋截断时,则在抵抗弯矩图上形成矩形台阶ab和cd。

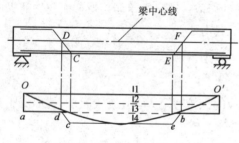

图5.13 纵筋弯起时的抵抗弯矩

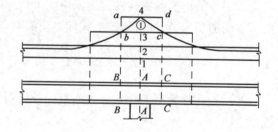

图5.14 纵筋截断时的抵抗弯矩

3.抵抗弯矩图的作用

(1)反映材料利用的程度

很明显,材料抵抗弯矩图越接近荷载弯矩图,表示材料利用程度越高。

(2)确定纵向钢筋的弯起数量和位置

纵向钢筋弯起的目的:一是用于斜截面抗剪,二是抵抗支座负弯矩。只有当材料抵抗弯矩图包住荷载弯矩图才能确定弯起钢筋的数量和位置。

(3)确定纵向钢筋的截断位置

根据抵抗弯矩图上的理论断点,再保证锚固长度,就可以知道纵筋的截断位置。

二 保证斜截面受弯承载力的构造措施

1. 纵向受拉钢筋弯起时保证斜截面受弯承载力的构造措施

纵筋弯起时,虽然保证了构件正截面受弯承载力的要求,但是构件斜截面受弯承载力却可能不满足。由于它的复杂性,就必须采取必要的构造措施来保证构件斜截面受弯承载力。其构造措施的原理如下所述。图 5.15a)所示为一连续梁支座截面处的斜裂缝以及穿过此斜裂缝的弯起钢筋,其上方为该支座附近的荷载弯矩图和相应的抵抗弯矩图。图 5.15b)所示为该梁斜裂缝右侧的隔离体,在不计入箍筋的作用时,斜截面受弯承载力可用下式计算。

$$M_{xu} = f_y(A_s - A_{sb})Z + f_y A_{sb} Z_w \tag{5.27}$$
$$= f_y A_s Z + f_y A_{sb}(Z_w - Z)$$

式中:M_{xu}——斜截面受弯承载力;
Z——正截面纵筋的内力臂;
Z_w——弯起钢筋的内力臂。

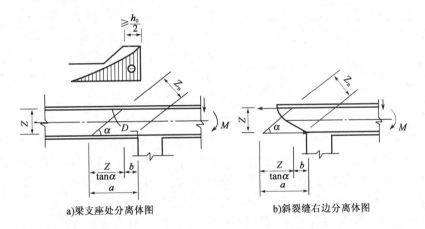

图 5.15 纵向受拉钢筋弯起点

当纵筋没有向下弯起时,在支座边缘处正截面的受弯承载力为

$$M_{xu} = f_y A_s Z \tag{5.28}$$

要保证斜截面的受弯承载力不低于正截面的承载力就要求 $M_{xu} \geqslant M_u$,即

$$Z_w \geqslant Z \tag{5.29}$$

由几何关系可知

$$Z_w = a\sin\alpha = \left(\frac{Z}{\tan\alpha}\right)\sin\alpha + b\sin\alpha = Z\cos\alpha + b\sin\alpha \tag{5.30}$$

式中:b——钢筋下弯点至支座边缘处(也是充分利用点处)的水平距离;
α——弯起钢筋的弯起角度。通常,$\alpha = 45°$或$60°$,近似取 $Z = 0.9h_0$,则有 $a = (0.373 \sim 0.52)h_0$。

为了方便,统一取值

$$b \geqslant 0.5h_0 \qquad (5.31)$$

也就是说,在确定弯起钢筋的弯起点时,必须选在离开它的充分利用点至少 $h_0/2$ 距离以外,这样就保证不需要计算斜截面受弯承载力。

2. 纵向钢筋截断时保证斜截面受弯承载力的构造措施

纵向受拉钢筋不宜在受拉区截断。因为在截断处钢筋由于面积突然减小,造成混凝土中拉应力骤增,容易出现弯剪斜裂缝,降低构件的承载能力。因此,对于在梁底部承受正弯矩的纵向受拉钢筋一般不采用截断的方式。但是对于悬臂梁或连续梁等构件,在其支座处承受负弯矩的纵向受拉钢筋,为了节约钢筋和施工方便,可以在不需要处将部分钢筋截断,但应该满足下面的构造要求。

(1)保证斜截面受弯承载力

图 5.16 所示为一悬臂梁支座处承受负弯矩的纵向钢筋截断示意图。假设正截面 A 是②号钢筋的理论断点,那么在正截面 A 上有正截面受弯承载力 M_{ua} 与荷载弯矩设计值 M_a 相等,即 $M_{ua}=M_a$,满足正截面受弯承载力的要求。但是在经过 A 点的斜裂缝截面,其荷载弯矩设计值 $M_b>M_a$,因此不满足斜截面受弯承载力的要求,只能把纵筋伸过理论截断点 A 一段长度 l_{d2} 后才能截断。假设 E 点为该钢筋的实际截断点,考虑斜裂缝 CD,D 与 A 同在一个正截面上,因此斜截面 CD 的荷载弯矩设计值 $M_c=M_a$,比较斜截面 CD 与正截面 A 的受弯承载力,由于 2 号钢筋在

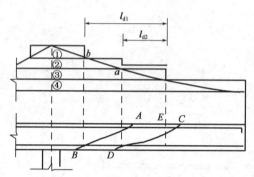

图 5.16 纵筋截断位置图

斜截面上的抵抗弯矩 $M_{uc}=0$,所以 2 号钢筋在正截面 A 上的抵抗弯矩应由穿越截面 E 的斜裂缝 CD 的箍筋所提供的受弯承载力来补偿。显然,l_{d2} 的长度与所截断的钢筋直径有关,直径越大,所需要补偿的箍筋就越多,l_{d2} 值也应越大,另外 l_{d2} 还与截面的有效高度 h_0 有关,因为 h_0 越大,斜裂缝的水平投影也越大,需要补偿的弯矩差也越大,则 l_{d2} 也越大。

(2)保证在充分利用点处钢筋强度的充分利用

为了保证钢筋在其充分利用点处真正能利用其强度,就必须从其充分利用点向外延伸长度 l_{d1} 后才可以截断钢筋。因为在纵向受拉钢筋截断时,如果延伸长度不足,则在纵向钢筋水平处,混凝土由于黏结强度不够会出现许多针脚状的短小斜裂缝,并进一步发展贯通,最后保护层脱落发生黏结破坏。为了避免发生这种破坏,l_{d1} 就要有足够长度。

《混凝土结构设计规范》(GB 50010—2010)规定:钢筋混凝土连续梁、框架梁支座截面的负弯矩钢筋不宜在受拉区截断。当必须截断时,其延伸长度应按表 5.1 中 l_{d1} 和 l_{d2} 中取外伸长度较大者确定。

负弯矩钢筋的延伸长度 表 5.1

截 面 条 件	充分利用点伸出 l_{d1}	理论断点伸出 l_{d2}
$V \leqslant 0.7f_tbh_0$	$1.2l_a$	$20d$
$V > 0.7f_tbh_0$	$1.2l_a+h_0$	$20d$ 且 h_0
$V > 0.7f_tbh_0$ 且截断点仍位于负弯矩受拉区内	$1.2l_a+1.7h_0$	$20d$ 且 $1.3h_0$

第六节 梁内钢筋的构造要求

一 纵向钢筋的弯起、截断、锚固的构造要求

1. 纵筋的弯起

①梁中弯起钢筋的弯起角度一般宜取 45°,但当梁截面高度大于 700mm,则宜采用 60°。梁底纵筋中的角筋以及梁顶纵筋的角部钢筋不应弯起或弯下。

②在弯起钢筋的弯终点处,应留有平行于梁轴线方向的锚固长度,其锚固长度在受拉区不应小于 $20d$,在受压区不应小于 $10d$,d 为弯起钢筋的直径,如果为光圆钢筋,则应在末端设弯钩,如图 5.17 所示。

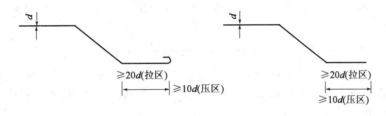

图 5.17 弯起钢筋的锚固示意图

③弯起钢筋的形式。弯起钢筋一般是利用纵向钢筋在按正截面受弯承载力计算已不需要时才弯起来的,但也可以单独设置,此时应将其布置成鸭筋形式,而不能采用浮筋,否则由于浮筋滑动而使斜裂缝开展过大,如图 5.18 所示。

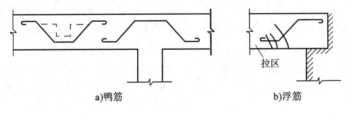

图 5.18 鸭筋和浮筋

④弯起钢筋的间距。《混凝土结构设计规范》(GB 50010—2010)对弯起钢筋的间距有一定的要求,要求从支座处算起的第一排弯起钢筋的上弯点与支座边缘间的水平距离不应大于箍筋的最大间距 S_{max}。而且相邻弯起钢筋弯起点与弯终点间的距离不得大于表 5.2 中 $V>0.7f_tbh_0$ 一栏规定的箍筋最大间距,如图 5.19 所示。否则,弯起钢筋间距过大,将出现不与弯起钢筋相交的斜裂缝,使弯起钢筋发挥不了应有的功能。

2. 纵筋的截断

简支梁的下部纵向受拉钢筋通常不宜在跨中截断,上部的受压钢筋可以在跨中截断。

悬臂梁中,应有不少于两根上部钢筋伸至悬臂梁外端,并向下弯折不少于 $12d$,其余钢筋不应在梁的上部截断,而应向下弯折并在梁的下部锚固。

外伸梁或连续梁的中间支座附近,为节约钢筋,可以将纵向受拉钢筋截断,其截断位置必须满足前一节中有关延伸长度的构造要求。

3.纵筋的锚固

纵向钢筋伸入支座后,应有充分的锚固(图 5.20),否则,锚固不足就可能使钢筋产生过大的滑动,甚至会从混凝土中拔出造成锚固破坏。

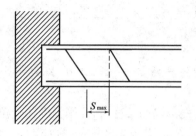

图 5.19 弯起钢筋的最大间距　　图 5.20 简支梁下部纵筋的锚固

①简支支座处的锚固长度 l_{as}。对于简支支座,由于钢筋的受力较小,因此规范规定:

当 $V \leqslant 0.7f_t bh_0$ 时,$l_{as} \geqslant 5d$;

当 $V > 0.7f_t bh_0$ 时,带肋钢筋 $l_{as} \geqslant 12d$;光圆钢筋 $l_{as} \geqslant 15d$。

对于板,一般剪力较小,通常能满足 $V < 0.7f_t bh_0$ 的条件,所以板的简支支座和连续板下部纵向受力钢筋伸入支座的锚固长度 l_{as} 不应小于 $5d$。当板内温度、收缩应力较大时,伸入支座的锚固长度宜适当增加。

②中间支座的钢筋锚固要求:

框架梁或连续板在中间支座处,一般上部纵向钢筋受拉,应贯穿中间支座节点或中间支座范围。下部钢筋受压,其伸入支座的锚固长度分下面几种情况考虑。

a. 当计算中不利用钢筋的抗拉强度时,不论支座边缘内剪力设计值的大小,其下部纵向钢筋伸入支座的锚固长度 l_{as} 应满足简支支座 $V > 0.7f_t bh_0$ 时的规定[图 5.21a)]。

b. 当计算中充分利用钢筋的抗拉强度时,下部纵向钢筋应锚固于支座节点内。若柱截面尺寸足够,可采用直线锚固方式[图 5.21a)],若柱截面尺寸不够,可将下部纵筋向上弯折[图 5.21b)]。

c. 当计算中充分利用钢筋的受压强度时,下部纵向钢筋伸入支座的直线锚固长度不应小于 $0.7l_a$,也可以伸过节点或支座范围,并在梁中弯矩较小处设置搭接接头[图 5.21c)]。

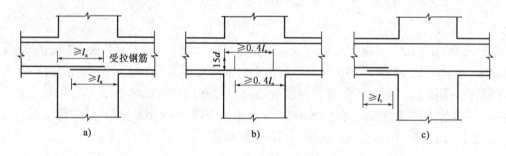

图 5.21 梁中间支座下部纵向钢筋的锚固

二 箍筋的构造要求

1.箍筋的形式和肢数

箍筋在梁内除了承受剪力以外,还起固定纵筋的位置以及与纵筋形成骨架的作用,并共同对混凝土起约束作用,增加受压混凝土的延性等。

箍筋的形式有封闭式和开口式两种[图 5.22d)、e)]。当梁中配有计算需要的纵向受压钢筋时,箍筋应做成封闭式,而对现浇 T 形梁,当不承受扭矩和动荷载时,在跨中截面上部受压区的区段内,也可采用开口式。箍筋的端部应做成 135°的弯钩,弯钩端部的长度不应小于 $5d$(d 为箍筋直径)和 50mm。

箍筋有单肢、双肢和复合箍等[图 5.22a)、b)、c)]。一般按以下情况选用,当梁宽≤400mm 时,可采用双肢箍。当梁宽>400mm 且一层内的纵向受压钢筋多于 3 根时,或者当梁宽≤400mm,但一层内的纵向受压钢筋多于 4 根时,应设置复合箍筋。当梁宽<100mm 时,可采用单肢箍筋。

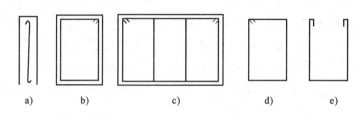

图 5.22 箍筋的形式及肢数

2. 箍筋的直径和间距

为了使钢筋骨架具有一定的刚性,又便于制作安装,箍筋的直径不应过大,也不应过小。《混凝土结构设计规范》(GB 50010—2010)规定:对截面高度小于或等于 800mm 时,箍筋直径不宜小于 6mm,对截面高度大于 800mm 时,箍筋直径不宜小于 8mm,当梁中配有计算需要的纵向受压钢筋时,箍筋直径尚不应小于 $d/4$(d 为受压钢筋的最大直径)。

箍筋的间距除满足计算要求外,还应满足下列构造要求,以控制斜裂缝的宽度。

(1)箍筋的最大间距应符合表 5.2 的规定。

梁中箍筋的最大间距(mm) 表 5.2

梁 高 h	$V>0.7f_tbh_0$	$V\leqslant 0.7f_tbh_0$
$150<h\leqslant 300$	150	200
$300<h\leqslant 500$	200	300
$500<h\leqslant 800$	250	350
$h>800$	300	400

(2)当梁中配有按计算需要的纵向受压钢筋时,箍筋的间距不应大于 $15d$(d 为纵向受压钢筋的最小直径),同时不应大于 400mm。当一层内的纵向受压钢筋多于 5 根且直径大于 18mm 时,箍筋间距不应大于 $10d$。

3. 箍筋的布置

对于按计算不需要箍筋抗剪的梁,应符合下列要求:

(1)截面高度大于 300mm 时,仍应沿梁全长设置箍筋。

(2)截面高度在 150~300mm 时,可仅在构件端部各 1/4 跨度范围内设置箍筋。但当在构件中部 1/2 跨度范围内有集中荷载作用时,则应沿梁全长设置箍筋。

(3)截面高度小于 150mm 时,可不设置箍筋。

三 架立钢筋及纵向构造钢筋

1. 架立钢筋的构造要求

梁内架立钢筋主要用来固定箍筋,从而与纵筋、箍筋形成骨架,并且架立钢筋还能抵抗温度和混凝土收缩变形引起的应力。

梁内架立钢筋的直径主要与梁的跨度有关,当梁的跨度小于 4m 时,不宜小于 8mm。当梁的跨度为 4~6m 时,不宜小于 10mm。当梁的跨度大于 6m 时,不宜小于 12mm。

2. 纵向构造钢筋

(1)当梁的高度较大时,可能在梁两侧面产生收缩裂缝。所以,当梁的腹板高度 $h_w \geq 450mm$ 时,应在梁的两个侧面沿高度配置纵向构造钢筋(简称腰筋),如图 5.23 所示。每侧纵向构造钢筋(不包括梁上、下部受力钢筋及架立钢筋)的截面面积不应小于腹板截面面积 bh_w 的 0.1%,且其间距不宜大于 200mm。

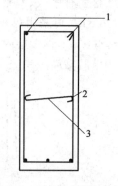

图 5.23 架立筋、腰筋及拉筋
1-架立筋;2-腰筋;3-拉筋

(2)搁放在砌体上的钢筋混凝土大梁在计算时按简支来考虑,但实际上梁端有弯矩的作用,所以应在支座上部梁内设置纵向构造钢筋,其截面面积不应小于梁跨中下部纵向受拉钢筋计算所需要截面面积的 1/4,且不应小于两根。该纵向构造钢筋自支座边缘向跨内伸出的长度不应小于 $0.2l_0$(l_0 为梁的计算跨度)。

第七节 连续梁受剪性能及其承载力计算

框架连续梁的特点是在剪跨段内作用有正负两个方向的弯矩,所以存在一个反弯点[图 5.24a]。因此,在这个区段上的斜截面受力状态、斜裂缝的分布及破坏特点都与前面所述的简支梁有明显的不同。

从如图 5.25 所示的试验结果可以看出,试验值的下包线虽然比取广义剪跨比 $\lambda = M/Vh_0$ 代入式(5.15)和式(5.22)计算的值略低,但如果用狭义剪跨比代替广义剪跨比代入上述公式计算,则计算结果是偏安全的,所以,对于集中荷载作用下的连续梁,其受剪承载力应取狭义剪跨比代入式(5.15)或式(5.22)计算。

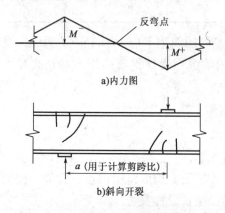

图 5.24 集中荷载下连续梁的内力及裂缝图

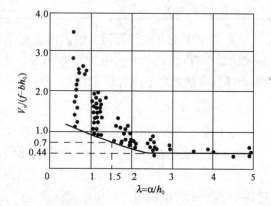

图 5.25 集中荷载作用下连续梁斜截面受剪试验结果

根据大量试验,均布荷载作用下连续梁的抗剪承载力不低于相同条件下简支梁的受剪承载力,因此,对于均布荷载作用下的连续梁,其受剪承载力仍按式(5.14)或式(5.21)计算。此外连续梁的截面尺寸限制条件和配筋构造要求均与简支梁相同。

【例 5.6】 一钢筋混凝土两跨连续梁的跨度、截面尺寸以及所承受的荷载设计值如图 5.26 所示,混凝土强度等级为 C25($f_c=11.9\text{N/mm}^2$, $f_t=1.27\text{N/mm}^2$),纵向受力钢筋采用 HRB400 级($f_y=360\text{N/mm}^2$),箍筋采用 HPB300 级($f_{yv}=270\text{N/mm}^2$)。求:① 进行正截面及斜截面承载力计算,并确定所需要的纵向受力钢筋、弯起钢筋和箍筋数量;② 绘制抵抗弯矩图和分离钢筋图,并绘出各根弯起钢筋的弯起位置。

【解】 (1)梁各截面内力计算

梁在荷载设计值作用下的弯矩图、剪力图如图 5.26 所示。因结构和荷载均对称,故只需计算左跨梁的内力。

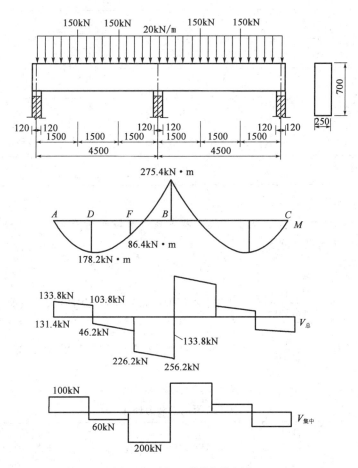

图 5.26 例 5.6 荷载与剪力图

跨中最大弯矩设计值 $M_d=178.2\text{kN}\cdot\text{m}$,支座 B 负弯矩设计值 $M_b=-275.4\text{kN}\cdot\text{m}$,支座边缘剪力设计值 $V_a=131.4\text{kN}$, $V_{b左}=253.8\text{kN}$。

(2)截面尺寸验算

$b=250\text{mm}$, $h_0=660\text{mm}$(D 截面), $h_0=640\text{mm}$(B 截面)。因为 $h_w/b=640/250=2.56$, $h_w/b=650/250=2.64$,均小于 4,故应按式(5.16)验算,取 $\beta_c=1.0$。

对支座 A 截面

$$0.25\beta_c f_c bh_0 = 0.25 \times 1.0 \times 11.9 \times 250 \times 660 = 490.875 \text{kN} > 131.4 \text{kN}$$

对支座 B 截面

$$0.25\beta_c f_c bh_0 = 0.25 \times 1.0 \times 11.9 \times 250 \times 640 = 476.000 \text{kN} > 253.8 \text{kN}$$

可见,截面尺寸满足要求。

(3)正截面受弯承载力计算

因为混凝土强度等级为 C25,故取 $\alpha_1 = 1.0$,与 HRB400 级钢筋相应的 $\xi_b = 0.518$。受弯承载力计算过程见表 5.3。

例 5.6 受弯承载力计算 表 5.3

计算过程 \ 计算截面	跨中截面 $D(h=660\text{mm})$	支座截面 $B(h=640\text{mm})$
$M(\text{kN·m})$	178.2	-275.4
$\alpha_s = \dfrac{M}{\alpha_1 f_c bh_0^2}$	0.138	0.226
$\xi = 1 - \sqrt{1-2\alpha_s}$	0.149<0.518	0.260<0.518
$A_s = \dfrac{\alpha_1 f_c bh_0 \xi}{f_y}$	816	1374
选配钢筋	2Φ16+2Φ18	2Φ20+3Φ18
实配 $A_s(\text{mm}^2)$	911	1392

(4)斜截面受剪承载力计算

由图 5.26 中的剪力图可见,集中荷载对各支座边缘截面所产生的剪力值占 75% 以上,故各支座截面均应考虑剪跨比的影响。

对于支座,因为

$$\frac{1.75}{\lambda+1}f_t bh_0 = \frac{1.75}{2.09+1} \times 1.27 \times 250 \times 660 = 118.677 \text{kN} < 131.4 \text{kN}$$

$$\frac{1.75}{\lambda+1}f_t bh_0 = \frac{1.75}{2.16+1} \times 1.27 \times 250 \times 640 = 112.532 \text{kN} < 253.8 \text{kN}$$

所以应按计算配置腹筋,具体计算过程见表 5.4。

例 5.6 受剪承载力计算 表 5.4

计算过程 \ 计算截面	支座 A 截面$(h=660\text{mm})$	支座 B 截面$(h=640\text{mm})$
$V(\text{kN})$	131.4	253.8
选箍筋$(n=2)$	Φ8@250	Φ8@150
$A_{sb} = \dfrac{V-V_{cs}}{0.8 f_y \sin 45°}$	—	249
选配弯起钢筋	—	1Φ18(254.5mm^2)

(5)钢筋布置

纵向钢筋布置的过程就是绘制抵抗弯矩图的过程,所以应该将构件纵剖图、横剖面图及设计弯矩图均按比例画出,如图5.27所示。配置跨中截面正弯矩钢筋时,同时要考虑到其中哪些钢筋可弯起抗剪和抵抗支座负弯矩,而配置支座负弯矩钢筋时,要注意利用跨中一部分正弯矩钢筋弯起抵抗负弯矩,不足部分再另配置钢筋。本例跨中配置2Φ16+2Φ18钢筋抵抗正弯矩,其中2Φ16伸入支座,每跨各弯起2Φ18钢筋抗剪和抵抗支座负弯矩,因每跨各有一根弯矩离支座截面很近,故不考虑它抵抗支座负弯矩,这样共有3Φ18钢筋可用于抵抗负弯矩,再配2Φ20直钢筋即可满足抵抗支座负弯矩的要求。

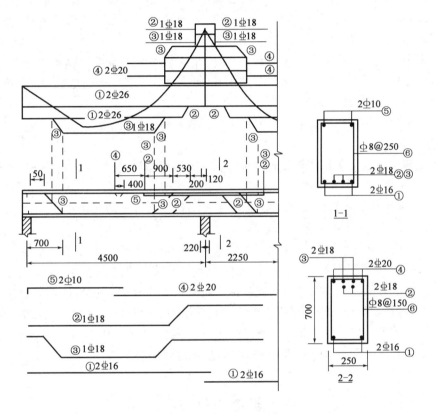

图5.27 例5.6配筋图

钢筋的弯起和截断位置是通过绘制抵抗弯矩图来确定的,具体过程见图5.27。钢筋起弯点距其充分利用点的距离应大于或等于$h_0/2$,本例中均满足。钢筋截断点至理论截断点的距离应不小于h_0且不小于$20d$,至充分利用点的距离不应小于$1.2l_a+h_0$(当$V>0.7f_tbh$),本例中后者控制了钢筋的实际截断点。在B支座两侧,采用了既配箍筋又配弯起钢筋抗剪的方案,此时弯筋应覆盖FB之间的范围(图5.27)。另外,从支座边缘到第一排弯筋的终点,以及从前排弯筋的始弯点到次一排弯筋的弯终点的距离,均应小于箍筋的最大间距250mm(表5.2)。由图5.27可见,本例均满足上述要求。③号钢筋的水平投影长度为650mm,则其始弯点至支座中心的距离为650+530+200+120=1500mm,正好覆盖FB之间的范围。

钢筋分离图置于梁纵剖图之下,因两跨梁配置筋相同,所以只画出左跨梁的钢筋。

本章小结

（1）受弯构件在弯矩和剪力共同作用的区段产生斜裂缝发生破坏。斜裂缝破坏带有脆性破坏的性质，应当避免，在设计时必须进行斜截面承载力的计算。为了防止受弯构件发生斜截面破坏，应使构件有一个合理的截面尺寸，并配置必要的腹筋。

（2）斜裂缝出现前后，梁的受力状态发生了明显的变化。斜裂缝出现以后，剪力主要有斜裂缝上端剪压区的混凝土截面来承受，剪压区成为受剪的薄弱区域；与斜裂缝相交处的纵筋和箍筋的拉应力也明显增大。钢筋混凝土梁沿斜裂缝破坏的形态主要有斜压破坏、剪压破坏和斜拉破坏三种类型。

（3）箍筋和弯起钢筋可以直接承担部分剪力，并限制斜裂缝的延伸和开展，提高剪压区的抗剪能力；还可以增强集料咬合作用和摩阻作用，提高纵筋的销栓作用。因此，配置腹筋可使梁的受剪承载力有较大提高。

（4）影响受弯构件斜截面受剪承载力的主要因素有剪跨比、混凝土强度、配箍率、箍筋强度和纵筋配筋率等。

（5）在钢筋混凝土受弯构件斜截面破坏的各种形态中，斜压破坏和斜拉破坏可以通过一定的构造措施来避免。对于常见的剪压破坏，因为梁的受剪承载力变化幅度较大，设计时则必须进行计算。受剪承载力计算公式有适用范围，其截面限制条件是为了防止斜压破坏，最小配箍率和箍筋的构造要求是为了防止斜拉破坏。

（6）简支梁受剪承载力计算公式仍可应用于连续梁，翼缘对提高 T 形截面梁的受剪承载力并不很显著，在计算 T 形截面梁的受剪承载力时，截面宽度仍应取腹板宽度 b 来计算。

（7）材料抵抗弯矩图是指按照梁实配的纵向钢筋的数量计算并画出的各截面所能抵抗的弯矩图。利用材料抵抗弯矩图并根据正截面和斜截面的受弯承载力来确定纵筋的弯起点和截断的位置时，应满足一定的构造要求，同时要保证受力钢筋在支座处的有效锚固构造措施，且满足《混凝土结构设计规范》(GB 50010—2010)规定的锚固要求。

思考与练习

思考题

5.1 钢筋混凝土梁在荷载作用下为什么会产生斜裂缝？无腹筋梁中，斜裂缝出现前后，梁中应力状态有哪些变化？

5.2 钢筋混凝土梁在荷载作用下，一般在跨中产生垂直裂缝，在支座处产生斜裂缝，为什么？

5.3 有腹筋梁斜截面剪切破坏形态有哪几种？各在什么情况下产生？怎样防止各种破坏形态的发生？影响有腹筋梁斜截面受剪承载力的主要因素有哪些？

5.4 斜截面受剪承载力为什么要规定上、下限？为什么要对梁的截面尺寸加以限制？为什么要规定最小配箍率？在什么情况下按构造配箍筋？此时如何确定箍筋的直径、间距？

5.5 什么是纵向受拉钢筋的最小锚固长度?其值如何确定?

5.6 纵向钢筋的接头有哪几种?在什么情况下不得采用非焊接的搭接接头?绑扎骨架中钢筋搭接长度当受拉和受压时各取多少?

5.7 梁配置的箍筋除了承受剪力外,还有哪些作用?箍筋主要的构造要求有哪些?

5.8 在计算斜截面承载力时,计算截面的位置应如何确定?

5.9 腹筋在哪些方面改善了无腹筋梁的抗剪性能?为什么要控制箍筋最小配筋率?为什么要控制梁截面尺寸不能过小?

5.10 限制箍筋及弯起钢筋的最大间距 S_{max} 的目的是什么?当箍筋间距满足 S_{max} 时,是否一定满足最小配筋率的要求?如有矛盾,应如何处理?

5.11 确定弯起钢筋的根数和间距时,应考虑哪些因素?为什么位于梁底层两侧的钢筋不能弯起?

5.12 什么是抵抗弯矩图?如何绘制?它与设计弯矩图有什么关系?

5.13 抵抗弯矩图中钢筋的理论切断点和充分利用点的意义各是什么?

5.14 为什么会发生斜截面受弯破坏?钢筋切断或弯起时,如何保证斜截面受弯承载力?

习题

5.1 某矩形截面简支梁,处于室内正常环境,结构安全等级为Ⅱ级,承受均布荷载设计值 $g+q=40\text{kN/m}$(包括梁自重)。梁净跨度 $l_n=6.0\text{m}$,截面尺寸 $b\times h=250\text{mm}\times500\text{mm}$。采用C20混凝土,纵向钢筋为Ⅱ级,箍筋为Ⅰ级。梁正截面中已配有受拉钢筋 3Φ22+2Φ25($A_s=2122\text{mm}^2$),两排布置,$a_s=60\text{mm}$。试配置抗剪箍筋。

5.2 一钢筋混凝土矩形截面简支梁,截面尺寸 $250\text{mm}\times500\text{mm}$,混凝土强度等级为C20($f_t=1.1\text{N/mm}^2$、$f_c=9.6\text{N/mm}^2$),箍筋为热轧HPB235级钢筋($f_{yv}=270\text{N/mm}^2$),纵筋为 3$\Phi$25的HRB335级钢筋($f_y=300\text{N/mm}^2$),支座处截面的剪力最大值为180kN。求:箍筋和弯起钢筋的数量。

5.3 钢筋混凝土矩形截面简支梁(图5.28),集中荷载设计值 $P=100\text{kN}$,均布荷载设计值(包括自重)$q=10\text{kN/m}$,截面尺寸 $250\text{mm}\times600\text{mm}$,混凝土强度等级为C25($f_t=1.27\text{N/mm}^2$、$f_c=11.9\text{N/mm}^2$),箍筋为热轧HPB235级钢筋($f_{yv}=270\text{N/mm}^2$),纵筋为 4$\Phi$25 的HRB335级钢筋($f_y=300\text{N/mm}^2$)。求箍筋数量(无弯起钢筋)。

5.4 钢筋混凝土矩形截面简支梁,如图5.29所示,截面尺寸 $250\text{mm}\times500\text{mm}$,混凝土强度等级为C20,箍筋$\Phi$8@200 的HPB235级钢筋,纵筋为 4$\Phi$22 的HRB400级钢筋,无弯起钢筋,求集中荷载设计值 P。

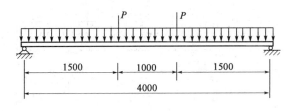

图5.28 习题5.3图

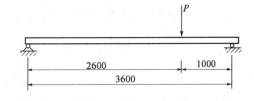

图5.29 习题5.4图

5.5 一钢筋混凝土简支梁如图5.30所示,混凝土强度等级为C25,纵筋为HRB400级钢筋,箍筋为HRB235级钢筋,环境类别为一类。如果忽略梁自重及架立钢筋的作用,试求此梁所能承受的最大荷载设计值P。

5.6 图5.31所示为钢筋混凝土梁,承受均布荷载,荷载设计值$q=50\text{kN/m}$(包括梁自重在内),截面尺寸$b\times h=250\text{mm}\times 500\text{mm}$,混凝土C20,纵筋为HRB335级钢筋,箍筋为HPB235级钢筋,$\gamma_0=1.0$,构件处于正常环境,计算梁的箍筋间距。

5.7 某简支梁承受荷载设计值如图5.32所示,截面尺寸$b\times h=200\text{mm}\times 600\text{mm}$,混凝土强度等级为C25,配置HPB235级箍筋,试计算按斜截面承载力要求所需箍筋数量。

5.8 图5.33所示为钢筋混凝土外伸梁,支撑在砖墙上。截面尺寸$b\times h=250\text{mm}\times 700\text{mm}$。均布荷载设计值为80kN/m(包括梁自重)。混凝土强度等级为C25,纵筋采用HRB335级,箍筋采用HPB235级。求进行正截面及斜截面承载力计算,并确定纵筋、箍筋和弯起钢筋的数量。

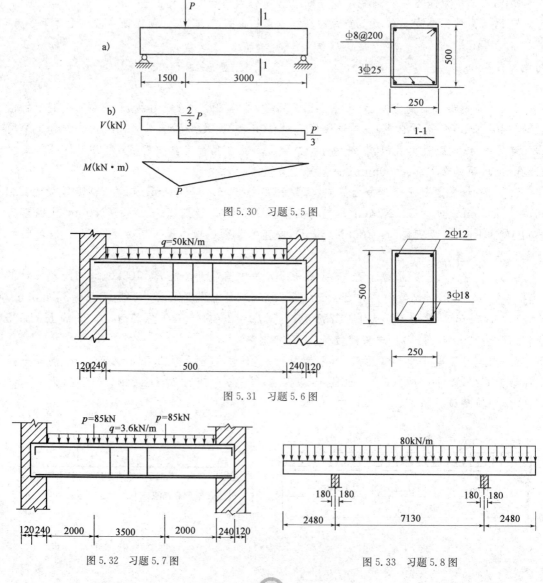

图5.30 习题5.5图

图5.31 习题5.6图

图5.32 习题5.7图

图5.33 习题5.8图

5.9 图 5.34 所示为均布荷载简支梁,截面尺寸 $b \times h = 200\text{mm} \times 400\text{mm}$,混凝土 C20,配置 HPB235 级箍筋($\Phi 8@200$),试计算:

①梁能承担的最大剪力 V。

②按斜截面承载力要求,该梁能承担的均布荷载 q。

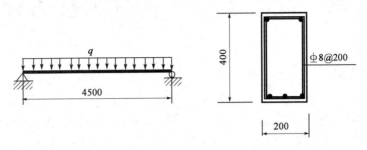

图 5.34 习题 5.9 图

第六章 混凝土受压构件承载力计算

知识描述

本章主要介绍轴心受压构件和偏心受压构件正截面的受力性能、承载力计算方法及其构造要求。轴心受压构件计算简单,应阐明稳定系数的物理意义和间接钢筋提高构件承载力的工作机理。偏心受压构件正截面受压承载力计算在工程中应用较多且较复杂,主要分为大小偏心受压、矩形截面和 I 形截面、非对称配筋和对称配筋、"A'_s、A_s 均未知"和"已知 A'_s 求 A_s"、"已知 e_0 求 N_u"和"已知 N 求 M_u"等方面。在设计计算时,应抓住"计算简图→基本计算公式→公式适用条件→补充条件"这一主线。计算过程中应重视解题步骤的先后逻辑关系、及时验算公式适用条件并掌握出现不满足公式适用条件(如 $x < 2a'_s$、$x \geqslant \xi_b h_0$ 和 $x > h$)时的处理方法。

学习要求

通过本章学习,应掌握受压构件构造要求、轴心受压构件的破坏形态和正截面受压承载力的设计计算;熟悉螺旋箍筋提高构件承载力的工作机理;掌握大小偏心受压破坏的破坏特征、偏心受压构件正截面受压承载力的计算简图、基本计算公式及适用条件;了解矩形截面对称配筋偏心受压构件正截面受压承载力的设计计算、矩形截面非对称配筋、I 形截面对称配筋偏心受压构件正截面受压承载力的设计计算。并了解公路桥涵工程中受压构件承载力计算内容及步骤。

第一节 概 述

以承受轴向压力为主的构件称为受压构件。实际工程中的柱、墙、桥墩、拱肋、桁架中的受压弦杆与受压腹杆是典型的受压构件。由于受压构件的破坏将引起楼面结构或桥面结构的失效,故受压构件非常重要。

按照轴向压力的作用位置不同,受压构件可分为轴心受压构件和偏心受压构件两类。当轴向力作用于截面形心时,称为轴心受压构件[图 6.1a)];当轴向力的作用线偏离构件截面形心时,称为偏心受压构件。偏心受压构件又可分为单向偏心受压构件和双向偏心受压构件,当轴向压力的作用点只与构件截面的一个主轴有偏心距时为单向偏心受压构件[图 6.1b)],当轴向压力的作用点与构件截面的两个主轴都有偏心距时为双向偏心受压构件[图 6.1c)]。

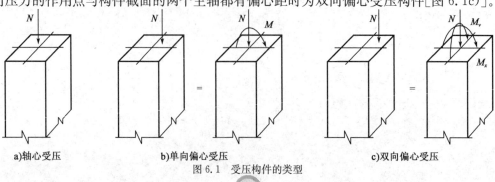

图 6.1 受压构件的类型

第二节 受压构件的一般构造

一 截面形式和尺寸

考虑到受力合理和模板制作方便,钢筋混凝土轴心受压构件的截面一般采用正方形,偏心受压构件的截面一般采用矩形,有特殊要求时也可采用圆形或多边形截面。为节省混凝土及减轻结构自重,装配式受压构件也常采用I形截面或双肢截面等形式。

为了使柱的承载力不致因长细比过大而降低太多,柱的截面尺寸一般不宜小于 250mm×250mm,长细比 $l_0/b \leqslant 30$、$l_0/h \leqslant 25$。当柱截面边长小于或等于 800mm 时,边长取值应为 50mm 的倍数;大于 800mm 时,边长取值应为 100mm 的倍数。

二 材料强度等级

混凝土强度等级对受压构件的承载力影响较大,为了减小构件的截面尺寸和节省钢材,宜采用强度等级较高的混凝土,一般结构常用 C25～C40;高层建筑结构常用 C40～C60。

钢筋与混凝土共同受压时,由于受混凝土峰值压应变($\varepsilon_0 = 0.002$)的限制,钢筋的压应力最高只能达到 400MPa,故受压钢筋不宜选择高强度钢筋。纵向受力钢筋应优先采用 HRB400 级和 HB335 级钢筋,也可采用 HPB300 和 RRB400 级钢筋。箍筋一般采用 HPB300 级和 HRB335 级钢筋。

三 纵向钢筋

柱中纵向钢筋配置应符合下列规定。

①纵向钢筋直径不宜小于 12mm;全部纵向钢筋的配筋率不宜大于 5%。

②柱中纵向钢筋的净间距不应小于 50mm 时,且不宜大于 300mm。

③偏心受压柱的截面高度不小于 600mm 时,在柱的侧面上应设置直径不小于 10mm 的纵向构造钢筋,并相应设置复合箍筋和拉筋,如图 6.2 所示。

④圆柱中纵向钢筋不宜少于 8 根,不应少于 6 根,且宜沿周边均匀布置。

⑤在偏心受压柱中,垂直于弯矩作用平面的侧面上的纵向受力钢筋以及轴心受压柱中各边的纵向受力钢筋,其中距不宜大于 300mm。为保证钢筋骨架的刚度,纵向受力钢筋的直径不宜小于 12mm,且宜选择直径较大的钢筋。矩形截面柱中纵向钢筋根数不应少于 4 根。

四 箍筋

柱中的箍筋应符合下列规定。

①箍筋直径不应小于 $d/4$,且不应小于 6mm,d 为纵向钢筋的最大直径。

②箍筋间距不应大于 400mm 及构件截面的短边尺寸,且不应大于 15d,d 为纵向受力钢筋的最小直径。

③柱及其他构件中的周边箍筋应做成封闭式;对圆柱中的箍筋,搭接长度不应小于本书第二章第三节第八项内容钢筋的连接中规定的锚固长度,且末端应做成 135°弯钩,弯钩末端平

直段长度不应小于 $5d$，d 为箍筋直径。

④当柱截面短边尺寸大于 400mm 且各边纵向钢筋多于 3 根时，或当柱截面短边尺寸不大于 400mm，但各边纵向钢筋大于 4 根时，应设置复合箍筋，如图 6.2 所示。

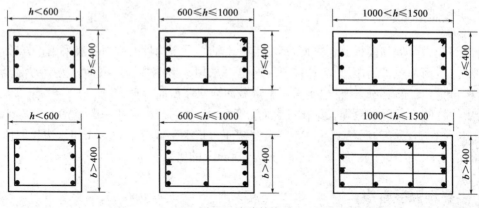

图 6.2 复合箍筋

⑤当柱中全部纵向受力钢筋的配筋率大于 3% 时，箍筋直径不应小于 8mm，间距不应大于 $10d$，且不应大于 200mm；箍筋末端应做成 135°弯钩，且弯钩末端平直段长度不应小于 $10d$，d 为纵向受力钢筋最小直径。

⑥在配有螺旋式或焊接环式箍筋的柱中，如在正截面受压承载力计算中考虑间接钢筋的作用时，箍筋间距不应大于 80mm 及 $d_{cor}/5$，且不宜小于 40mm，d_{cor} 为按箍筋内表面确定的核心截面直径。

对于截面形状复杂的构件，不应采用内折角箍筋，以免造成折角处混凝土被箍筋外拉而崩裂，此时应采用分离式箍筋，如图 6.3 所示。

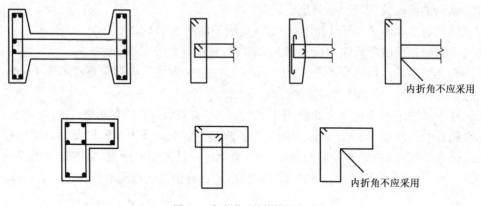

图 6.3 复杂截面的箍筋形式

第三节 轴心受压构件正截面的受力性能与承载力计算

实际工程中，理想的轴心受压构件是不存在的。但是对于以承受恒载为主的框架中柱、桁架的受压腹杆等，由于轴向压力的偏心距很小或者说截面上的弯矩很小，因此可近似地按轴心受压构件设计，这样可使计算大为简化。

按照箍筋配置方式的不同，轴心受压构件可分为配普通箍筋的轴心受压构件[图 6.4a)]

和配螺旋箍筋的轴心受压构件[图 6.4b)、c)]两种。

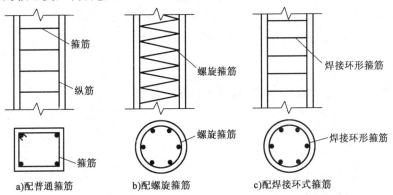

图 6.4　两类轴心受压构件

由图 6.4b)、c)可知,配螺旋箍筋的轴心受压构件的箍筋有配螺旋箍筋和配焊接环式箍筋两种方式,以下为叙述方便,统称为配螺旋箍筋或配螺旋箍筋柱。

1. 轴心受压构件中纵向钢筋的作用

(1)直接受压,提高柱的承载力或减小截面尺寸。
(2)承担偶然偏心等产生的拉应力。
(3)改善混凝土的变形能力,防止构件发生突然的脆性破坏。
(4)减小混凝土的收缩和徐变变形。

2. 轴心受压构件中箍筋的作用

(1)固定纵筋,形成钢筋骨架。
(2)约束混凝土,改善混凝土的延性。螺旋箍筋可以提高核心混凝的强度和抗变形能力。
(3)给纵筋提供侧向支承,防止纵筋压屈。

一 配普通箍筋轴心受压构件正截面的受力性能与承载力计算

普通箍筋柱由于施工方便、经济性好,是工程中最常采用的轴心受压构件之一。

1. 普通箍筋轴心受压构件正截面的受力性能

根据破坏时特征不同,轴心受压构件的破坏形态有短柱破坏、长柱破坏和失稳破坏三种。短柱是指 $l_0/b \leqslant 8$(矩形截面,b 为截面的较小边长),或 $l_0/d \leqslant 7$(圆形截面,d 为直径),或 $l_0/i \leqslant 28$(任意截面,i 为截面的最小回转半径)的构件。短柱在荷载作用下,由于偶然因素造成的荷载初始偏心对短柱的受压承载力和破坏特征影响很小,引起的侧向挠度也很小,故可忽略不计。受压时,钢筋与混凝土的应变基本一致,两者共同变形、共同抵御外荷载。短柱破坏时,柱四周出现明显的纵向裂缝,混凝土压碎,纵筋压屈、外鼓呈灯笼状(图 6.5)。

在荷载作用下,由于偶然因素造成的荷载初始偏心,对长柱的受压承载力和破坏特征影响较大,应予以考虑。荷载的初始偏心使得长柱产生侧向挠度和附加弯矩,而侧向挠度又增大了荷载的偏心距。随着荷载的增加,侧向挠度和附加弯矩将不断增大。最后,长柱在轴向压力和附加弯矩的共同作用下,向外凸一侧的混凝土出现横向裂缝,向内凹一侧的混凝土出现纵向裂缝,混凝土被压碎,构件破坏(图 6.6)。

试验同时表明,长柱的承载力低于其他条件均相同的短柱的承载力,长细比越大,降低越多。对于长细比很大的细长柱,还有可能发生失稳破坏。《混凝土结构设计规范》(GB 50010—2010)用稳定系数 φ 来表示长柱承载力的降低程度,即

$$\varphi = \frac{N_u^l}{N_u^s} \tag{6.1}$$

式中:N_u^l、N_u^s——轴心受压长柱和短柱的受压承载力。

图 6.5 轴心受压短柱的破坏特性

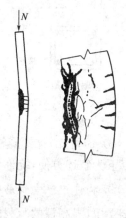

图 6.6 轴心受压长柱的破坏特性

试验及理论分析表明,稳定系数 φ 值主要与柱的长细比有关。长细比越大,φ 值越小。《混凝土结构设计规范》(GB 50010—2010)规定稳定系数 φ 应按附表8取值。

受压构件的计算长度 l_0 与构件两端的支承条件以及有无侧移等因素有关。对于一般多层房屋中梁柱为刚接的框架结构,各层柱的计算长度 l_0 可按表6.1采用。

框架结构各层柱的计算长度 l_0   表 6.1

楼盖类型	柱的类别	l_0
现浇楼盖	底层柱	$1.0H$
	其余各层柱	$1.25H$
装配式楼盖	底层柱	$1.25H$
	其余各层柱	$1.5H$

注:表中 H 对底层柱为基础顶面到一楼顶面的高度;其余各层柱为上、下两层楼盖顶面之间的高度。

2.普通箍筋柱轴心受压构件正截面承载力计算

根据短柱破坏时的特征,短柱正截面受压承载力的计算简图可取图6.7所示的应力图。在图6.7所示竖向力平衡的基础上,考虑长柱和短柱计算公式的统一以及与偏心受压构件承载力计算具有相近的可靠度,《混凝土结构设计规范》(GB 50010—2010)对于配置普通箍筋的轴心受压构件的正截面承载力按下式计算

$$N \leqslant 0.9\varphi(f_c A + f_y' A_s') \tag{6.2}$$

式中:N——轴向压力设计值;

0.9——可靠度调整系数;

φ——钢筋混凝土构件的稳定系数,按附表8采用;

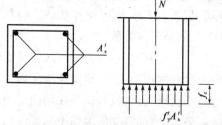

图 6.7 普通箍筋柱受压承载力计算简图

f_c——混凝土的轴心抗压强度设计值,按附表1采用;

A——构件截面面积,当纵向钢筋配筋率大于3%时,式中A改用$(A-A'_s)$;

A'_s——全部纵向普通钢筋的截面积。

【例6.1】 已知某现浇多层钢筋混凝土框架结构,处于一类环境,安全等级为二级,底层中间柱为轴心受压普通箍筋柱,柱的计算长度为$l_0=5.6$m,轴向压力设计值为2500kN,采用C30级混凝土,纵筋采用HRB335级。试确定柱的截面尺寸并配置纵筋及箍筋。

【解】 (1)确定基本参数并初步估算截面尺寸

查附表1和附表3,C30混凝土,$f_c=14.3$MPa;HRB335级钢筋,$f'_y=300$MPa。由于是轴心受压构件,截面形式选用正方形。

假定$\rho'=1\%$,$\varphi=1$,代入式(6.2)估算截面面积为

$$A = \frac{N}{0.9\varphi(f_c+\rho'f'_y)} = \frac{2500\times10^3}{0.9\times1\times(14.3+0.01\times300)}\text{mm}^2 = 160565\text{mm}^2$$

则截面边长$b=\sqrt{A}=\sqrt{160565}$mm$=400.7$mm,取$b=400$mm。

(2)计算受压纵筋面积

$$\frac{l_0}{b} = \frac{5600\text{mm}}{400\text{mm}} = 14$$

查附表8得

$$\varphi = 0.92$$

由式(6.2)得

$$A'_s = \frac{\dfrac{N}{0.9\varphi}-f_c A}{f'_y} = \frac{\dfrac{2500\times10^3}{0.9\times0.92}-14.3\times400\times400}{300}\text{mm}^2 = 2438\text{mm}^2$$

(3)验算纵筋配筋率

$$\rho' = \frac{A'_s}{A}$$
$$= 2438\text{mm}^2\times100\%/16000\text{mm}^2$$
$$= 1.52\% > \rho'_{\min} = 0.6\%$$

满足配筋率要求。

(4)选配钢筋

查附表12,选配纵向钢筋8Φ20,$A'_s=2513$mm^2。

(5)根据构造要求配置箍筋

选取箍筋Φ6@250,其间距小于短边长度400mm,也小于$15d=300$mm(d为纵向钢筋的最小直径),故满足构造要求。

(6)截面配筋简图如图6.8所示。

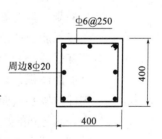

图6.8 例6.1截面配筋简图

二 螺旋箍筋轴心受压构件正截面受力性能与承载力计算

螺旋箍筋柱由于用钢量大、施工复杂、造价较高,一般不宜采用。但当柱承受的轴向荷载很大,而柱的截面尺寸又受到限制,即使提高混凝土强度等级和增加纵筋配筋量也不足以承受该轴向荷载时,可考虑采用螺旋箍筋柱,以提高构件的承载力。

1. 螺旋箍筋轴心受压构件正截面受力性能

对于配置螺旋箍筋柱,当荷载增加至混凝土的压应力达到$0.8f_c$以后,混凝土的横向变形

将急剧增大,但混凝土急剧增大的横向变形将受到螺旋箍筋的约束,螺旋箍筋内产生拉应力,从而使箍筋所包围的核心混凝土(图 6.9 中的阴影部分)受到螺旋箍筋的被动约束,使箍筋以内的核心混凝土处于三向受压状态,有效地提高了核心混凝土的抗压强度和变形能力,从而提高构件的受压承载力。当混凝土的压应变达到无约束混凝土的极限压应变时,箍筋外围的混凝土保护层开始脱落。当螺旋箍筋的应力达到屈服强度时,柱达到最大承载力而破坏。因为这种柱是通过对核心混凝土的套箍作用而间接提高柱的受压承载力,故也称间接配筋柱,同时螺旋箍筋或焊接环式箍筋也称间接钢筋。

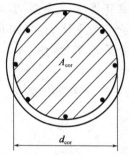

图 6.9 螺旋箍筋柱截面的核心混凝土

2. 螺旋箍筋轴心受压构件正截面承载力计算

根据螺旋箍筋柱破坏时的特征,其正截面受压承载力的计算简图可取图 6.10a)所示的应力图。根据图 6.10a)所示竖向力的平衡,并考虑与偏心受压构件承载力计算具有相近的可靠度后,可得到下式

$$N \leqslant 0.9(f_c A_{cor} + f'_y A'_s + 2\alpha f_{yv} A_{ss0}) \tag{6.3}$$

$$A_{ss0} = \frac{\pi d_{cor} A_{ss1}}{s} \tag{6.4}$$

式中:N——轴向压力设计值;

  0.9——可靠度调整系数;

  f_c——混凝土的轴心抗压强度设计值;

  A_{cor}——构件的核心截面面积,即间接钢筋内表面范围内的混凝土面积;

  f'_y——纵向钢筋的抗压强度设计值;

  A'_s——全部纵向钢筋的截面面积;

  α——间接钢筋对混凝土约束的折减系数。当混凝土强度等级不超过 C50 时,取 1.0;当混凝土强度等级为 C80 时,取 0.85;其间按线性内插法确定;

  f_{yv}——间接钢筋的抗拉强度设计值;

  A_{ss0}——螺旋式或焊接环式间接钢筋的换算截面面积;

  d_{cor}——构件的核心截面直径,即间接钢筋内表面之间的距离[图 6.10c)];

  A_{ss1}——螺旋式或焊接环式单根间接钢筋的截面面积;

  s——间接钢筋沿构件轴线方向的间距。

式(6.3)括号内第一项为核心混凝土在无约束时所承担的轴力;第二项为纵向钢筋承担的轴力;第三项代表配置螺旋筋后,核心混凝土受到螺旋筋约束所提高的承载力。为了保证构件在使用荷载作用下不发生混凝土保护层脱落,《混凝土结构设计规范》(GB 50010—

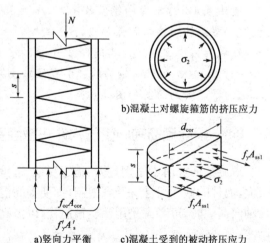

a)竖向力平衡 b)混凝土对螺旋箍筋的挤压应力 c)混凝土受到的被动挤压应力

图 6.10 螺旋箍筋柱的计算简图

2010)规定按式(6.3)计算的构件承载力不应大于按式(6.2)计算的1.5倍。

当遇到下列任意一种情况时,不应计入间接钢筋的影响,而应按式(6.2)计算构件的受压承载力。

① 当 $l_0/d > 12$ 时,此时因长细比较大,有可能因纵向弯曲引起螺旋箍筋不起作用。

② 当按式(6.3)计算的受压承载力小于按式(6.2)计算的受压承载力时。

③ 当间接钢筋的换算截面面积 A_{ss0} 小于纵向普通钢筋的全部截面面积的25%时。因间接钢筋配置太少,间接钢筋对核心混凝土的约束作用不明显。

间接钢筋的间距不应大于80mm及 $d_{cor}/5$,且不宜小于40mm;间接钢筋的直径应符合第六章第二节第四条有关柱中箍筋直径的规定。

【例6.2】 已知某现浇多层钢筋混凝土框架结构,处于一类环境,安全等级为二级,底层中间柱为轴心受压圆形柱,直径为450mm。柱的长度为 $l_0=5100$ mm,轴向压力设计值为4750kN,混凝土强度等级为C30,柱中纵筋和箍筋分别采用HRB400级和HRB335级钢筋。试确定柱中纵筋及箍筋。

【解】 (1)确定基本参数

查附表1和附表3可知,C30混凝土,$f_c=14.3$ MPa;HRB400级钢筋,$f_y'=360$ MPa;HRB335级钢筋,$f_y=300$ MPa,一类环境,$c=30$ mm。

(2)先按普通箍筋柱计算

由 $l_0/d = 5100/450 = 11.33$,查附表8得 $\varphi=0.933$。

圆柱截面面积为 $A = \dfrac{\pi d^2}{4} = \dfrac{3.14 \times 450^2}{4} = 158962.5$ mm²。

由式(6.2)得

$$A_s' = \dfrac{\dfrac{N}{0.9\varphi} - f_c A}{f_y'} = \dfrac{\dfrac{4750 \times 10^3}{0.9 \times 0.933} - 14.3 \times 158962.5}{360} = 9398.9 \text{mm}^2$$

$\rho' = A_s'/A = 9398.9 \times 100\%/158962.5 = 5.91\% > \rho'_{max} = 5\%$,配筋率太高,因 $l_0/d = 11.33 < 12$,若混凝土强度等级不再提高,则可改配螺旋箍筋,以提高柱的承载力。

(3)按配有螺旋式箍筋柱计算

假定 $\rho'=3\%$,则

$$A_s' = 0.03A = 0.03 \times 158962.5 = 4768.88 \text{mm}^2$$

选配纵筋为 10⏀25,实际 $A_s' = 4909$ mm²,$\rho' = 3.1\%$。

假定螺旋箍筋直径为14mm,则 $A_{ss1} = 153.9$ mm²。

混凝土核心截面直径为 $d_{cor} = 450 - 2(30+14) = 362$ mm。

混凝土核心截面面积为 $A_{cor} = \dfrac{\pi d_{cor}^2}{4} = \dfrac{3.14 \times 362^2}{4} = 102869.5$ mm²。

由式(6.3)得

$$A_{ss0} = \dfrac{\dfrac{N}{0.9} - (f_c A_{cor} + f_y' A_s')}{2\alpha f_y} = \dfrac{\dfrac{4750 \times 10^3}{0.9} - 14.3 \times 102869.5 - 360 \times 4909}{2 \times 1 \times 300} = 3399.2 \text{mm}^2$$

因 $A_{ss0} > 0.25 A_s'$,满足构造要求。

$$s = \dfrac{\pi d_{cor} A_{ss1}}{A_{ss0}} = \dfrac{3.14 \times 362 \times 153.9}{3399.2} = 51.5 \text{mm}$$

取 $s=50\text{mm}$,满足 $40\text{mm} \leqslant s \leqslant 80\text{mm}$,且 $\leqslant 0.2d_{\text{cor}} = 0.2 \times 362 = 72\text{mm}$ 的要求。则

$$A_{ss0} = \frac{\pi d_{\text{cor}} A_{ss1}}{s} = \frac{3.14 \times 362 \times 153.9}{50} = 3498.7\text{mm}^2$$

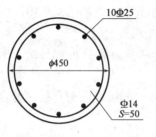

图 6.11 例 6.2 截面配筋图

按式(6.3)计算,得

$$\begin{aligned}N_u &= 0.9(f_c A_{\text{cor}} + f'_y A'_s + 2\alpha f_y A_{ss0})\\ &= 0.9 \times (14.3 \times 102869.5 + 360 \times 4909 +\\ &\quad 2 \times 1 \times 300 \times 3498.7)\\ &= 4803.7\text{kN} > N = 4750\text{kN}\end{aligned}$$

按式(6.2)计算,因 $\rho' = 3.1\%$,因此式(6.2)中的 A 应改为 $A - A'_3$,$N_{ul} = 3333.8N$ 且 $4803.7/3333.8 = 1.44 < 1.5$,故满足要求。截面配筋图如图 6.11 所示。

第四节 偏心受压构件正截面受力性能

钢筋混凝土单向偏心受压构件的纵向受力钢筋通常布置在轴向偏心方向的两侧,离偏心压力较近一侧的钢筋称为受压钢筋,用 A'_s 表示,其实际受力为受压;离偏心压力较远一侧的钢筋称为受拉钢筋,用 A_s 表示,其实际受力可能为受拉也可能为受压,如图 6.12 所示。

由图 6.12 可见,偏心受压构件可等效为压弯构件。因此,从正截面的受力性能来看,可以把偏心受压看做是轴心受压与受弯之间的过渡状态,即可以把轴心受压看做是偏心受压状态当 $M=0$ 时的一种极端情况;而受弯可看做是偏心受压状态当 $N=0$ 时的另一种极端情况。可以推断,偏心受压构件截面中的应力、应变分布将随着偏心距 e_0 的逐步减少从接近于受弯状态过渡到接近轴心受压状态。

根据长细比(l_0/h)不同,在荷载作用下偏心受压构件的纵向弯曲对构件受力性能的影响程度不同,因此将偏心受压构件分为短柱($l_0/h \leqslant 5$)和长柱($l_0/h > 5$)两种。

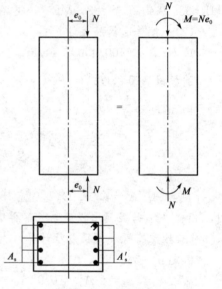

图 6.12 偏心受压构件的纵向受力钢筋

一 偏心受压短柱破坏形态

试验研究表明,偏心受压构件的破坏形态与轴向压力偏心距 e_0 的大小及构件的配筋情况有关,可分为大偏心受压破坏和小偏心受压破坏两种。

1. 大偏心受压破坏(受拉破坏)

当轴向压力 N 的偏心距 e_0 较大,且距轴向压力较远一侧的钢筋 A_s 配置不太多时,构件最终将产生大偏心受压破坏。荷载作用下,离轴向压力较近一侧截面受压,另一侧受拉。随着荷载的增加,首先在受拉区产生横向裂缝,这些裂缝将随着荷载的增大而不断开展,混凝土受压

区逐渐减小。当受拉钢筋屈服后,混凝土受压区迅速减小,最后受压区混凝土出现纵向裂缝,受压区边缘混凝土在到极限压应变 ε_{cu},混凝土压碎,构件破坏,此时纵向受压钢筋 A'_s 一般也能达到屈服强度,此种破坏形态称为大偏心受压破坏,破坏前有明显征兆,属延性破坏。其破坏过程和破坏特征类似受弯构件正截面的适筋破坏,构件的破坏形态如图 6.13a)所示;构件破坏时截面的应力、应变分布如图 6.13b)所示。这种构件称为大偏心受压构件。

2. 小偏心受压破坏(受压破坏)

当纵向力的偏心距较小或虽偏心距较大,但受拉钢筋数量较多时,构件将会发生小偏心受压破坏如图 6.14a)所示。破坏时,靠近纵向力一侧的混凝土先被压碎,此种破坏包括以下三种情况。

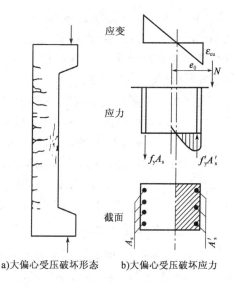

图 6.13 大偏心受压构件破坏形态

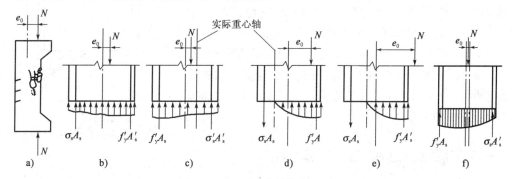

图 6.14 偏心受压构件的破坏形态

(1)当偏心距很小时,构件全截面受压,靠近纵向力一侧的压应力大于另一侧。随着荷载增大,压应力较大一侧的混凝土先被压碎,同时该侧受压钢筋也达到受压屈服强度;而另一侧的混凝土和钢筋在破坏时均未达到其相应的抗压强度,如图 6.14b)所示。当偏心距很小,靠近纵向力较近一侧的钢筋数量又过多,而另一侧钢筋数量过少时,破坏也可能发生在距离纵向力较远一侧,如图 6.14c)所示。

(2)当偏心距较小时,截面大部分受压,小部分受拉。但由于中性轴离受拉钢筋 A_s 很近,无论受拉钢筋数量多少,钢筋应力都很小,破坏总是发生的受压一侧。破坏时,混凝土被压碎,受压钢筋达到屈服强度。临近破坏时,受拉区混凝土横向裂缝开展不明显,受拉钢筋也达不到屈服强度,如图 6.14d)所示。

这种破坏的过程和特征与超筋梁类似,破坏时无明显的破坏预兆,属脆性破坏。

(3)当偏心距较大但受拉钢筋数量过多时,截面还是部分受压,部分受拉。但由于受拉钢筋配置过多,受拉钢筋应力达到屈服强度之前,受压区混凝土已先达到极限压应变而破坏,同时受压钢筋也达到抗压屈服强度,其破坏特征与超筋梁类似,破坏时无明显的破坏预兆,属脆性破坏,如图 6.14e)所示。

以上三种破坏情况的共同特征是:构件的破坏是由于受压区混凝土被压碎而造成的。破坏时，靠近纵向力一侧的受压钢筋压应力一般均达到屈服强度，而另一侧的钢筋，不论是受拉还是受压，其应力均达不到屈服强度。受拉区横向裂缝不明显，也无明显主裂缝。纵向开裂荷载与破坏荷载很接近，压碎区段很长，破坏无明显预兆，属脆性破坏且混凝土强度等级越高，破坏越突然，故统称为受压破坏。

上述引起小偏心受压破坏的两种情形中，"偏心距 e_0 虽较大，但 A_s 配置较多"的情形是由于设计不合理而引起的，设计时应予以避免。

另外，当轴向压力 N 的偏心距 e_0 很小，且纵向受拉钢筋 A_s 配置较少，而纵向受压钢筋 A'_s 配置较多时，这时截面的实际形心轴与几何形心轴将不重合，实际形心轴将向 A'_s 一侧偏移，并可能越过轴向压力 N 的作用线，最终可能发生 A_s 所在一侧的混凝土先压碎而破坏的情况，破坏时截面的应力、应变分布如图 6.14f)所示，通常称其为反向受压破坏。

3. 大、小偏心受压破坏界限

在大、小偏心受压破坏之间，必定有一个界限，称之为界限破坏。如前所述，大偏心受压破坏时，受拉钢筋先屈服，然后受压区混凝土压碎；小偏心受压破坏时，受拉钢筋未屈服，受压区混凝土压碎。因此，受拉钢筋屈服与受压区混凝土压碎同时发生为两者的界限破坏，亦即受拉钢筋达到屈服应变 ε_y 与受压区边缘混凝土达到极限压应变 ε_{cu} 同时发生的界限破坏（图 6.15）。可见，该界限与受弯构件中适筋破坏与超筋破坏的界限完全相同，因而其相对界限受压区高度 ξ_b 的计算公式也与受弯构件的相同。所以，当 $\xi \leq \xi_b$ 时，为大偏心受压构件；当 $\xi > \xi_b$ 时，为小偏心受压构件。

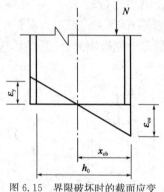

图 6.15　界限破坏时的截面应变

二　附加偏心距 e_a 与初始偏心距 e_i

由于工程中实际存在着荷载作用位置的不定性、混凝土质量的不均匀性及施工的偏差等因素，都可能产生附加偏心距 e_a。因此，《混凝土结构设计规范》(GB 50010—2010)规定在偏心受压构件的正截面承载力计算中，应计入轴向压力在偏心方向存在的附加偏心距 e_a，其值应取 20mm 和偏心方向截面最大尺寸的 1/30 两者中的较大值。

计入附加偏心距 e_a 后，轴向压力的偏心距则用 e_i 表示，即

$$e_i = e_0 + e_a$$

式中：e_i——初始偏心距；

e_0——偏心距，即 $e_0 = M/N$；

e_a——附加偏心距。

三　偏心受压长柱受力性能

在荷载作用下，偏心受压构件会产生纵向挠曲变形，其侧向挠度为 f（图 6.16）。称侧向挠度 f 引起的附加弯矩 Nf 为二阶弯矩；而 Ne_i 为一阶弯矩。

图 6.17 所示给出了从加载到破坏全过程，偏心受压短柱、长柱和细长柱的 $N\text{-}M$ 关系三者除长细比外的其他条件均相同。

对于偏心受压短柱（$l_0/h \leqslant 5$），荷载作用下的侧向挠度 f 很小，可略去不计。因此，加载过程中短柱的 N 与 M 成线性关系（图6.17中直线 OA），最后到达 A 点，构件破坏，属于材料破坏。

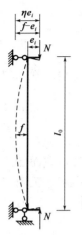

图6.16 偏心受压构件侧向挠度

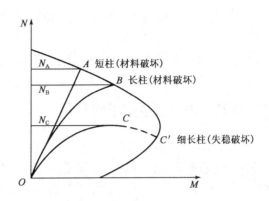

图6.17 长细比对柱的 N-M 关系的影响

对于偏心受压长柱（$5 < l_0/h \leqslant 30$），荷载作用下的侧向挠度 f 较大，二阶弯矩 Nf 的影响已不能忽略。加载过程中由于 f 随 N 的增大而增大，故 M 比 N 增长快，两者不再成线性关系（图6.17中曲线 OB），最后到达 B 点，构件破坏，仍属于材料破坏。但长柱的受压承载力 N_B 比条件相同的短柱的受压承载力 N_A 低，长细比越大，降低越多。与偏心受压短柱一样，偏心受压长柱的材料破坏也有大偏心受压破坏和小偏心受压破坏两种破坏形态。

与长柱相比，偏心受压细长柱（$l_0/h > 30$）的 M 比 N 增长更快（图6.17中曲线 OC）。到达 C 点时，细长柱的侧向挠度 f 已出现不收敛的增长，构件因纵向弯曲失去平衡而破坏，此时钢筋尚未屈服，混凝土尚未压碎，称为失稳破坏，实际工程中应避免这种破坏。

四 偏心距增大系数 η

《混凝土结构设计规范》（GB 50010—2010）采用把初始偏心距 e_i 乘以一个偏心距增大系数 η 来考虑二阶弯矩的影响。如图6.16所示，即

$$\eta e_i = e_i + f \tag{6.5a}$$

$$\eta = 1 + \frac{f}{e_i} \tag{6.5b}$$

式中：η——偏心距增大系数。

在式（6.5a）的基础上，根据标准偏心受压柱（图6.16）在大小偏心界限破坏时的理论分析结果，并结合试验实测数据，《混凝土结构设计规范》（GB 50010—2010）给出了弯矩增大系数 η 的计算公式

$$\eta = 1 + \frac{1}{1300\frac{e_i}{h_0}}\left(\frac{l_0}{h}\right)^2 \zeta_c \tag{6.6}$$

$$\zeta_c = \frac{0.5 f_c A}{N} \tag{6.7}$$

式中:l_0——构件的计算长度,可近似取偏心受压构件相应主轴方向上、下支撑点之间的距离;
h——截面高度,其中,对环形截面取外直径,对圆形截面取直径;
h_0——截面有效高度;
A——构件的截面面积;
ζ_c——偏心受压构件的截面曲率修正系数,当 $\zeta_1 > 1.0$ 时,取 $\zeta_1 = 1.0$。

第五节 不对称配筋矩形截面偏心受压构件正截面承载力计算

一、基本计算公式及其适用条件

由于偏心受压正截面破坏特征与受弯构件正截面破坏特征类似,故正截面受压承载力计算仍采用与受弯构件正截面承载力计算相同的基本假定,混凝土压应力图形采用了等效矩形应力分布图形,其强度为 $\alpha_1 f_c$,混凝土受压区计算高度 $x = \beta_1 x_c$,α_1 和 β_1 的取值同前。

1. 大偏心受压构件

(1)基本计算公式

《混凝土结构设计规范》(GB 50010—2010)采用等效矩形应力图作为正截面受压承载力的计算简图,结合大偏心受压破坏时的特征,可得到矩形截面大偏心受压构件正截面受压承载力的计算简图(图 6.18)。

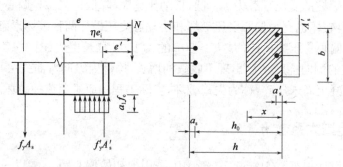

图 6.18 矩形截面大偏心受压构件正截面受压承载力的计算简图

由图 6.18 所示的纵向力平衡条件及力矩平衡条件,可得到矩形截面大偏心受压构件正截面受压承载力的两个基本计算公式

$$\begin{cases} N \leqslant N_u = \alpha_1 f_c bx + f'_y A'_s - f_y A_s & (6.8) \\ Ne \leqslant N_u e = \alpha_1 f_c bx \left(h_0 - \dfrac{x}{2}\right) + f'_y A'_s (h_0 - a'_s) & (6.9) \end{cases}$$

式中:N_u——受压承载力轴向力设计值;

e——轴向压力 N 作用点至纵向受拉钢筋 A_s 合力点的距离,按下式计算

$$e = \eta e_i + \frac{h}{2} - a_s \qquad (6.10)$$

η——偏心距增大系数,由式(6.6)计算。

x——混凝土受压区计算高度。

(2)公式的适用条件

大偏心受压构件基本计算公式适用条件如下。

①为保证受拉钢筋 A_s 达到屈服强度 f_y,应满足 $\xi \leqslant \xi_b$ 或 $x \leqslant x_b = \xi_b h_0$。
②为保证受压钢筋 A'_s 达到屈服强度 f'_y,应满足 $x \geqslant 2a'_s$。

计算中若出现 $x < 2a'_s$,说明纵向受压钢筋 A'_s 没有达到屈服强度 f'_y。此时,与受弯构件双筋梁类似,可近似取 $x = 2a'_s$,并对纵向受压钢筋 A'_s 的合力点取矩,得

$$Ne' \leqslant N_u e' = f_y A_s (h_0 - a'_s) \tag{6.11a}$$

式中:e'——轴向压力 N 作用点至纵向受压钢筋 A'_s 合力点的距离,按下式计算

$$e' = \eta e_i - \frac{h}{2} + a'_s \tag{6.11b}$$

2. 小偏心受压构件

(1)基本计算公式

对于小偏心受压构件,离轴向压力较远一侧的钢筋 A_s,不论受拉或受压其应力一般达不到屈服强度。因此,小偏心受压构件的计算如图 6.19 所示。

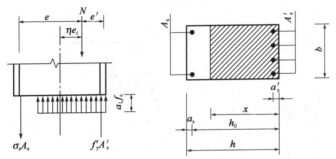

图 6.19 矩形截面小偏心受压构件正截面受压承载力的计算简图

由图 6.19 所示的纵向力平衡条件和力矩平衡条件,可得到矩形截面小偏心受压构件正截面受压承载力的两个基本计算公式

$$\begin{cases} N \leqslant N_u = \alpha_1 f_c bx + f'_y A'_s - \sigma_s A_s & (6.12) \\ Ne \leqslant N_u e = \alpha_1 f_c bx \left(h_0 - \frac{x}{2}\right) + f'_y A'_s (h_0 - a'_s) & (6.13) \end{cases}$$

式中:σ_s——小偏心受压构件中纵向受拉钢筋 A_s 的应力,以受拉为正,按下式计算

$$\sigma_s = \frac{f_y}{\xi_b - \beta_1}(\xi - \beta_1) = \frac{x - \beta_1 h_0}{\xi_b h_0 - \beta_1 h_0} \tag{6.14}$$

式中:β_1——系数,当混凝土强度等级不超过 C50 时,取 $\beta_1 = 0.8$;当混凝土强度等级为 C80 时,$\beta_1 = 0.74$,其间按线性内插法确定。

按式(6.14)计算的钢筋应力应符合 $-f'_y \leqslant \sigma_s \leqslant f_y$。由式(6.14)的 $\sigma_s = -f'_y$,可得 $\xi = 2\beta_1 - \xi_b$;$\sigma_s = f_y$,可解得 $\xi = \xi_b$。也就是说,只要满足 $\xi_b \leqslant \xi \leqslant 2\beta_1 - \xi_b$,就能保证 $-f'_y \leqslant \sigma_s \leqslant f_y$。因此,钢筋应力 σ_s 应满足 $-f'_y \leqslant \sigma_s \leqslant f_y$ 的条件可以等价为

$$\xi_b h_0 \leqslant x \leqslant \xi_{cy} h_0 \tag{6.15}$$

式(6.15)中的 $\xi_{cy} = 2\beta_1 - \xi_b$。

在设计计算时,小偏心受压的力矩平衡条件,有时使用对图 6.18 所示的受压钢筋 A'_s 合力点取矩建立的式(6.16a)更为方便一些,即

$$Ne' \leqslant \alpha_1 f_c bx \left(\frac{x}{2} - a'_s\right) - \sigma_s A_s (h_0 - a'_s) \tag{6.16a}$$

式中：e'——轴向压力 N 作用点至纵向受压钢筋 A_s' 合力点的距离，按下式计算

$$e' = \frac{h}{2} - \eta e_i - a_s' \tag{6.16b}$$

(2)公式的适用条件

小偏心受压构件基本计算公式适用条件为

$$\xi_b h_0 < x \leqslant h \tag{6.17a}$$

$$-f_y' \leqslant \sigma_s \leqslant f_y \tag{6.17b}$$

(3)反向受压破坏时的验算

当轴向压力较大而偏心距很小时，有可能发生图 6.14f)所示的反向受压破坏，图 6.20 所示为该种破坏形式的计算简图，对纵向受压钢筋 A_s' 的合力点取矩，可得到式(6.18a)所示的计算公式，即

$$Ne' \leqslant f_c bh(h_0' - 0.5h) + f_y' A_s(h_0' - a_s) \tag{6.18a}$$

式中：e'——轴向压力 N 至 A_s' 合力点的距离。

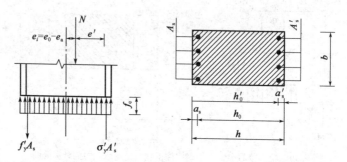

图 6.20 小偏心受压构件反向受压破坏时的计算简图

为造成对 A_s 最不利，取 $e_i = e_0 - e_a$，并取 $\eta = 1.0$，所以

$$e' = \frac{h}{2} - a_s' - (e_0 - e_a) \tag{6.18b}$$

为避免发生反向受压破坏，《混凝土结构设计规范》(GB 50010—2010)规定：矩形截面非对称配筋的小偏心受压构件，当 $N > f_c bh$ 时，应按式(6.18a)进行验算。

(4)垂直于弯矩作用平面的轴心受压承载力验算

当轴向压力 N 较大、偏心距较小，且垂直于弯矩作用平面的长细比 l_0/b 较大时，则有可能由垂直于弯矩作用平面的轴心受压承载力起控制作用。因此，《混凝土结构设计规范》(GB 50010—2010)规定：偏心受压构件除应计算弯矩作用平面的受压承载力外，还应按轴心受压构件验算垂直于弯矩作用平面的受压承载力，此时，可不计入弯矩的作用，但应考虑稳定系数 φ 的影响。

一般来说，大偏心受压构件可不作垂直于弯矩作用平面的轴心受压承载力验算，但小偏心受压构件必须按下式对垂直于弯矩作用平面的轴心受压承载力进行验算，即

$$N \leqslant 0.9\varphi[f_c A + f_y'(A_s' + A_s)] \tag{6.19}$$

式中：N——轴向压力设计值；

φ——稳定系数，应按构件垂直于弯矩作用平面方向的长细比 l_0/b，查附表 8；

A_s'、A_s——偏心受压构件的纵向受压钢筋和纵向受拉钢筋。

验算时，若式(6.19)不满足，则表明该构件的配筋受作用平面的轴心受压承载力控制。此

时,应再按式(6.19)计算配筋量(A'_s+A_s),并将该配筋量(A'_s+A_s)按弯矩作用平面内偏心受压计算所得的纵向受压钢筋 A'_s 和纵向受拉钢筋 A_s 的面积比进行分配。最后,按分配后的钢筋面积分别选配纵向受压钢筋和纵向受拉钢筋。

二 大、小偏心受压判别条件

由于大、小偏心受压构件的计算公式不同,所以无论是截面设计还是截面复核,都需要首先判别是大偏心受压还是小偏心受压,然后才能使用相应的公式进行计算。

对于非对称配筋的截面设计等情况,由于事先不能求得 x,也就不能直接用 $x \leqslant \xi_b h_0$ 来判别大小偏心受压,因此,必须寻求其他方法来判别。

由于偏心距是影响大小偏心受压破坏形态的主要因素,所以希望将大小偏心受压界限破坏时的偏心距 ηe_{ib} 计算出来,从而用 $\eta e_i > \eta e_{ib}$ 来判别大小偏心受压。

为此,将界限破坏时的受压区高度 $x = \xi_b h_0$ 代入大偏心受压的计算式(6.8)及式(6.9),就可以推得 ηe_{ib} 的计算公式;再将纵向受拉钢筋、受压钢筋的最小配筋率以及材料强度的设计值代入 ηe_{ib} 计算公式后,就可以得到相对界限偏心距的最小值 $(\eta e_{ib})_{\min}/h_0$,见表 6.2。

相对界限偏心距的最小值 $(\eta e_{ib})_{\min}/h_0$ 表 6.2

材料强度等级	C20	C30	C40	C50	C60	C70	C80
HRB335	0.358	0.322	0.304	0.295	0.299	0.305	0.313
HRB400、RRB400	0.404	0.358	0.335	0.323	0.326	0.331	0.337

由表 6.2 可知,相对界限偏心距最小值 $(\eta e_{ib})_{\min}/h_0$ 的变化范围为 $0.295 \sim 0.404$。因此,对于工程中常用的材料,可用 $\eta e_{ib} = 0.3h_0$ 作为大偏心受压的界限偏心距。

当 $\eta e_{ib} \leqslant 0.3h_0$,按小偏心受压构件设计;当 $\eta e_{ib} > 0.3h_0$ 时,可能为大偏心受压构件,也可能为小偏心受压构件,可先按大偏心受压设计,待计算 x 后,再根据 x 值确定偏心受压类型。

三 大小偏心受压构件截面设计

进行大小偏心受压构件截面设计时,一般是混凝土强度等级、钢筋种类、截面尺寸、轴向力设计值 N、弯矩设计值 M 以及构件计算长度 l_0 等为已知条件,要求确定钢筋截面面积 A_s 和 A'_s。

需要指出的是,不论是大偏心还是小偏心受压构件,在弯矩作用平面内受压承载力计算完后,均应按轴心受压构件验算垂直于弯矩作用平面的受压承载力,验算中纵向钢筋截面面积取受压钢筋和原来受拉钢筋面积之和。由于构件垂直于弯矩作用平面的支承情况与弯矩作用平面内的不一定相同,因此构件的计算长度应按垂直于弯矩作用平面的支承情况确定,并结合构件截面形状确定其稳定系数。

1. 大偏心受压构件正截面承载力设计

大偏心受压破坏的截面设计可分为两种情况:A_s、A'_s 均未知;A'_s 已知求 A_s。

(1) A_s、A'_s 均未知时

已知截面尺寸 $b \times h$、构件计算长度、混凝土强度等级、钢筋种类、轴向力设计值 N 及弯矩设计值 M,求钢筋截面面积 A_s 和 A'_s。

由基本计算式(6.8)和式(6.9)可以看出,两个方程共有 A_s、A'_s、x 三个未知数,与双筋

受弯构件一样,以钢筋总用量($A_s + A_s'$)最少为计算补充条件。因此可取 $x = x_b = \xi_b h_0$,代入式(6.9)可得

$$A_s' = \frac{Ne - \alpha_1 f_c b x_b (h_0 - 0.5 x_b)}{f_y'(h_0 - a_s')} = \frac{Ne - \alpha_1 f_c b h_0^2 \xi_b (1 - 0.5\xi_b)}{f_y'(h_0 - a_s')} \quad (6.20)$$

将求得 A_s' 以及 $x = x_b = \xi_b h_0$ 代入式(6.8),可得

$$A_s = \frac{\alpha_1 f_c b h_0 \xi_b + f_y' A_s' - N}{f_y} \quad (6.21)$$

若按式(6.20)或式(6.21)求得的 A_s' 小于最小配筋率 $\rho_{\min}bh$ 或为负值,则取 $A_s' = \rho_{\min}bh$,可按 A_s' 为已知的情况计算 A_s。

当 $A_s < \rho_{\min}bh$ 时,应按 $A_s = \rho_{\min}bh$ 配筋。

若按式(6.21)求得的 A_s 不满足最小配筋率要求或者为负值时,说明截面为小偏心受压破坏,应按小偏心受压破坏重新计算。

(2)A_s' 已知求 A_s

已知条件同上,并已知受压钢筋截面面积 A_s',求受拉钢筋截面面积 A_s。

由基本计算式(6.8)和式(6.9)可知,两个方程共有 A_s、x 两个未知数,因此可代入公式直接求解。为便于计算分析,可将公式变形为

$$A_s = \frac{\alpha_1 f_c b h_0 \xi + f_y' A_s' - N}{f_y} \quad (6.22)$$

如果求得的 $A_s < \rho_{\min}bh$,取 $A_s = \rho_{\min}bh$。

当 $\xi > \xi_b$ 时,则表明给定的受压钢筋偏少,可改按第一种情况重新计算。

当 $\xi < \dfrac{2a_s'}{h_0}$(即 $x < 2a_s'$)时,应按式(6.11a)计算,即

$$Ne' \leqslant N_u e' = f_y A_s (h_0 - a_s') \Rightarrow A_s = \frac{Ne'}{f_y(h_0 - a_s')} \quad (6.23)$$

2. 小偏心受压构件正截面承载力设计

由基本计算式(6.12)和式(6.13)再结合式(6.14)可知,两个独立的方程共有 A_s、A_s'、x 三个未知数,如果仍以钢筋总用量($A_s + A_s'$)最少为计算补充条件,计算过程会非常复杂。试验结果表明,当构件发生小偏心受压破坏时,A_s 受压或受拉,且一般达不到屈服强度,故不需要配置较多的 A_s,可按最小配筋率确定 A_s。

(1)计算 A_s

由最小配筋率首先确定 A_s 值,取 $A_s = \rho_{\min}bh$。同时,为防止距轴向力较远一侧的混凝土先被压碎,轴向力设计值 N 应不大于 $f_c b h_0$。如果 $N > f_c b h_0$,应按式(6.18a)验算 A_s,初始偏心距 e_i 取为 $(e_0 - e_a)$,且偏心距增大系数 η 取为 1.0,即

$$A_s = \frac{Ne' - f_c b h (h_0 - 0.5h)}{f_y'(h_0' - a_s)} \quad (6.24)$$

$$e' = \frac{h_2}{2} - a_s' - (e_0 - e_a) \quad (6.25)$$

钢筋 A_s 应取上述两者中的较大值。

(2)计算 A_s'

将步骤(1)中确定的 A_s 代入式(6.12)和式(6.13)可求得 A_s'。为便于计算分析,由式(6.16a)和 σ_s 的近似计算式(6.14)推导可得

$$\xi = A + \sqrt{A^2 + B} \qquad (6.26)$$

式中:
$$A = \frac{a'_s}{h_0} + \frac{f_y A_s}{(\xi_b - \beta_1)\alpha_1 f_c b h_0}\left(1 - \frac{a'_s}{h_0}\right)$$

$$B = \frac{2Ne'}{\alpha_1 f_c b h_0^2} + \frac{2\beta_1 f_y A_s}{(\xi_b - \beta_1)\alpha_1 f_c b h_0}\left(1 - \frac{a'_s}{h_0}\right)$$

小偏心受压破坏必须满足 $\xi > \xi_b$ 及 $-f'_y \leqslant \sigma_s \leqslant f_y$ 的适用条件,当纵向受力钢筋 A_s 的应力 σ_s 达到受压屈服强度,即当 $\sigma_s = -f'_y$ 时,计算出该状态下的相对受压区高度 ξ。

$$\xi \leqslant 2\beta_1 - \xi_b \qquad (6.27)$$

由计算出的 ξ 值和 σ_s 值,由式(6.12)可求得 A'_s:

$$A'_s = \frac{N - \alpha_1 f_c b h_0 \xi + \sigma_s A_s}{f'_y} \qquad (6.28)$$

计算结果应满足最小配筋率 $\rho_{\min}$ 的要求和相关构造要求。

现在根据 ξ 和 σ_s 值的大小,结合小偏心受压破坏的适用条件,对 A_s 和 A'_s 的计算进行具体讨论。

①当 $\xi \leqslant h/h_0$ 且 $-f'_y \leqslant \sigma_s \leqslant f_y$ 时,表明 A_s 受拉或受压,但一般未达到屈服强度,且混凝土受压区计算高度未超过截面高度。步骤(2)中 ξ 值有效,由式(6.28)可求得 A'_s。

②当 $\xi \leqslant h/h_0$ 且 $\sigma_s < f'_y$ 时,表明 A_s 已经达到屈服强度,且混凝土受压区计算高度未超过截面高度。步骤(2)中 ξ 值无效,重新计算。这种情况下可取 $\sigma_s = -f'_y$,基本式(6.12)和式(6.16a)为

$$N \leqslant \alpha_1 f_c b \xi h_0 + f'_y A'_s + f'_y A_s \qquad (6.29)$$

$$Ne' \leqslant \alpha_1 f_c b h_0^2 \xi\left(\frac{\xi}{2} - \frac{a'_s}{h_0}\right) + f'_y A_s(h_0 - a'_s) \qquad (6.30)$$

联立方程即可求得 ξ 和 A'_s。

③当 $\xi > h/h_0$ 且 $-f'_y \leqslant \sigma_s < 0$ 时,表明 A_s 一般未达到其屈服强度,混凝土截面全部受压,受压区计算高度超出了截面高度。步骤(2)中 ξ 值无效,须重新计算。这种情况下可取 $\xi = h/h_0$,基本式(6.12)和式(6.16a)变为

$$N \leqslant \alpha_1 f_c b h + f'_y A'_s - \sigma_s A_s \qquad (6.31)$$

$$Ne \leqslant \alpha_1 f_c b h\left(h_0 - \frac{h}{2}\right) + f'_y A'_s(h_0 - a'_s) \qquad (6.32)$$

联立方程式即可求得 σ_s 和 A'_s。求得的 σ_s 应满足 $-f'_y \leqslant \sigma_s < 0$,如果 σ_s 超出了该范围,应增加 A_s 数量,按步骤(2)重新计算。

④当 $\xi > h/h_0$ 且 $\sigma_s < -f'_y$ 时,表明 A_s 应力已经达到其屈服强度设计值,混凝土受压区计算高度超出了截面高度。步骤(2)中 ξ 值无效,须重新计算。这种情况下可取 $\sigma_s = -f'_y$, $\xi = h/h_0$,则基本式(6.12)和式(6.16)变为

$$N \leqslant \alpha_1 f_c b h + f'_y A'_s + f'_y A_s \qquad (6.33)$$

$$Ne \leqslant \alpha_1 f_c b h\left(h_0 - \frac{h}{2}\right) + f'_y A'_s(h_0 - a'_s) \qquad (6.34)$$

两个方程中仅有未知数 A_s 和 A'_s,联立方程即可求得 A_s 和 A'_s。将求得的 A_s 与步骤(1)中的结果比较,取两者中较大值。

求出 A_s 和 A'_s 后,还应按轴心受压构件正截面承载力计算公式验算垂直于弯矩作用平面

的截面受压承载力大小,求得的 A'_s 应大于 A_s 和 A'_s 之和,否则须重新计算。

【例 6.3】 矩形截面偏心受压柱作用轴向力 $N=34.0\times10^4$N,弯矩 $M=20.0\times10^4$kN·m,截面尺寸 $b\times h=300$mm$\times400$mm,$a_s=a'_s=40$mm,$l_0=2.8$m,混凝土强度等级为 C30,采用 HRB400 级钢筋,按不对称配筋计算钢筋截面面积。

【解】 (1)数据整理

$b\times h=300$mm$\times400$mm,$N=34.0\times10^4$N,$M=20.0\times10^4$kN·m,$l_0=2.8$m,$a_s=a'_s=40$mm,$f_c=14.3$MPa,$f_y=f'_y=360$MPa,$\xi_b=0.52$,$h_0=360$mm。

(2)求偏心距增大系数 η

$$e_0=\frac{M}{N}=\frac{20\times10^7}{34\times10^4}=588\text{mm},\frac{h}{30}=\frac{400}{30}=13.3\text{mm}<20\text{mm}$$

取 $e_a=20$mm,则

$$e_i=e_0+e_a=588+20=608\text{mm}$$

$$\zeta_c=\frac{0.5f_cA}{N}=\frac{0.5\times14.3\times300\times400}{34\times10^4}=2.52>1.0,\text{取}\zeta_1=1.0$$

故

$$\eta=1+\frac{1}{1300\frac{e_i}{h_0}}\left(\frac{l_0}{h}\right)^2\zeta_c=1+\frac{1}{1300\times\frac{608}{360}}(7.0)^2\times1.0=1.02$$

(3)判断大小偏心

$$\eta e_i=1.02\times608=620\text{mm}>0.3h_0=0.3\times360=108\text{mm}$$

故按大偏心受压破坏计算。

(4)计算受压钢筋面积 A'_s 并进行配筋率的验算

为了使总用钢量最少,充分发挥混凝土的受压性能,取 $\xi=\xi_b=0.52$,即 $x=\xi_b h_0=0.52\times360=187.2$mm。而 $e=\eta e_i+\frac{h}{2}-a_s=620+\frac{400}{2}-40=780$mm。

由式(6.18)可得

$$A'_s=\frac{Ne-\alpha_1 f_c bx\left(h_0-\frac{x}{2}\right)}{f'_y(h_0-a'_s)}=\frac{34\times10^4\times780-14.3\times300\times187.2\times\left(360-\frac{187.2}{2}\right)}{360\times(360-40)}$$

$$=445\text{mm}>\rho_{\min}bh=0.002\times300\times400=240\text{mm}^2$$

(5)计算受拉钢筋面积 A_s 并进行配筋率的验算

由式(6.20)可得

$$A_s=\frac{\alpha_1 f_c bx+f'_y A'_s-N}{f_y}=\frac{14.3\times300\times187.2+360\times445-34\times10^4}{360}$$

$$=1741.4\text{mm}^2>\rho_{\min}bh=0.002\times300\times400=240\text{mm}^2$$

(6)配筋

受压钢筋为 2⏀18($A'_s=508$mm²);受拉钢筋为 2⏀18+2⏀25($A'_s=1742$mm²)

【例 6.4】 已知矩形截面偏心受压构件的截面尺寸为 $b\times h=300$mm$\times500$mm,$l_0/h<5$,$a_s=a'_s=35$mm,$N=2500$kN,$M=100$kN·m,混凝土强度等级为 C25,采用 HRB335 级钢筋,按不对称配筋计算 A_s 和 A'_s。

【解】 (1)数据整理

$b\times h=300$mm$\times500$mm,$a_s=a'_s=35$mm,$h_0=h-a_s=500-35=465$mm,$l_0/h<5$,

$f_c = 11.9\text{MPa}, f_y = f'_y = 300\text{MPa}, N = 2500\text{kN}, M = 100\text{kN}\cdot\text{m}, \xi_b = 0.576, e_0 = \dfrac{M}{N} = \dfrac{100\times10^6}{2500\times10^3} = 40\text{mm}$。

(2) 求偏心距增大系数 η

$e_0 = 40\text{mm}, e_a = h/30 = 500/30 = 16.67\text{mm} < 20\text{mm}$，取 $e_a = 20\text{mm}, e_i = e_a + e_0 = 20 + 40 = 60\text{mm}, l_0/h < 5, \eta = 1.0$（不考虑挠度对偏心距的影响）。

(3) 判别大小偏心

$\eta e_i = 1.0 \times 60 = 60\text{mm} < 0.3h_0 = 0.3 \times 465 = 140\text{mm}$，属于小偏心受压构件。

$N = 2500\text{kN} > f_c bh = 11.9 \times 300 \times 500$
$\qquad = 1785\text{kN}$

故需按式(6.16)计算配筋。

$e = \eta e_i + \dfrac{h}{2} - a'_s = 60 + \dfrac{500}{2} - 35 = 275\text{mm}$

$e' = \dfrac{h}{2} - a'_s - (e_0 - e_a)$
$\quad = \dfrac{500}{2} - 35 - (40 - 20) = 195\text{mm}$

在此假定了 e_a 与 e_0 反向，这样假定对距轴力较远一侧的受压钢筋 A_s 更为不利。如图6.21所示。

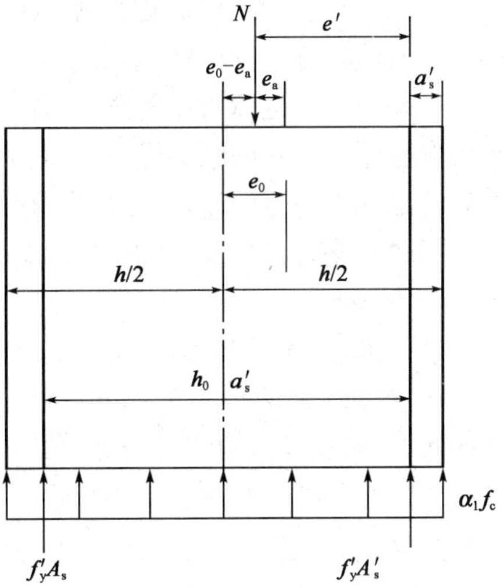

图 6.21 例 6.4 图

(4) 计算 A_s 并作验算

由对图 6.21 中 A'_s 的合力中心取矩可得

$A_s = \dfrac{Ne' - \alpha_1 f_c bh\left(\dfrac{h}{2} - a'_s\right)}{f'_y(h_0 - a'_s)}$

$\quad = \dfrac{2500\times10^3\times195 - 11.9\times300\times500\times(0.5\times500 - 35)}{300\times(465 - 35)}$

$\quad = 804\text{mm}^2 > 0.002bh = 0.002\times300\times500 = 300\text{mm}^2$

同时满足式(6.16)，即

$2500\times10^3\times195 = 4875\times10^5\text{N}\cdot\text{mm} = Ne' \leqslant \alpha_1 f_c bh\left(h'_0 - \dfrac{h}{2}\right) + f'_y A'_s(h_0 - a'_s)$

$\qquad = 11.9\times300\times500\times\left(465 - \dfrac{500}{2}\right) + 300\times804\times(465 - 35)$

$\qquad = 4874.91\times10^5\text{N}\cdot\text{mm}$

(5) 计算 ξ 和 A'_s

将 $A_s = 804\text{mm}^2$ 代入式(6.24)和式(6.26)或直接代入式(6.12)和式(6.13)可得

$\begin{cases} 2500\times10^3 = 11.9\times300\times465\xi + 300A'_s - \dfrac{300\times804\times(\xi - 0.8)}{0.55 - 0.8} \\ 2500\times10^3\times275 = 11.9\times300\times465^2\xi(1 - 0.5\xi) + 300\times430A'_s \end{cases}$

求解此方程组可得

$\xi = 0.996 < 2\beta_1 - \xi_b = 2\times0.8 - 0.576 = 1.024$

$A'_s = 2188\text{mm}^2 > \rho_{\min}bh = 0.002\times300\times500 = 300\text{mm}^2$

(6) 配筋

A_s' 选用：$6 \oplus 25 (A_s' = 2945 \text{mm}^2)$；$A_s$ 选用：$3 \oplus 20 (A_s = 942 \text{mm}^2)$。

四 大小偏心受压构件截面复核

当截面尺寸、材料强度以及配筋等均已知时，偏心受压构件的截面复核通常有两种情形：一是已知偏心距 e_0，求截面所能承担的极限轴向压力设计值 N_u，即已知 e_0 求 N_u；二是已知轴向压力设计值 N，求截面所能承担的极限弯矩设计值 M_u，即已知 N 求 M_u。由于 $M = Ne_0$ 可知，第二种情形的核心是求 e_0。

对某一构件进行截面复核时，除对弯矩作用平面的偏心受压承载力进行复核外，还应作垂直于弯矩作用平面的轴心受压承载力复核；对于小偏心受压当 $N > f_c bh$ 时，还应对反压受压破坏的承载力进行复核；最后取上述计算值中的最小值作为构件截面的承载力。

截面复核时，对于已知的 A_s'、A_s，首先应复核其是否满足最小配筋率的要求，即应满足 $A_s' \geqslant 0.002bh$，$A_s \geqslant 0.002bh$。

以下将分别介绍已知 N 求 M_u 和已知 e_0 求 N_u 两种情形的截面复核。

在承载力复核时，一般已知截面尺寸 $b \times h$，混凝土强度等级及钢材品种（f_c、f_y、f_y'），截面配筋 A_s 和 A_s'，构件长细比，轴向力设计值 N 和偏心距 e_0，验算截面是否能承受该轴向压力值 N；或已知 N 值时，求截面能承受的弯矩设计值 M。

1. 弯矩作用平面内的承载力复核

(1) 已知轴向力设计值 N，求弯矩设计值 M

先按偏心受压式(6.8)求 x，如果 $x \leqslant \xi_b h_0$，则截面为大偏心受压；当 $x > 2a_s'$ 时，将 x 和 η 代入式(6.9)和式 $e_0 = M/N$ 求 e 和 e_0；当 $x \leqslant 2a_s'$ 时，取 $x = 2a_s'$，代入式(6.11a)求 e 和 e_0，最后得弯矩值 $M = Ne_0$。如果 $x > \xi_b h_0$，则为小偏心受压，应按式(6.12)求 x，再将 x 和由式(6.6)求得的 η 代入式(6.13)求 e 和 e_0，最后得弯矩值 $M = Ne_0$。

(2) 已知偏心距 e_0，求轴向力设计值 N

因截面配筋已知，故可按图 6.19 对 N 作用点取矩得

$$\alpha_1 f_c bx \left(\eta e_i - \frac{h}{2} + \frac{x}{2} \right) = f_y A_s \left(\eta e_i + \frac{h}{2} - a_s \right) - f_y' A_s' \left(\eta e_i - \frac{h}{2} + a_s' \right) \quad (6.35)$$

按式(6.35)求 x。当 $x \leqslant x_b$ 时，为大偏心受压；若 $x > 2a_s'$ 时，则将 x 及已知数据代入式(6.8)可求解出轴向力设计值 N；若 $x \leqslant 2a_s'$，取 $x = 2a_s'$ 代入式(6.11a)求出轴向力设计值 N。当 $x > x_b$ 时，为小偏心受压，将已知数据代入式(6.12)~式(6.14)联立求解轴向力设计值 N。

2. 垂直于弯矩作用平面的承载力复核

无论是设计题或截面复核题，是大偏心受压还是小偏心受压，除了在弯矩作用平面内依照偏心受压进行计算外，都要验算垂直于弯矩作用平面的轴心受压承载力。目的是对于偏心受压构件还要保证垂直于弯矩作用平面的轴心抗压承载能力，此时可按轴心受压构件计算，考虑 φ 值，并取 b 为截面高度，计算长细比 l_0/b。

【例 6.5】 已知：$N = 1250 \text{kN}$，$b = 400 \text{mm}$，$h = 600 \text{mm}$，$a_s = a_s' = 45 \text{mm}$，构件计算长度 $l_0 = 4 \text{m}$，混凝土强度等级为 C40，钢筋为 HRB400，A_s 选用 $4 \oplus 20$ ($A_s = 1256 \text{mm}^2$)，A_s' 选用 $4 \oplus 22$ ($A_s' = 1520 \text{mm}^2$)。求：该截面在 h 方向能承受的弯矩设计值。

【解】 (1)按大偏心受压求 x,由式(6.8)得

$$x = \frac{N - f'_y A'_s + f_y A_s}{\alpha_1 f_c b} = \frac{1250 \times 10^3 - 330 \times 1520 + 330 \times 1256}{1.0 \times 19.1 \times 400} = 152.2\text{mm}$$

$$h_0 = h - a_s = 600 - 45 = 555\text{mm}$$

$$x = 152.2\text{mm} < \xi_b h_0 = 0.52 \times 555 = 288.6\text{mm},属于大偏心受压情况。$$

(2)求偏心距 e_0

由于 $x = 152.2\text{mm} > 2a'_s = 2 \times 45 = 90\text{mm}$,说明受压钢筋能达到屈服强度。由式(6.9)得

$$Ne = \alpha_1 f_c x \left(h_0 - \frac{x}{2}\right) + f'_y A'_s (h_0 - a_s)$$

$$e = \frac{\alpha_1 f_c x \left(h_0 - \frac{x}{2}\right) + f'_y A'_s (h_0 - a_s)}{N}$$

$$= \frac{1.0 \times 18.4 \times 400 \times 152.2 \times \left(555 - \frac{152.2}{2}\right) + 330 \times 1520 \times (555 - 45)}{1250 \times 10^3}$$

$$= 633.8\text{mm}$$

$$\eta e_i = e - \frac{h}{2} + a_s = 633.8 - \frac{600}{2} + 45 = 378.8\text{mm}$$

由于 $l_0/h = 4000/600 = 6.67 > 5$,先取 $\eta = 1.0$,则

$$e_i = 378.8\text{mm}$$

$$\zeta_c = \frac{0.5 f_c A}{N} = \frac{0.5 \times 18.4 \times 400 \times 600}{1250 \times 10^3} = 1.77 > 1,则取 \zeta_c = 1$$

$$\eta = 1 + \frac{1}{1300 \frac{e_i}{h_0}} \left(\frac{l_0}{h}\right)^2 \zeta_c = 1 + \frac{1}{1300 \frac{378.8}{555}} \times (6.67)^2 \times 1 = 1.05$$

由于两个 η 值相差为5%,取 $\eta = 1.0$,则 $e_i = 378.8\text{mm}$,$e_i = e_0 + e_a$,《混凝土结构设计规范》(GB 50010—2010)中规定 e_a 的取值为20mm和偏心方向截面尺寸的1/30两者中的较大值。

$$e_a = \max\left\{20, \frac{600}{30}\right\} = \max\{20, 20\} = 20\text{mm},则 e_0 = e_i - e_a = 378.8 - 20 = 358.8\text{mm}$$

(3)求截面承受的弯矩 M

$$M = Ne_0 = 1250 \times 10^3 \times 358.8 = 448.5\text{kN·m}$$

(4)垂直于弯矩平面的承载力验算

已知 $l_0/b = 4000/400 = 10$,查附表8得 $\varphi = 0.98$,按式(6.2)得

$$N_u = 0.9\varphi[f_c bh + f'_y(A_s + A'_s)]$$

$$= 0.9 \times 0.98 \times [18.4 \times 400 \times 600 + 330 \times (1256 + 1520)] = 4702.9\text{kN} > 1250\text{kN}$$

满足要求。该截面在 h 方向能承受的弯矩设计值为 $M = 448.5\text{kN·m}$

【例6.6】 已知矩形截面偏心受压构件的截面尺寸 $b \times h = 400\text{mm} \times 600\text{mm}$,$l_0/h < 5$,$a_s = a'_s = 35\text{mm}$,混凝土强度等级为C25,$A_s$ 为 $4\underline{\Phi}22(A_s = 1520\text{mm}^2)$,$A'_s$ 为 $4\underline{\Phi}14(A'_s = 615\text{mm}^2)$,钢筋等级为HRB335,偏心距 $e_0 = 325\text{mm}$,求截面能承受的轴向力设计值 N 和 M 为多少?

【解】 (1)数据整理

$b \times h = 400\text{mm} \times 600\text{mm}$,$l_0 = 4000\text{mm}$,$f_c = 11.9\text{MPa}$,$f_y = f'_y = 300\text{MPa}$,$\xi_b = 0.550$,$A_s = 1520\text{mm}^2$,$e_0 = 325\text{mm}$,$a_s = a'_s = 35\text{mm}$,$h_0 = h - a_s = 565\text{mm}$。

(2)求偏心距增大系数 η

$$e_0 = 325\text{mm}, h/30 = 600/30 = 20\text{mm}, 取 e_a = 20\text{mm}$$
$$e_i = e_a + e_0 = 20 + 325 = 345\text{mm}$$

又 $\dfrac{l_0}{h} < 5.0$,则
$$\eta = 1.0$$

(3)判别大小偏心

由 $\eta e_i = 1.0 \times 345\text{mm} > 0.3h_0 = 170\text{mm}$,可知构件可能属于大偏心受压,为了进一步判别,先依大偏心受压构件的计算公式求出 x,为此计算 e

$$e = \eta e_i + \dfrac{h}{2} - a_s = 345 + 0.5 \times 600 - 35 = 610\text{mm}$$

由式(6.8)和式(6.9)可得
$$\begin{cases} N = \alpha_1 f_c bx + f'_y A'_s - f_y A_s \\ Ne = \alpha_1 f_c bx(h_0 - 0.5x) + f'_y A'_s(h_0 - a'_s) \end{cases}$$

即
$$\begin{cases} N = 11.9 \times 400x + 300 \times 615 - 300 \times 1520 \\ N \times 610 = 11.9 \times 400x(565 - 0.5x) + 300 \times 615 \times (565 - 35) \end{cases}$$

从而求得 $x = 285\text{mm} < \xi_b h_0 = 0.550 \times 565 = 310.75\text{mm}$,且 $x > 2a'_s$,所以此构件属于大偏心受压。

(4)求轴向力设计值 N 和 M

由式(6.8)可得
$$N = N_u = \alpha_1 f_c bx + f'_y A'_s - f_y A_s = 11.9 \times 400 \times 285 + 300 \times 615 - 300 \times 1520$$
$$= 1085 \times 10^3 \text{N}$$

从而
$$M = Ne_0 = 1085\text{kN} \times 0.325\text{m} = 352.63\text{kN} \cdot \text{m}$$

【例6.7】 已知柱截面尺寸 $b \times h = 300\text{mm} \times 400\text{mm}$,截面配筋为 $A_s = 402\text{mm}^2 (2\Phi16)$,$A'_s = 1018\text{mm}^2 (4\Phi18)$,箍筋为 $\phi6@250$,柱在两方向的计算长度均为 5m,轴向力设计值 $N = 1000\text{kN}$,若混凝土等级为 C25,HPB300 级钢筋,求柱能承受的最大弯矩设计值 M,$a_s = a'_s = 35\text{mm}$。

【解】 (1)数据整理

$b \times h = 300\text{mm} \times 400\text{mm}$,$A_s = 402\text{mm}^2$,$A'_s = 1018\text{mm}^2$,$l_0 = 5\text{m}$,$a_s = a'_s = 35\text{mm}$,$f_y = f'_y = 270\text{MPa}$,$\xi_b = 0.576$,$f_c = 9.6\text{MPa}$,$h_0 = h - a_s = 365\text{mm}$,$N = 1000\text{kN}$。

(2)验算弯矩作用平面外的承载力

由 $\dfrac{l_0}{b} = \dfrac{5000}{300} = 16.7$ 得 $\varphi = 0.85$

$$1000 \times 10^3 = N < \varphi(f_c A + f'_y A'_s + f'_y A_s)$$
$$= 0.85 \times [9.6 \times 300 \times 400 + 210 \times (1018 + 420)]$$
$$= 1232670\text{N}$$

满足要求。

(3)判别大小偏心
$$N_b = \alpha_1 f_c b\xi_b h_0 + f'_y A'_s - f_y A_s$$
$$= 11.9 \times 300 \times 0.576 \times 365 + 270 \times 1018 - 270 \times 402$$

$$= 916876.8\text{N} < 1000 \times 10^3 \text{N}$$

所以此柱属于小偏心受压。

(4) 求受压区高度 x

由式(6.12)得

$$1000 \times 10^3 = 11.9 \times 300x + 270 \times 1018 - \dfrac{\dfrac{x}{365} - 0.8}{0.576 - 0.8} \times 270 \times 402$$

解得 $x = 227.2\text{mm} > \xi_b h_0 = 210.24\text{mm}$,所以为小偏心受压构件。

(5) 求偏心距增大系数 η

$$\zeta_c = \dfrac{0.5 f_c A}{N} = \dfrac{0.5 \times 11.9 \times 300 \times 400}{1000 \times 10^3} = 0.714$$

$$\eta = 1 + \dfrac{1}{1300 \dfrac{e_i}{h_0}} \left(\dfrac{l_0}{h}\right)^2 \zeta_c = 1 + \dfrac{1}{1300 \times \dfrac{e_i}{365}} \times \left(\dfrac{5000}{400}\right)^2 \times 0.714 = 1 + \dfrac{31.32}{e_i}$$

即

$$\eta e_i = e_i + 31.32$$

(6) 求 e_0 和 M

$$e = \eta e_i + \dfrac{h}{2} - a_s' = e_i + 31.32 + \dfrac{400}{2} - 35 = e_i + 196.32$$

将 x 和 e 代入式(6.13)得

$$1000 \times 10^3 \times (e_i + 196.32)$$
$$= 11.9 \times 300 \times 227.2 \times (365 - 0.5 \times 227.2) + 270 \times 1018 \times (365 - 35)$$

由此解得

$$e_i = 98.3\text{mm}, e_a = \dfrac{h}{30} = \dfrac{400}{30} = 13.33\text{mm} < 20\text{mm},取 e_a = 20\text{mm}$$

又由

$$e_i = e_0 + e_a = e_0 + 20 \Rightarrow e_0 = e_i - 20 = 98.3 - 20 = 78.3\text{mm}$$

故

$$M = N e_0 = 1000 \times 10^3 \times 78.3 = 78.3\text{kN} \cdot \text{m}$$

【例 6.8】 某截面尺寸为 $b \times h = 400\text{mm} \times 600\text{mm}$ 的偏心受压柱,采用强度等级为 C35 的混凝土,HRB400 级钢筋,柱计算长度为 7800mm,$A_s = 1256\text{mm}^2$,$A_s' = 1520\text{mm}^2$,轴向压力设计值 $N = 1200\text{kN}$,弯矩设计值 $M = 396\text{kN} \cdot \text{m}$,试复核该截面($a_s = a_s' = 40\text{mm}$)。

【解】 (1) 数据整理

$b \times h = 400\text{mm} \times 600\text{mm}$,$l_0 = 7200\text{mm}$,$f_y = f_y' = 360\text{MPa}$,$\xi_b = 0.52$,$A_s = 1256\text{mm}^2$,$A_s' = 1520\text{mm}^2$,$f_c = 16.7\text{MPa}$,$a_s = a_s' = 40\text{mm}$,$h_0 = 560\text{mm}$,$M = 379.5\text{kN} \cdot \text{m}$,$N = 1150\text{kN}$。

(2) 计算 e_i 和 η

$$e_0 = \dfrac{M}{N} = \dfrac{379.5 \times 10^6}{1150 \times 10^3} = 330\text{mm},\dfrac{h}{30} = \dfrac{600}{30} = 20\text{mm},取 e_a = 20\text{mm}$$

$$e_i = e_0 + e_a = 330 + 20 = 350\text{mm}$$

$$\zeta_c = \dfrac{0.5 f_c A}{N} = \dfrac{0.5 \times 16.7 \times 400 \times 600}{1150 \times 10^3} = 1.74 > 1.0,取 \zeta_c = 1.0$$

故

$$\eta = 1 + \dfrac{1}{1300 \times \dfrac{350}{560}} 13^2 \times 1.0 = 1.208$$

(3)判别大小偏心

$$\eta e_i = 1.208 \times 350 = 422.8\text{mm} > 0.3h_0 = 168\text{mm}$$

故先按大偏心受压构件计算。

(4)计算相对受压区高度 ξ

$$e = \eta e_i + \frac{h}{2} - a'_s = 422.8 + \frac{600}{2} - 40 = 682.8\text{mm}$$

$$e' = \eta e_i - \frac{h}{2} + a'_s = 422.8 - \frac{600}{2} + 40 = 162.8\text{mm}$$

对 N 作用点取矩得

$$\alpha_1 f_c bx\left(\eta e_i - \frac{h}{2} + \frac{x}{2}\right) = f_y A_s\left(\eta e_i + \frac{h}{2} - a_s\right) + f'_y A'_s\left(\eta e_i - \frac{h}{2} + a'_s\right)$$

将以上数据代入解得 $x = 243.5\text{mm} < \xi_b h_0 = 0.52 \times 560 = 291.2\text{mm}$,故为大偏心受压。

(5)计算 N_u

由式(6.8)得

$$\begin{aligned}N_u &= \alpha_1 f_c bx + f'_y A'_s - f_y A_s \\ &= 1.0 \times 16.7 \times 400 \times 243.5 + 360 \times 1520 - 360 \times 1256 \\ &= 1721620\text{N} = 1721.62\text{kN} > N = 1150\text{kN}\end{aligned}$$

所以设计是安全和经济的。

第六节 对称配筋矩形截面偏心受压构件正截面承载力计算

在实际工程中,偏心受压构件在各种不同荷载(如风荷载、地震作用及竖向荷载等)组合效应作用下,有时承受来自两个反方向的弯矩作用,当两个方向的弯矩相差不大时,应设计为对称配筋截面。当两个方向的弯矩相差虽很大,但按对称配筋设计求得的钢筋总量与非对称配筋设计所得钢筋总量相比相差不大时,为便于设计和施工,截面常采用对称配筋。对称配筋的计算也包括截面设计和承载力校核两部分内容。

在对称配筋时,只要在非对称配筋计算公式中令 $f_y = f'_y$,$A_s = A'_s$,$a_s = a'_s$。

一 对称配筋矩形截面设计

截面对称配筋时,$A_s = A'_s$,$f_y = f'_y$,则由式(6.8)可得

$$x = \frac{N}{\alpha_1 f_c b} \tag{6.36}$$

或

$$\xi = \frac{N}{\alpha_1 f_c b h_0} \tag{6.37}$$

当 $x \leqslant \xi_b h_0$ 时,为大偏心受压构件;当 $x > \xi_b h_0$ 时,为小偏心受压构件。

值得注意的是,用式(6.36)或式(6.37)判别大小偏心有时会出现矛盾的情况。在实际设计中,为保证构件刚度,有可能出现选用的截面尺寸很大,而截面轴向压力 N 相对较小且偏心距也很小的情形,如采用式(6.36)或式(6.37)进行判断,有可能判为大偏心受压($x \leqslant \xi_b h_0$),但又存在 $\eta e_i < 0.3h_0$ 的情况。此时,无论按大偏心受压还是小偏心受压公式计算,结果均接近按构造配筋,并由最小配筋率控制。

1. 大偏心受压破坏

若 $2a_s' \leqslant x \leqslant \xi_b h_0$，由式(6.9)可得

$$A_s = A_s' = \frac{Ne - \alpha_1 f_c bx\left(h_0 - \dfrac{x}{2}\right)}{f_y'(h_0 - a_s')} \tag{6.38}$$

若 $x < 2a_s'$，则由式(6.11)得

$$A_s = A_s' = \frac{Ne'}{f_y'(h_0 - a_s')} \tag{6.39}$$

式中：$e' = \eta e_i - \dfrac{h}{2} + a_s'$。

2. 小偏心受压破坏

将 $A_s = A_s'$，$f_y = f_y'$ 及 σ_s 代入小偏心受压构件基本式(6.12)～式(6.18)，可得对称配筋矩形截面小偏心受压的近似计算纵向普通钢筋截面面积，即

$$A_s = A_s' = \frac{Ne - \xi(1 - 0.5\xi)\alpha_1 f_c b h_0^2}{f_y'(h_0 - a_s')} \tag{6.40}$$

此处，相对受压区高度 ξ 可按下列公式计算

$$\xi = \frac{N - \xi_b \alpha_1 f_c b h_0}{\dfrac{Ne - 0.43\alpha_1 f_c b h_0^2}{(\beta_1 - \xi_b)(h_0 - a_s')} + \alpha_1 f_c b h_0} + \xi_b \tag{6.41}$$

 对称配筋矩形截面复核

对称配筋偏心受压构件的截面承载力复核，可按不对称配筋偏心受压构件的方法进行计算，但在相关公式中取 $A_s = A_s'$，$f_y = f_y'$。

【例 6.9】 已知设计荷载作用下柱的轴向力 $N = 30 \times 10^4 \text{N}$，弯矩 $M = 15.9 \times 10^4 \text{N·m}$，截面尺寸 $b \times h = 400\text{mm} \times 600\text{mm}$，$a_s = a_s' = 35\text{mm}$，$l_0 = 10\text{m}$，采用强度等级为 C25 的混凝土和 HRB335 级钢筋，采用对称配筋，试确定 A_s 和 A_s'。

【解】 在对称配筋条件下，$A_s = A_s'$，$f_y = f_y'$。

(1) 数据整理

$b \times h = 400\text{mm} \times 600\text{mm}$，$N = 30 \times 10^4 \text{N}$，$M = 15.9 \times 10^4 \text{N·m}$，$l_0 = 10\text{m}$，$a_s = a_s' = 35\text{mm}$，$f_c = 11.9\text{MPa}$，$f_y = f_y' = 300\text{MPa}$，$\xi_b = 0.550$，$h_0 = 565\text{mm}$。

(2) 求偏心距增大系数 η 和偏心距 e

$$e_0 = \frac{M}{N} = \frac{15.9 \times 10^7}{30 \times 10^4} = 530\text{mm}, \quad \frac{h}{30} = \frac{600}{30} = 20\text{mm}$$

所以取 $e_a = \max\left\{20\text{mm}, \dfrac{h}{30}\right\} = \max\{20\text{mm}, 20\text{mm}\} = 20\text{mm}$

$$e_i = e_0 + e_a = 530 + 20 = 550\text{mm}$$

$$\zeta_c = \frac{0.5 f_c A}{N} = \frac{0.5 \times 11.9 \times 400 \times 600}{30 \times 10^4} = 4.86 > 1.0,\ \text{取}\ \zeta_c = 1.0$$

$$\eta = 1 + \frac{1}{1300\dfrac{e_i}{h_0}}\left(\frac{l_0}{h}\right)^2 \zeta_c = 1 + \frac{1}{1300 \times \dfrac{550}{565}} \times 16.7^2 \times 1.0 = 1.22$$

$$\eta e_i = 1.22 \times 550 = 671\text{mm}, e = \eta e_i + \frac{h}{2} - a_s = 671 + \frac{600}{2} - 35 = 936\text{mm}$$

(3)判别大小偏心
由式(6.36)得
$$x = \frac{N}{\alpha_1 f_c b} = \frac{30 \times 10^4}{11.9 \times 400} = 63.03\text{mm} < \xi_b h_0 = 0.550 \times 565 = 310.75\text{mm}$$
故属于大偏心受压。

(4)计算 A_s、A_s' 并进行配筋率的验算
由于 $x = 63.03\text{mm} < 2a_s' = 2 \times 35 = 70\text{mm}$
$$e' = \eta e_i - \frac{h}{2} + a_s' = 671 - \frac{600}{2} + 35 = 406\text{mm}$$
故据式(6.39)得
$$A_s = A_s' = \frac{Ne'}{f_y'(h_0 - a_s')} = \frac{30 \times 10^4 \times 406}{300 \times (565 - 35)} = 766\text{mm}^2 > 0.002bh$$

$$= 0.002 \times 400 \times 600 = 480\text{mm}^2$$

(5)配筋
两侧选用 $4 \underline{\Phi} 16$ ($A_s = A_s' = 804\text{mm}^2$)。

【例6.10】 截面尺寸为 $b \times h = 300\text{mm} \times 600\text{mm}$ 的钢筋混凝土柱,其控制截面中作用 $N = 3 \times 10^3 \text{kN}$, $M = 336 \text{kN} \cdot \text{m}$, 计算长度 $l_0 = 3\text{m}$, $a_s = a_s' = 40\text{mm}$, 采用强度等级为C20的混凝土,HRB400级钢筋,试按对称配筋确定截面两侧的纵向钢筋 $A_s = A_s'$。

【解】 (1)数据整理
$b \times h = 300\text{mm} \times 600\text{mm}$, $N = 3 \times 10^3 \text{kN}$, $M = 336 \text{kN} \cdot \text{m}$, $l_0 = 3\text{m}$, $h_0 = 560\text{mm}$, $a_s = a_s' = 40\text{mm}$, $f_c = 9.6\text{MPa}$, $f_y = f_y' = 360\text{MPa}$, $\xi_b = 0.52$。

(2)计算 e_i 和 η
$$e_0 = \frac{M}{N} = \frac{336 \times 10^6}{3 \times 10^6} = 112\text{mm}$$

$$e_a = \max\left\{20\text{mm}, \frac{h}{30}\right\} = \max\{20\text{mm}, 20\text{mm}\} = 20\text{mm}$$

$$e_i = e_0 + e_a = 112 + 20 = 132\text{mm}$$

$\frac{l_0}{h} = \frac{3000}{600} = 5$ 为短柱,故 $\eta = 1.0$。

并且,$e = \eta e_i + \frac{h}{2} - a_s = 132 + \frac{600}{2} - 40 = 392\text{mm}$。

(3)判断大小偏心
$$x = \frac{N}{\alpha_1 f_c b} = \frac{3 \times 10^6}{1.0 \times 9.6 \times 300} = 1041.6\text{mm} > \xi_b h_0 = 0.52 \times 560 = 291.2\text{mm}$$
属小偏心受压构件。

(4)计算相对受压区高度 ξ
由式(6.41)可得
$$\xi = \frac{N - \xi_b \alpha_1 f_c b h_0}{\frac{Ne - 0.43\alpha_1 f_c b h_0^2}{(\beta_1 - \xi_b)(h_0 - a_s')} + \alpha_1 f_c b h_0} + \xi_b$$

$$=\frac{3\times10^6-0.52\times9.6\times300\times560}{\dfrac{3\times10^6\times392-0.43\times1.0\times9.6\times300\times560^2}{(0.8-0.52)(560-40)}+9.6\times300\times560}+0.52$$

$$=0.828$$

(5)计算 $A_s(A'_s)$ 并验算配筋率

由式(6.40)可得

$$A_s=A'_s=\frac{Ne-\alpha_1 f_c b h_0^2 \xi(1-0.5\xi)}{f_y(h_0-a'_s)}$$

$$=\frac{3\times10^6\times392-0.828\times(1-0.5\times0.828)\times9.6\times300\times560^2}{360(560-40)}$$

$$=3941\text{mm}^2>\rho_{\min}bh=0.002\times300\times600=360\text{mm}^2$$

(6)验算弯矩作用平面外的承载力

$$3\times10^6\text{N}=N<\varphi(f'_y A'_s+f_c A)$$

$$=0.9\times(360\times3941\times2+9.6\times300\times600)=4108968\text{N}$$

满足弯矩作用平面外承载力的要求。

(7)选筋

两侧选用各 $4\underline{\Phi}36(A_s=A'_s=4072\text{mm}^2)$，$(A_s+A'_s)/bh>0.5\%$，满足要求。

【例6.11】 已知偏心压力设计值 $N=1250\text{kN}$，轴向力的偏心距 $e_0=90\text{mm}$，$b\times h=400\text{mm}\times500\text{mm}$，$a_s=a'_s=35\text{mm}$，混凝土强度等级为C30，采用HRB335钢筋，对称配筋，钢筋选用 $2\underline{\Phi}16(A_s=A'_s=402\text{mm}^2)$，构件计算长度 $l_0=7.2\text{m}$。试校核该截面能否承担该偏心压力。

【解】 (1)数据整理

$b\times h=400\text{mm}\times500\text{mm}$，$a_s=a'_s=35\text{mm}$，$N=1250\text{kN}$，$e_0=90\text{mm}$，$l_0=7.2\text{m}$，$f_y=f'_y=300\text{MPa}$，$f_c=14.3\text{MPa}$，$\xi_b=0.550$，$A_s=A'_s=402\text{mm}^2$，$h_0=465\text{mm}$。

(2)判断大、小偏心

$$e_0=90\text{mm}, e_a=\max\left\{20\text{mm},\frac{h}{30}\right\}=\max\left\{20\text{mm},\frac{500}{30}\text{mm}\right\}=20\text{mm}$$

$$e_i=e_0+e_a=90+20=110\text{mm}$$

$$\zeta_c=\frac{0.5 f_c A}{N}=\frac{0.5\times14.3\times400\times500}{1250\times10^3}=1.14>1.0,\text{取}\zeta_c=1.0$$

$$\eta=1+\frac{1}{1300\dfrac{e_i}{h_0}}\left(\frac{l_0}{h}\right)^2\zeta_c=1+\frac{1}{1300\times\dfrac{110}{465}}14.5^2\times1.0=1.684$$

$$\eta e_i=1.684\times110=185.24\text{mm}>0.3h_0=0.3\times465=139.5\text{mm}$$

初步判断为大偏心受压截面，故按大偏心受压计算。

(3)求受压区高度 x

由式(6.35)，$\alpha_1 f_c b x\left(\eta e_i-\dfrac{h}{2}+\dfrac{x}{2}\right)=f_y A_s\left(\eta e_i+\dfrac{h}{2}-a_s\right)-f'_y A'_s\left(\eta e_i-\dfrac{h}{2}+a'_s\right)$

代入数据得

$$14.3\times400\times x\times\left(168.63-\frac{500}{2}+\frac{x}{2}\right)$$

$$=300\times402\times\left(168.63+\frac{500}{2}-35\right)-300\times402\times\left(168.63-\frac{500}{2}+35\right)$$

移项整理得：$x = 239.7 \text{mm}$

$$2a_s' = 2 \times 35 = 70\text{mm} < x = 239.7\text{mm} < \xi_b h_0 = 0.55 \times 465 = 255.75\text{mm}$$

(4) 求轴向力设计值 N

已知 $\dfrac{l_0}{b} = \dfrac{7200}{400} = 18$，查附表 8 得 $\varphi = 0.81$，按式(6.2)得

$$\begin{aligned}
N_u &= 0.9\varphi[f_c bh + f_y'(A_s + A_s')] \\
&= 0.9 \times 0.81 \times [14.3 \times 400 \times 500 + 300(402 + 402)] \\
&= 2260774.8\text{N} > 1250\text{kN}
\end{aligned}$$

故满足设计，所以该截面能承担此偏心压力，结构安全。

第七节 工字形截面偏心受压构件正截面承载力计算

为了节省混凝土和柱的自重，对于较大尺寸的装配式柱往往采用工字形截面柱。工字形截面柱的正截面破坏形态和矩形截面相同，因而其计算原则与矩形截面一致，仅由于截面形状的不同使用计算公式稍有差别。

由于工字形截面柱一般采用对称配筋。因而本节重点讲述对称配筋工字形截面偏心受压构件的正截面承载力。

一 对称配筋工字形截面偏心受压破坏的基本公式和适用条件

1. 对于工字形截面大偏心受压柱，中和轴可能通过受压翼缘，也可能通过腹板

(1) 当中和轴通过截面受压翼缘时（$x \leqslant h_f'$）

计算应力图形如图 6.22a)所示，其受力特征与截面宽度为 b_f' 的矩形截面相似，由力的平衡条件可得

$$N = \alpha_1 f_c b_f' x \tag{6.42}$$

$$Ne = \alpha_1 f_c b_f' x \left(h_0 - \dfrac{x}{2}\right) + f_y' A_s'(h_0 - a_s') \tag{6.43}$$

式(6.42)和式(6.43)的适用条件如下

$$2a_s' \leqslant x \leqslant h_f' \tag{6.44}$$

式中：b_f'——工字形截面受压翼缘宽度；

h_f'——工字形截面受压翼缘高度。

若 $x \leqslant 2a_s'$，取 $x = 2a_s'$ 进行计算。

(2) 当中和轴通过截腹板时（$x > h_f'$）

计算应力图如图 6.22b)所示，翼缘和腹板共同受力，由力的平衡条件可得

$$N = \alpha_1 f_c [bx + (b_f' - b)h_f'] \tag{6.45}$$

$$Ne = \alpha_1 f_c \left[bx\left(h_0 - \dfrac{x}{2}\right) + (b_f' - b)h_f'\left(h_0 - \dfrac{h_f'}{2}\right)\right] + f_y' A_s'(h_0 - a_s') \tag{6.46}$$

式(6.45)和式(6.46)的适用条件如下

$$h_f' < x \leqslant \xi_b h_0 \tag{6.47}$$

2. 小偏心受压破坏

对于工字形截面小偏心受压柱，中和轴的位置一般也有两种情况，即中和轴通过腹板，或

通过距轴向力较远一侧的翼缘。

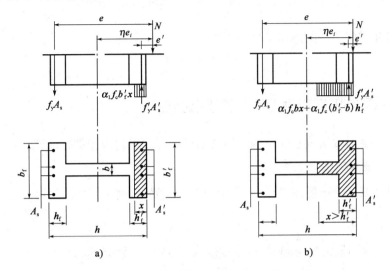

图 6.22　工字形截面大偏心受压承载力计算应力图

(1)当中和轴通过截面腹板时($h_f' < x \leqslant h - h_f$)

如图 6.23 所示,由力的平衡条件可得

$$N = \alpha_1 f_c [bx + (b_f' - b)h_f'] + f_y' A_s' - \sigma_s A_s \tag{6.48}$$

$$Ne = \alpha_1 f_c \left[bx \left(h_0 - \frac{x}{2} \right) + (b_f' - b) h_f' \left(h_0 - \frac{h_f'}{2} \right) \right] + f_y' A_s' (h_0 - a_s') \tag{6.49}$$

式(6.48)和式(6.49)的适用条件如下

$$\xi_b h_0 < x \leqslant h - h_f \tag{6.50}$$

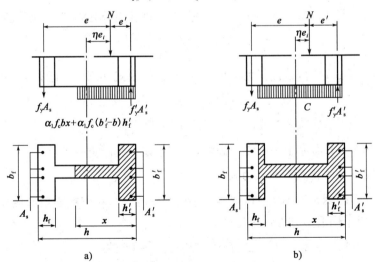

图 6.23　工字形截面小偏心受压承载力计算应力图

(2)当中和轴通过距轴向力较远一侧的翼缘时($h - h_f < x \leqslant h$)

如图 6.22b)所示,由力的平衡条件可得

$$N = \alpha_1 f_c [bx + (b_f' - b)h_f' + (b_f - b)(x - h + h_f)] + f_y' A_s' - \sigma_s A_s \tag{6.51}$$

$$Ne = \alpha_1 f_c bx \left(h_0 - \frac{x}{2} \right) + \alpha_1 f_c (b_f' - b) h_f' \left(h_0 - \frac{h_f'}{2} \right) + \alpha_1 f_c (b_f - b)(x + h_f - h)$$

$$\left(\frac{h}{2}+\frac{h_f}{2}-a_s-\frac{x}{2}\right)+f'_y A'_s(h_0-a'_s) \tag{6.52}$$

式(6.51)和式(6.52)的适用条件如下

$$h-h_f < x \leqslant h \tag{6.53}$$

二 对称配筋工字形截面偏心受压截面设计

对称配筋工字形截面偏心受压构件的截面设计可按下列步骤进行计算。

1. 大偏心受压构件正截面承载力设计

首先假设混凝土受压区在翼缘内,即中和轴通过翼缘,则由式(6.42)可得

$$x=\frac{N}{\alpha_1 f_c b'_f} \tag{6.54}$$

若 $x \leqslant h'_f$,表明假定是正确的,可按宽度为 b'_f 的矩形截面计算。

当 $2a'_s \leqslant x \leqslant h'_f$ 时,由式(6.43)可求得 A'_s 和 A_s。

$$A_s=A'_s=\frac{Ne-N\left(h_0-\frac{x}{2}\right)}{f_y(h_0-a'_s)} \tag{6.55}$$

当 $x \leqslant 2a'_s$ 时,取 $x=2a'_s$ 进行计算,由式(6.11)可得

$$A_s=A'_s=\frac{Ne'}{f_y(h_0-a'_s)} \tag{6.56}$$

式中:$e'=\eta e_i-\frac{h}{2}+a'_s$。

若式(6.54)计算出的 $x > h'_f$,表明假定错误,混凝土受压区高度 x 应重新计算,即

$$x=\frac{N-\alpha_1 f_c(b'_f-b)h'_f}{\alpha_1 f_c b} \tag{6.57}$$

当算出的 $x \leqslant \xi_b h_0$ 时,截面仍为大偏心受压破坏,由式(6.46)可求得 A'_s 和 A_s。

$$A_s=A'_s=\frac{Ne-\alpha_1 f_c bx\left(h_0-\frac{x}{2}\right)-\alpha_1 f_c(b'_f-b)h'_f\left(h_0-\frac{h'_f}{2}\right)}{f_y(h_0-a'_s)} \tag{6.58}$$

如果 $x > \xi_b h_0$,截面为小偏心受压破坏,须按小偏心受压重新计算。

2. 小偏心受压构件正截面承载力设计

当由式(6.57)得到 $x > \xi_b h_0$ 时,则属于小偏心受压。与对称配筋矩形截面小偏心受压截面设计一样,可以采用近似方法计算出 ξ。

$$\xi=\frac{N-\alpha_1 f_c(b'_f-b)h'_f-\xi_b \alpha_1 f_c b h_0}{\dfrac{Ne-\alpha_1 f_c(b'_f-b)h'_f\left(h_0-\dfrac{h'_f}{2}\right)-0.43\alpha_1 f_c b h_0^2}{(\beta_1-\xi_b)(h_0-a'_s)}+\alpha_1 f_c b h_0}+\xi_b \tag{6.59}$$

当 $\xi_b < \xi \leqslant \dfrac{h-h_f}{h_0}$ 时,将 ξ 代入式(6.49)计算 A_s 和 A'_s。

$$A_s=A'_s=\frac{Ne-\alpha_1 f_c(b'_f-b)h'_f\left(h_0-\dfrac{h'_f}{2}\right)-\xi(1-0.5\xi)\alpha_1 f_c b h_0^2}{f'_y(h_0-a'_s)} \tag{6.60}$$

当 $\xi > \dfrac{h-h_f}{h_0}$ 时,表明中和轴通过距轴向力较远一侧的翼缘,应将式(6.51)和式(6.52)联立重新求解 ξ,代入式(6.14)求得 σ_s,根据求解出的 ξ 和 σ_s 的不同区分不同情况计算。

三 对称配筋工字形截面偏心受压截面复核

对称配筋工字形截面偏心受压构件正截面受压承载力复核的方法,与对称配筋矩形截面偏心受压构件的相似,一般是在已知截面作用弯矩设计值和轴向力设计值以及其他条件的情况下,代入基本公式求解其极限承载力 N_u 等。

【**例 6.12**】 某工字形截面排架柱截面尺寸见图 6.24,该柱控制截面承受 $N=1000\text{kN}$, $M=400\text{kN}\cdot\text{m}$,采用 C30 混凝土,HRB335 钢筋,计算长度 $l_0=8.5\text{m}$(另一方向的 $l_0=6.8\text{m}$),取 $a_s=a_s'=40\text{mm}$,试按对称配筋计算 A_s 和 A_s'。

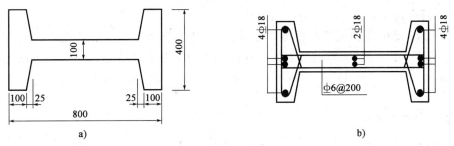

图 6.24 例 6.12 图

【**解**】 (1)数据整理

$N=1000\text{kN}, M=400\text{kN}\cdot\text{m}, f_c=14.3\text{MPa}, f_y=f_y'=300\text{MPa}, \xi_b=0.550, a_s=a_s'=40\text{mm}, h_0=h-a_s=800-40=760\text{mm}, A=11.75\times10^4\text{mm}^2, l_0=8.5\text{m}$。

$$e_0 = M/N = 400\times10^6/1000\times10^3 = 400\text{mm}$$

(2)计算偏心距增大系数 η

$$\dfrac{h}{30} = \dfrac{800}{30} = 26.67\text{mm} > 20\text{mm}, e_a = \max\left\{20\text{mm}, \dfrac{h}{30}\right\} = 26.67\text{mm}$$

$$e_i = e_a + e_0 = 26.67 + 400 = 426.67\text{mm}$$

$$\zeta_c = \dfrac{0.5 f_c A}{N} = \dfrac{0.5\times14.3\times11.75\times10^4}{1000\times10^3} = 0.84 < 1.0$$

所以 η 值为

$$\eta = 1 + \dfrac{1}{1300\dfrac{e_i}{h_0}}\left(\dfrac{l_0}{h}\right)^2 \zeta_c = 1 + \dfrac{1}{1300\times\dfrac{426.67}{760}}\times10.625^2\times0.84 = 1.13$$

(3)判断大小偏心

先假定受压区在翼缘内($x<h_f'$),由式(6.54)可得

$$x = \dfrac{N}{\alpha_1 f_c b_f'} = \dfrac{1000\times10^3}{14.3\times400} = 175\text{mm} > h_f' = 100\text{mm}$$

所以压区进入腹板,由式(6.57)重新计算 x

$$x = \dfrac{N - \alpha_1 f_c (b_f'-b) h_f'}{\alpha_1 f_c b} = \dfrac{1000\times10^3 - 14.3\times(400-100)\times100}{14.3\times100}$$

$$= 399\text{mm} < \xi_b h_0 = 418\text{mm}$$

故属于大偏心受压。

(4)计算 A_s(A'_s),并验算配筋率

$$e = \eta e_i + \frac{h}{2} - a_s = 1.13 \times 426.67 + \frac{800}{2} - 40 = 842.14 \text{mm}$$

由(6.74)式可得

$$A_s = A'_s = \frac{Ne - \alpha_1 f_c bx\left(h_0 - \frac{x}{2}\right) - \alpha_1 f_c (b'_f - b)h'_f\left(h_0 - \frac{h'_f}{2}\right)}{f_y(h_0 - a'_s)}$$

$$= \frac{1 \times 10^6 \times 842.14 - 14.3 \times 100 \times 399 \times \left(760 - \frac{399}{2}\right) - 14.3 \times (400 - 100) \times 100 \times \left(760 - \frac{100}{2}\right)}{300 \times (760 - 40)}$$

$$= 1008.1 \text{mm}^2 > \rho_{\min} A = 0.002 \times 11.75 \times 10^4 = 235 \text{mm}^2$$

(5)选筋

实配纵筋每边 4⌀18($A_s = A'_s = 1017 \text{mm}^2$)。

【例 6.13】 已知某预制厂房柱为工字形截面,计算长度为 7.5m,柱截面控制内力 $N = 8.0 \times 10^5 \text{N}$, $M = 12.5 \times 10^4 \text{N·m}$,混凝土为 C25,钢筋为 HRB335,$a_s = a'_s = 40 \text{mm}$,柱截面尺寸为 $b \times h = 10 \text{mm} \times 700 \text{mm}$,$b_f = b'_f = 350 \text{mm}$,$h_f = h'_f = 112 \text{mm}$,试按对称配筋计算 A_s 和 A'_s 用量。

【解】 (1)数据整理

$l_0 = 7.5 \text{m}$, $N = 8.0 \times 10^5 \text{N}$, $M = 12.5 \times 10^4 \text{N·m}$, $b \times h = 100 \text{mm} \times 700 \text{mm}$, $b_f = b'_f = 350 \text{mm}$, $h_f = h'_f = 112 \text{mm}$, $\xi_b = 0.550$, $a_s = a'_s = 40 \text{mm}$, $h_0 = h - a_s = 700 - 40 = 660 \text{mm}$,

$$e_0 = \frac{M}{N} = \frac{12.5 \times 10^7}{7.2 \times 10^5} = 173.6 \text{mm}。$$

(2)判别大小偏心

先假定受压区在翼缘内,由式(6.54)可得

$$x = \frac{N}{\alpha_1 f_c b'_f} = \frac{8.0 \times 10^5}{11.9 \times 350} = 172.9 \text{mm} > h'_f = 112 \text{mm}$$

所以受压区进入腹板,由式(6.57)重新计算 x

$$x = \frac{N - \alpha_1 f_c (b'_f - b)h'_f}{\alpha_1 f_c b} = \frac{8.0 \times 10^5 - 11.9 \times (350 - 100) \times 112}{11.9 \times 100}$$

$$= 392.3 \text{mm} > \xi_b h_0 = 363 \text{mm}$$

又 $h - h_f = 700 - 112 = 588 \text{mm} > x = 392.3 \text{mm}$

故此柱属小偏心受压,且中和轴通过腹板。

(3)计算偏心距增大系数 η

$$e_0 = 173.6 \text{mm}, \frac{h}{30} = \frac{700}{30} = 23.33 \text{mm} > 20 \text{mm}$$

$$e_a = \max\left\{20 \text{mm}, \frac{h}{30}\right\} = 23.33 \text{mm}$$

$$e_i = e_a + e_0 = 23.33 + 173.6 = 196.93 \text{mm}$$

$$\zeta_c = \frac{0.5 f_c A}{N} = \frac{0.5 \times f_c \times [bh + 2(b'_f - b)h'_f]}{N}$$

$$= \frac{0.5 \times 11.9 \times [100 \times 700 + 2(350 - 100) \times 112]}{8.0 \times 10^5} = 0.937 < 1.0$$

所以 η 值为

$$\eta = 1 + \frac{1}{1300\dfrac{e_i}{h_0}}\left(\dfrac{l_0}{h}\right)^2 \zeta_c = 1 + \frac{1}{1300 \times \dfrac{196.93}{660}} \times 10.71^2 \times 0.937 = 1.277$$

$$e = \eta e_i + \frac{h}{2} - a'_s = 1.277 \times 196.93 + \frac{700}{2} - 40 = 561.48 \text{mm}$$

(4)计算 A_s(A'_s)

由式(6.59)式得 ξ 为

$$\xi = \frac{N - \alpha_1 f_c (b'_f - b) h'_f - \xi_b \alpha_1 f_c b h_0}{\dfrac{Ne - \alpha_1 f_c (b'_f - b) h'_f \left(h_0 - \dfrac{h'_f}{2}\right) - 0.43 \alpha_1 f_c b h_0^2}{(\beta_1 - \xi_b)(h_0 - a'_s)} + \alpha_1 f_c b h_0} + \xi_b$$

$$= 0.037 + 0.55 = 0.587$$

代入式(6.60)得

$$A_s = A'_s = \frac{Ne - \alpha_1 f_c (b'_f - b) h'_f (h_0 - \dfrac{h'_f}{2}) - \xi(1 - 0.5\xi)\alpha_1 f_c b h_0^2}{f'_y (h_0 - a'_s)} = 177.2 \text{mm}^2$$

(5)选筋

每侧选用 2⌀12($A_s = A'_s = 226 \text{mm}^2$)。

第八节　圆形截面偏心受压构件正截面承载力计算

一　圆形截面偏心受压正截面承载力计算的基本假定

圆形截面偏心受压构件正截面承载力计算,采用的基本假定与矩形截面偏心受压构件相同,计算采用的简化方法也与矩形截面偏心受压构件相似。由于圆形截面纵筋沿着截面周边均匀配置,因而其具体计算方法也有其不同的特点。周边均匀配筋的圆形截面偏心受压构件正截面承载力计算采用如下基本假定。

① 截面应变保持平面。
② 不考虑混凝土的抗拉强度。
③ 混凝土受压的应力—应变曲线采用受弯构件正截面承载力计算时的曲线,混凝土极限压应变 $\varepsilon_{cu} = 0.0033$。
④ 纵向受拉钢筋的极限拉应变取为 0.01。
⑤ 纵向钢筋的应力取钢筋应变与其弹性模量的乘积,但其值应符合下列要求

$$-f'_y \leqslant \sigma_{si} \leqslant f_y \tag{6.61}$$

$$\sigma_{p0i} - f'_{py} \leqslant \sigma_{pi} \leqslant f_{py} \tag{6.62}$$

式中：σ_{si}、σ_{pi}——第 i 层纵向普通钢筋、预应力筋的应力,正值代表拉应力,负值代表压应力；

　　σ_{p0i}——第 i 层纵向预应力筋截面重心处混凝土法向应力等于零时的预应力筋应力,先张法构件：$\sigma_{p0i} = \sigma_{con} - \sigma_l$,后张法构件 $\sigma_{p0i} = \sigma_{con} - \sigma_l + \alpha_E \sigma_{pc}$；

　　σ_{con}——预应力混凝土控制应力；

　　σ_l——相应阶段的预应力损失值。

在计算时,不需判断大小偏心情况,简化公式与精确解误差不大。

二 沿周边均匀配置纵向钢筋的环形截面偏心受压构件正截面承载力计算

(1)沿周边均匀配置纵向钢筋的环形截面偏心受压构件,如图 6.25 所示对于钢筋混凝土构件其正截面受压承载力宜符合下列规定

$$N \leqslant \alpha \alpha_1 f_c A + (\alpha - \alpha_t) f_y A_s \tag{6.63}$$

$$Ne_i \leqslant \alpha_1 f_c A(r_1 + r_2) \frac{\sin \pi \alpha}{2\pi} + f_y A_s r_s \frac{\sin \pi \alpha + \sin \pi \alpha_t}{\pi} \tag{6.64}$$

在上述各公式中的系数和偏心距,按下列公式计算

$$\alpha_t = 1 - 1.5\alpha \tag{6.65}$$

$$e_i = e_0 + e_a$$

式中:A——环形截面面积;

A_s——全部纵向普通钢筋的截面面积;

r_1、r_2——环形截面的内、外半径;

r_s——纵向普通钢筋重心所在圆周的半径;

e_0——轴向压力对截面重心的偏心距;

e_a——附加偏心距。

α——受压区混凝土截面面积与全截面面积的比值;

α_t——纵向受拉钢筋截面面积与全部纵向钢筋截面面积的比值,当 $\alpha > \frac{2}{3}$ 时,取 $\alpha_t = 0$

(2)当 $\alpha < \arccos\left(\frac{2r_1}{r_1 + r_2}\right)/\pi$ 时,环形截面偏心受压构件要按圆形截面偏心受压构件计算,如图 6.26 所示,圆形截面偏心受压构件宜符合下列规定

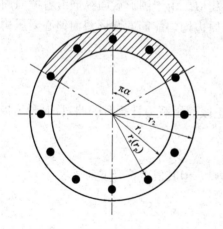

图 6.25 沿周边均匀配筋的环形截面

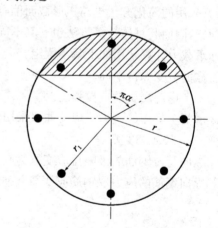

图 6.26 沿周边均匀配筋的圆形截面

$$N \leqslant \alpha \alpha_1 f_c A \left(1 - \frac{\sin 2\pi \alpha}{2\pi \alpha}\right) + (\alpha - \alpha_t) f_y A_s \tag{6.66}$$

$$Ne_i \leqslant \frac{2}{3} \alpha_1 f_c A r \frac{\sin^3 \pi \alpha}{\pi} + f_y A_s r_s \frac{\sin \pi \alpha + \sin \pi \alpha_t}{\pi} \tag{6.67}$$

$$\alpha_t = 1.25 - 2\alpha \tag{6.68}$$

$$e_i = e_0 + e_a$$

式中：A——圆形截面面积；
r——圆形截面的半径；
r_s——纵向普通钢筋重心所在圆周的半径；
α——对应于受压区混凝土截面面积的圆心角(rad)与2π的比值；
α_t——纵向受拉钢筋截面面积与全部纵向钢筋截面面积的比值，当$\alpha > 0.625$时，取$\alpha_t = 0$。

其他含义与前同。且本条适用于截面内纵向普通钢筋数量不少于6根的情况。

第九节 公路桥涵工程中受压构件承载力计算

一、轴心受压构件承载力计算

钢筋混凝土轴心受压构件，当配有箍筋（或在纵向钢筋上焊有横向钢筋时），其正截面受压承载力计算应符合下列规定

$$\gamma_0 N_d \leqslant 0.9\varphi(f_{cd}A + f'_{sd}A'_s) \tag{6.69}$$

式中：N_d——轴向力组合设计值；
φ——轴压构件稳定系数（按附表8）采用；
A——构件毛截面面积（当纵向钢筋配筋率大于3%时，A应改用$A_n = A - A'_s$）；
A'_s——全部纵向钢筋的截面面积；
f_{cd}——混凝土轴心抗压强度设计值；
f'_{sd}——普通钢筋抗抗压强度设计值。

式(6.69)适用于普通箍筋受压柱的受压承载力计算，在纵向钢筋上焊横向钢筋只起维持纵筋稳定的作用。当在受压柱中配置螺旋式或焊接环式间接钢筋，且间接钢筋的换算截面面积A_{so}不小于全部纵向钢筋截面面积的25%，间距不大于80mm或$d_{cor}/5$，构件长细比$l_0/i \leqslant 48$时，其正截面抗压承载力为

$$\gamma_0 N_d \leqslant 0.9(f_{cd}A_{cor} + f'_{sd}A'_s + kf_{sd}A_{so}) \tag{6.70}$$

$$A_{so} = \frac{\pi d_{cor} A_{sol}}{S} \tag{6.71}$$

式中：A_{cor}——构件核芯截面面积；
A_{so}——螺旋式或焊接环式间接钢筋的换算截面面积；
d_{cor}——构件截面的核芯直径；
k——间接钢筋影响系数（混凝土强度等级为C50以下时取$k=2.0$；C50～C80取$k=2.0～1.7$，中间值直线插入取用）；
A_{sol}——单根间接钢筋的截面面积；
S——沿构件轴线方向间接钢筋螺距或间距。

用式(6.70)计算受压构件承载力时，利用了受到箍筋约束混凝土的强度提高部分，但是受压构件的计算截面面积为核芯混凝土截面面积。所以《公路桥涵设计规范》(JTG D60—2004)规定了式(6.70)的适用条件。

(1) 按式(6.70)计算的螺旋箍筋柱抗压承载力设计值不应大于由式(6.69)计算的普通箍筋柱抗压承载力设计值的1.5倍,用以保证混凝土保护层在使用荷载作用下不致过早剥落,即

$$0.9(f_{cd}A_{cor} + f'_{sd}A'_s + kf_{sd}A_{so}) \leqslant 1.5[0.9\varphi(f_{cd}A + f'_{sd}A'_s)] \tag{6.72}$$

(2) 为了防止核芯混凝土截面面积过小,造成配置螺旋箍筋的受压柱承载力过低,《公路桥涵设计规范》(JTG D60—2004)要求

$$0.9(f_{cd}A_{cor} + f'_{sd}A'_s + kf_{sd}A_{so}) \geqslant 0.9\varphi(f_{cd}A + f'_{sd}A'_s) \tag{6.73}$$

(3) 当间接钢筋的换算面积太小时,会失去间接钢筋的侧限作用,所以对间接钢筋换算面积提出要求,即

$$A_{so} \geqslant 0.25A'_s \tag{6.74}$$

以上三条件若有一条不满足则按普通箍筋柱计算。

二 矩形截面偏心受压构件承载力计算

公路桥涵中的偏心受压构件也分为大小偏心受压两种破坏形态。以界限受压区高度 ξ_b 作为判别大小偏心受压的条件。$\xi \leqslant \xi_b$ 为大偏心受压,$\xi > \xi_b$ 为小偏心受压。ξ_b 的取值与受弯构件相同,见表6.3。

相对界限受压区高度 ξ_b 表6.3

钢筋种类＼混凝土强度等级	C50以下	C55、C60	C65、C70	C75、C80
R235	0.62	0.60	0.58	—
HRB335	0.56	0.54	0.52	—
HRB400、KL400	0.53	0.51	0.49	—
钢绞线、钢丝	0.40	0.38	0.36	0.35
精轧螺栓钢筋	0.40	0.38	0.36	—

注:1. 截面受拉区内配置不同种类钢筋的受弯构件,其 ξ_b 值应选用相应于各种钢筋的较小者。
2. $\xi_b = x_b/h_0$,x_b 为纵向受拉钢筋和受压区混凝土同时达到其强度设计值时的受压区高度。

在设计时也同建筑工程中相同,确定了界限偏心距 $e_{0b} = 0.3h_0$,当 $\eta e_0 \leqslant 0.3h_0$ 时,按小偏心受压构件计算承载能力;当 $\eta e_0 > 0.3h_0$ 时,暂时按大偏心受压构件计算承载能力,若计算出 $\xi > \xi_b$,则属于小偏心受压,再按小偏心受压构件计算。需要注意的是,公路桥涵结构设计中没有考虑附加偏心距 e_a 的影响,这一点与建筑工程中不同。

1. 偏心受压构件轴向力偏心距增大系数

《公路桥涵设计规范》(JTG D60—2004)规定,计算偏心受压构件时,对于矩形截面 $l_0/h > 5$(h 为弯矩作用平面内的截面高度),对于圆形截面 $l_0/d_1 > 4.4$(d_1 为圆形截面直径),对于任意截面 $l_0/r_i > 17.5$(r_i 为弯矩作用平面内截面的回转半径),均应考虑构件在弯矩作用平面内的挠度对纵向力偏心距的影响。因此,应将纵向力对截面重心轴的偏心距 e_0 乘以偏心距增大系数 η。η 按下式计算

$$\eta = 1 + \frac{1}{1400\dfrac{e_0}{h_0}}\left(\dfrac{l_0}{h}\right)^2 \zeta_1 \zeta_2 \tag{6.75}$$

$$\zeta_1 = 0.2 + 2.7 \frac{e_0}{h_0} \leqslant 1.0 \tag{6.76}$$

$$\zeta_2 = 1.15 - 0.01 \frac{l_0}{h} \leqslant 1.0 \tag{6.77}$$

式中：e_0——相对于截面重心轴的计算偏心距，$e_0 = \dfrac{M_d}{N_d}$；

M_d——相应于轴向力的弯矩组合设计值；

N_d——轴向力组合设计值。

2.矩形截面大偏心受压构件承载力计算

(1)计算简图

根据大偏心受压破坏特征，进行大偏心受压承载力计算时，假定构件变形符合平截面假定；受拉区混凝土退出工作，拉力完全由钢筋承担；受压区混凝土应力取等效矩形分布图，并达到混凝土抗压强度 f_{cd}；受拉钢筋应力达到钢筋抗拉强度设计值 f_{sd}，受压区钢筋应力达到抗压强度设计值 f'_{sd}，并采用破坏时的偏心距 ηe_0，其计算简图如图 6.27 所示。

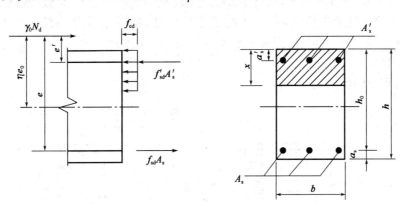

图 6.27　矩形截面大偏心受压构件承载力计算简图

(2)基本公式

根据计算简图，由平衡条件可得

$$\gamma_0 N_d \leqslant f_{cd} bx + f'_{sd} A'_s - f_{sd} A_s \tag{6.78}$$

$$\gamma_0 N_d e \leqslant f_{cd} bx \left(h_0 - \frac{x}{2}\right) + f'_{sd} A'_s (h_0 - a'_s) \tag{6.79}$$

受压区高度 x 可由对偏心压力 N_d 作用点取矩平衡方程求得

$$f_{cd} bx \left(e - h_0 + \frac{x}{2}\right) = f_{sd} A_s e \mp f'_{sd} A'_s e' \tag{6.80}$$

式中：e——轴向力 N_d 至钢筋 A_s 合力作用点的距离，其表达式为 $e = \eta e_0 + h_0 - \dfrac{h}{2}$；

e'——轴向力 N_d 至钢筋 A'_s 合力作用点的距离，表达式为 $e' = \eta e_0 - \dfrac{h}{2} + a'_s$；

e_0——轴向力 N_d 至混凝土截面重心轴的距离，$e_0 = \dfrac{M_d}{N_d}$；

η——偏心距增大系数。

(3)基本公式适用条件

$$x \leqslant \xi_b h_0 \tag{6.81}$$

$$x \geqslant 2a'_s \tag{6.82}$$

大偏心受压构件承载力计算时同建筑工程一样,也分为对称配筋和非对称配筋两种情况,并且计算思路也是相同的。

3. 矩形截面小偏心受压构件正截面承载力计算

(1)计算简图

小偏心受压构件可能截面部分受压,也可能全截面受压。受压区混凝土的应力达到混凝土抗压强度设计值,取矩形应力计算图形;受压区钢筋应力取钢筋抗压强度设计值;但受拉边钢筋应力(或压应力较小边的钢筋压应力)达不到钢筋强度设计值,可按式(6.83)计算

$$\sigma_{si} = \varepsilon_{cu} E_s \left(\frac{\beta h_{0i}}{x} - 1 \right) \tag{6.83}$$

式中:x ——截面受压区高度;

h_{0i}——第i层纵向钢筋截面重心至受压区较大边边缘的距离;

β——截面受压区矩形应力图形高度与实际受压区高度的比值,混凝土强度在C50及以下时,取$\beta = 0.8$;混凝土强度为C80时,取$\beta = 0.74$,其他按线性插值;

ε_{cu}——截面非均匀受压时,混凝土的极限压应变,混凝土强度等级C50及以下时,取$\varepsilon_{cu} = 0.0033$;混凝土强度为C80时,取$\varepsilon_{cu} = 0.003$,中间的强度等级用直线插入求得。

构件的计算简图如图6.28所示。

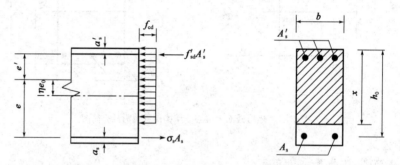

图6.28 矩形截面小偏心受压构件承载力计算简图

(2)基本公式

根据计算简图,由平衡条件可得

$$\gamma_0 N_d \leqslant f_{cd} bx + f'_{sd} A'_s - \sigma_s A_s \tag{6.84}$$

$$\gamma_0 N_d e \leqslant f_{cd} bx \left(h_0 - \frac{x}{2} \right) + f'_{sd} A'_s (h_0 - a'_s) \tag{6.85}$$

受压区高度x,可由对偏心力N_d作用点取矩的方程求得

$$f_{cd} bx \left(e - h_0 + \frac{x}{2} \right) = \sigma_s A_s e + f'_{sd} A'_s e' \tag{6.86}$$

小偏心受压破坏时,受拉边或压应力较小边钢筋应力一般达不到屈服强度。但是当偏心距很小时,构件全截面受压,有时由于A_s的配置量过少,使实际重心与几何形心偏离较大,当纵向力正好作用于实际重心与几何形心之间时,如图6.29所示,则有可能使构件在离纵向力较远一侧的钢筋屈服、混凝土被压坏。为了避免这种情况发生,必须保证在受拉区有足够的钢

筋配置量,故对偏心距很小的小偏心受压构件,尚应满足以 A'_s 合力点为力矩中心列出的平衡方程:

$$\gamma_0 N_d e' \leqslant f_{cd} bh \left(h'_0 - \frac{h}{2}\right) + f_{sd} A_s (h'_0 - a_s) \quad (6.87)$$

式中:h'_0——受压钢筋 A'_s 的合力中心至远离轴向力 N_d 的截面边缘距离;

e'——自轴向力 N_d 作用点至 A'_s 合力中心的距离,$e' = \frac{h}{2} - a'_s - e_0$。

注意此处的 e_0 不计入偏心距增大系数 η,才能取得最不利值。

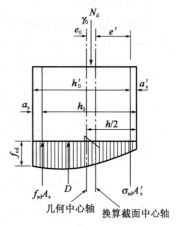

图 6.29 偏心距很小时的补充计算简图

(3)配筋计算

小偏心受压构件也分为对称配筋和非对称配筋两种情况。非对称配筋计算方法与建筑工程中构件计算相同,下面重点介绍对称配筋计算。

对称配筋的钢筋混凝土小偏心受压构件,其钢筋截面面积可按下式计算

$$A_s = A'_s = \frac{\gamma_0 N_d e - \xi(1 - 0.5\xi) f_{cd} bh_0^2}{f'_{sd}(h_0 - a'_s)} \quad (6.88)$$

式中的相对受压区高度 ξ 可按下式计算

$$\xi = \frac{\gamma_0 N_d - \xi_b f_{cd} bh_0}{\dfrac{\gamma_0 N_d e - 0.43 f_{cd} bh_0^2}{(\beta - \xi_b)(h_0 - a'_s)} + f_{cd} bh_0} + \xi_b \quad (6.89)$$

三 T形和工字形截面偏心受压构件承载力计算

T形和工字形截面偏心受压构件的破坏特征、计算原则和矩形截面相同,也分为大偏心受压构件和小偏心受压构件两种类型。

1. 大偏心受压构件

(1)计算简图

T形、工字形截面大偏心受压构件的破坏特征与矩形截面大偏心受压构件的破坏特征相似。因此,计算假定和计算简图也相似,如图 6.30 所示。

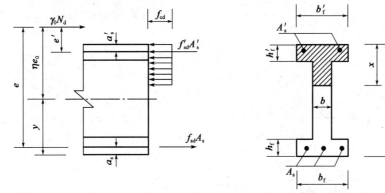

图 6.30 T形和工字形截面大偏心受压构件承载力计算简图

(2)基本公式

根据大偏心受压时截面中和轴的位置不同,翼缘位于受压区较大边 T 形截面或工字形截面偏心受压构件可分为下列两种情况:

① 中和轴在翼板内通过,即 $x \leqslant h'_f$,这时按宽度为 b'_f、高度为 h 的矩形截面进行计算。

② 中和轴在腹板内通过,即 $x > h'_f$,这时按 T 形截面计算。

T 形截面、工字形截面受压构件正截面承载力计算基本公式,可根据计算简图平衡方程导出

$$\gamma_0 N_d \leqslant f_{cd}[bx + (b'_f - b)h'_f] + (f'_{sd}A'_s - f_{sd}A_s) \quad (6.90)$$

对受拉钢筋合力点取矩得

$$\gamma_0 N_d e \leqslant f_{cd}\left[bx\left(h_0 - \frac{x}{2}\right) + (b'_f - b)h'_f\right] + f'_{sd}A'_s(h_0 - a'_s) \quad (6.91)$$

(3)适用条件

为保证上述计算公式中受拉钢筋 A_s 及受压钢筋 A'_s 能达到设计强度,上述公式应满足下列条件

$$x \leqslant \xi_b h_0$$
$$x \geqslant 2a'_s$$

当 $x < 2a'_s$ 时,应以受压钢筋 A'_s 合力点为中心取矩,即

$$\gamma_0 N_d e' \leqslant f_{sd}A_s(h_0 - a'_s) \quad (6.92)$$

(4)计算方法

在实际工程中,对称配筋的工字形截面应用较多,计算方法可参照前面所述建筑工程中工字形截面计算方法。

2.小偏心受压构件

T 形和工字形小偏心受压构件的破坏特征和矩形截面小偏心受压构件的破坏特征相似,所以其计算简图和基本假定也相似。如图 6.31 所示。忽略受拉翼缘参加工作,可将小偏心 T 形和工字形截面计算的基本方程写成

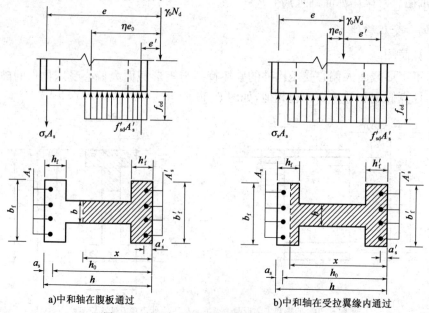

图 6.31 小偏心受压构件正截面承载力计算简图

$$\gamma_0 N_d \leqslant f_{cd}bx + f_{cd}(b'_f - b)h'_f + f'_{sd}A'_s - \sigma_s A_s \tag{6.93}$$

$$\gamma_0 N_d e \leqslant f_{cd}bx\left(h_0 - \frac{x}{2}\right) + f_{cd}(b'_f - b)h'_f\left(h_0 - \frac{h'_f}{2}\right) + f'_{sd}A'_s(h_0 - a'_s) \tag{6.94}$$

由上述 T 形和工字形正截面承载力基本方程与小偏心受压矩形截面承载力基本方程比较可知，两者之间仅差受压翼缘的伸出部分，因而在计算 T 形、工字形截面小偏心受压构件的承载力时，完全可以用矩形截面计算方法，仅需在具体计算公式中计入 $(b'_f - b)h'_f$ 的影响即可。

四 公路桥涵受压构件计算例题

【例6.14】 已知某钢筋混凝土桥下临时支柱的截面尺寸为 $b \times h = 400\text{mm} \times 500\text{mm}$，由荷载产生的轴向力设计值 $N_d = 400\text{kN}$，弯矩设计值 $M_d = 240\text{kN·m}$，混凝土强度等级为 C20，纵向受力钢筋采用 HRB335 级钢筋，构件的计算长度为 $l_0 = 3.5\text{m}$，界限相对受压区高度为 $\xi_b = 0.56$，结构重要性系数 $\gamma_0 = 1.1$，$a_s = a'_s = 40\text{mm}$，试求所需钢筋截面面积。

【解】 （1）数据整理

$b \times h = 400\text{mm} \times 500\text{mm}$，$N_d = 400\text{kN}$，$M_d = 240\text{kN·m}$，$f_{cd} = 9.2\text{MPa}$，$l_0 = 3.5\text{m}$，$f_{sd} = f'_{sd} = 280\text{MPa}$，$\xi_b = 0.56$，$\gamma_0 = 1.1$，$a_s = a'_s = 40\text{mm}$，$h_0 = h - a_s = 500 - 40 = 460\text{mm}$，

$$e_0 = \frac{M_d}{N_d} = \frac{240 \times 10^6}{400 \times 10^3} = 600\text{mm}。$$

（2）计算偏心距增大系数

$\frac{l_0}{h} = \frac{3500}{500} = 7 > 5$，所以要考虑偏心距增大系数 η。

$$\zeta_1 = 0.2 + 2.7 \frac{e_0}{h_0} = 0.2 + 2.7 \times \frac{600}{460} = 3.72 > 1.0，取 \zeta_1 = 1.0$$

$$\zeta_2 = 1.15 - 0.01\frac{l_0}{h} = 1.15 - 0.01 \times \frac{3500}{500} = 1.08 > 1.0，取 \zeta_2 = 1.0$$

$$\eta = 1 + \frac{1}{1400\frac{e_0}{h_0}}\left(\frac{l_0}{h}\right)^2 \zeta_1 \zeta_2 = 1 + \frac{1}{1400 \times \frac{600}{460}} \times 7^2 \times 1 \times 1 = 1.03$$

$$\eta e_0 = 1.03 \times 600 = 618\text{mm} > 0.3h_0 = 0.3 \times 460 = 138\text{mm}$$

故可按大偏心受压构件计算。$e = \eta e_0 + \frac{h}{2} - a_s = 1.03 \times 600 + \frac{500}{2} - 40 = 828\text{mm}$

（3）计算受压钢筋 A'_s

充分利用压区混凝土，令 $x = \xi_b h_0$，则

$$A'_s = \frac{\gamma_0 N_d e - f_{cd}bh_0^2 \xi_b (1 - 0.5\xi_b)}{f_{sd}(h_0 - a'_s)}$$

$$= \frac{1.1 \times 400 \times 10^3 \times 828 - 9.2 \times 400 \times 460^2 \times 0.56 \times (1 - 0.5 \times 0.56)}{280 \times (460 - 40)}$$

$$= 428\text{mm}^2 > 0.002bh_0 = 0.002 \times 400 \times 460 = 368\text{mm}^2$$

配置 2⌀18，$A'_s = 509\text{mm}^2$。

(4)计算受拉钢筋 A_s

$$A_s = \frac{f_{cd}bh_0\xi_b + f'_{sd}A'_s - \gamma_0 N_d}{f_{sd}}$$

$$= \frac{9.2 \times 400 \times 460 \times 0.56 + 280 \times 509 - 1.1 \times 400 \times 10^3}{280} = 2136 \text{mm}^2$$

配置 5 ⌀ 25, $A_s = 2454 \text{mm}^2$。

【例 6.15】 条件同例 6.14,采用对称配筋,试求所需钢筋面积 $A_s = A'_s$。

【解】 由上例可知

$b \times h = 400\text{mm} \times 500\text{mm}$, $N_d = 400\text{kN}$, $M_d = 240\text{kN·m}$, $f_{cd} = 9.2\text{MPa}$, $l_0 = 3.5\text{m}$, $f_{sd} = f'_{sd} = 280\text{MPa}$, $\xi_b = 0.56$, $\gamma_0 = 1.1$, $a_s = a'_s = 40\text{mm}$, $h_0 = 460\text{mm}$, $e_0 = \frac{M_d}{N_d} = \frac{240 \times 10^6}{400 \times 10^3} = 600\text{mm}$, $\eta e_0 = 618\text{mm}$, $e = 828\text{mm}$。

则 $x = \frac{\gamma_0 N_d}{f_{cd}b} = \frac{1.1 \times 400 \times 10^3}{9.2 \times 400} = 119.6\text{mm} < \xi_b h_0 = 0.56 \times 460 = 257.6\text{mm}$。

故属于大偏心受压,所以 $x = 119.6\text{mm} > 2a'_s = 2 \times 40 = 80\text{mm}$。

故有

$$A_s = A'_s = \frac{\gamma_0 N_d e - f_{cd}bx\left(h_0 - \frac{x}{2}\right)}{f'_{sd}(h_0 - a'_s)}$$

$$= \frac{1.1 \times 400 \times 10^3 \times 828 - 9.2 \times 400 \times 119.6 \times \left(460 - \frac{119.6}{2}\right)}{280 \times (460 - 40)} = 1600 \text{mm}^2$$

配置 3 ⌀ 18 + 3 ⌀ 20, $A_s = A'_s = 1705 \text{mm}^2$。

本章小结

(1)配有普通箍筋的轴心受压柱,在破坏时混凝土达到极限压应变,应力达到轴心抗压强度设计值 f_c,纵向钢筋达到抗压强度设计值 f'_y。配有螺旋箍筋的轴心受压柱,由于螺旋箍筋对核心混凝土的约束,从而提高了柱的承载力和变形性能。

(2)纵向弯曲将降低长柱的承载力,因而在轴心受压构件的计算中引入稳定系数 φ,在偏心受压构件计算中引入偏心距增大系数 η 来考虑其影响。

(3)偏心受压构件正截面破坏形态有两种:受拉破坏(大偏心受压破坏)和受压破坏(小偏心受压破坏)。偏心受压构件正截面承载力计算采用的基本假定与受弯构件相同,偏心受压构件界限破坏的混凝土受压区相对高度 ξ_b 与受弯构件界限破坏的 ξ_b 完全相同。

(4)矩形截面偏心受压构件正截面承载力计算时,应根据不同破坏形态,采用相应的计算图形。在偏心受压时,受压钢筋和受拉钢筋都达到屈服,混凝土压应力图形与适筋梁的相同;其计算步骤也与受弯构件相似。在小偏心受压时,离轴向力较远一侧的钢筋屈服,离轴向力较远一侧的钢筋无论受拉还是受压,一般都不屈服,其应力可近似采用线性公式,混凝土压应力图形也简化为矩形分布。

(5) 根据受压区高度 x 正确判别大、小偏心受压两种破坏形态。

当 $x \leq \xi_b h_0$ 时,构件为大偏心受压;当 $x > \xi_b h_0$ 时,构件为小偏心受压。但在截面计算时,因 x 未知,可采用以下两种判别办法。

① 用 ηe_i 来判别:$\eta e_i < 0.3 h_0$,属于小偏心受压破坏;$\eta e_i \geq 0.3 h_0$,不能确定,一般先按大偏心受压破坏进行计算,求出 x 后,如果 $x \leq \xi_b h_0$,说明判别正确,计算有效;如果 $x > \xi_b h_0$,说明判别错误,应改按小偏心受压破坏重新计算。

② 对称配筋截面时,可用 x 判别:当 $x = \dfrac{N}{\alpha_1 f_c b} \leq \xi_b h_0$,属于大偏心受压破坏;反之属于小偏心受压破坏。

(6) 工字形截面的偏心受压承载力计算方法与矩形截面类似,但应考虑翼缘板的影响。

(7) 公路桥涵工程中受压构件的受力特征、计算公式的基本假定、配筋方式与建筑工程中的受压构件有许多相同之处,T 形截面及工字形截面偏心受压承载力计算时与矩形截面偏心受压构件相似,可以参考相应的方法进行计算。

思考与练习

思考题

6.1 轴心受压构件中箍筋布置的原则是什么?箍筋的作用有哪些?

6.2 在轴心受压构件中配置纵向钢筋的作用是什么?

6.3 试从破坏的原因、破坏的性质和破坏形成的条件来说明偏心受压构件的两种破坏特征?为什么偏心距很大也可能产生受压破坏?当偏心距很小时,有没有可能产生受拉破坏?

6.4 偏心受压短柱和长柱的破坏有何本质区别?偏心距增大系数 η 是如何确定的?

6.5 对称配筋和非对称配筋方式各有什么优缺点?

6.6 为什么对于偏心受压构件要进行垂直于弯矩方向截面的承载力验算?

习题

6.1 一轴心受压钢筋混凝土柱,其一端铰接,一端固结,柱高 10m,截面采用 400mm×400mm,承受设计轴力 2120kN(包括自重),若采用 C20 级混凝土及 HRB335 级钢筋,求 A_s。

6.2 已知圆形截面现浇混凝土柱,直径为 400mm,构件计算长度 $l_0 = 4$m,混凝土强度等级为 C30,柱中纵筋采用 HRB335 级钢筋,选用 10⌀16,螺旋箍筋采用 HPB300 级钢筋,直径为 12mm,螺距为 50mm。试确定此柱的承载能力。

6.3 矩形截面偏心受压构件 $b \times h = 400\text{mm} \times 700\text{mm}$,计算长度 $l_0 = 6.5$m,$a_s = a_s' = 40$mm,承受轴向力设计值 $N = 1150$kN,弯矩设计值 $M = 430$kN·m,钢筋为 HRB335 级,混凝土采用 C20,求非对称配筋时,钢筋截面面积 A_s 和 A_s'。

6.4 已知偏心受压柱 $b \times h = 350\text{mm} \times 500\text{mm}$,$l_0 = 7.5$m,$a_s = a_s' = 40$mm,混凝土等级为 C25,钢筋为 HRB335 级,$\xi_b = 0.550$,$A_s = 1473\text{mm}^2$,$A_s' = 763\text{mm}^2$,求当 $e_0 = 270$mm 时,

该柱所能承担的轴向力设计值和弯矩设计值。

6.5 已知偏心受压柱 $b \times h = 300\text{mm} \times 550\text{mm}$, $l_0 = 5.6\text{m}$, $a_s = a_s' = 40\text{mm}$, 混凝土为 C25, 钢筋为 HRB335 级, 采用对称配筋, 求当 $N = 1235\text{kN}$, $M = 300\text{kN} \cdot \text{m}$ 时所需钢筋。

6.6 已知对称工字形截面, $b_f = b_f' = 400\text{mm}$, $b \times h = 100\text{mm} \times 600\text{mm}$, $h_f = h_f' = 100\text{mm}$, $a_s = a_s' = 40\text{mm}$, $l_0 = 4.5\text{m}$, $N = 495\text{kN}$, $M = 290\text{kN} \cdot \text{m}$, 混凝土强度等级为 C25, 采用 HRB335 级钢筋, 求对称配筋的截面面积 A_s 和 A_s'。

第七章　混凝土构件的变形和裂缝验算

知识描述

混凝土结构构件设计时,构件可能由于强度破坏或失稳等原因而达到承载能力极限状态,为了保证结构构件的安全,对所有的受力构件都要进行承载力计算。此外,结构还可能由于裂缝宽度和变形过大,影响适用性和耐久性而达到正常使用极限状态。所以,为使结构和构件的使用性能满足要求,根据结构构件的使用条件还要对某些构件的裂缝宽度和变形进行计算或验算。

学习要求

通过本章学习,应掌握工程结构受弯构件正常使用极限状态验算的必要性,了解钢筋混凝土受弯构件截面弯曲刚度的含义及基本表达式;熟悉并掌握受弯构件挠度与最大裂缝宽度的验算方法,并能区别《混凝土结构设计规范》(GB 50010—2010)和《公路钢筋混凝土及预应力混凝土桥涵设计规范》(JTG D62—2004)有关变形与裂缝宽度计算方法的异同。

第一节　受弯构件挠度和裂缝宽度验算

一、受弯构件挠度验算

1. 变形控制的原因

(1)结构构件挠度过大,会损坏其使用功能。

(2)梁、板挠度过大会使与之相连的非承重墙严重脱离、开裂、甚至被破坏。

(3)根据经验,日常生活中,人们心理上能够承受的最大挠度约为$\frac{l_0}{250}$(l_0为构件的计算跨度),超过此限值就有可能引起用户心理的不安。

(4)梁端转角过大将使支座处梁底的应力分布曲线变化,改变其支承面积和支承反力的作用点,并可能危及砌体墙(或柱)的稳定,墙体产生沿楼板的水平裂缝。

(5)构件挠度过大,在可变荷载作用下可能发生振动,出现动力效应,使结构构件内力增大,甚至发生共振,从而使构件的受力特征与计算的基本假定不符。

2. 构件裂缝对刚度的影响

受弯构件的挠度主要取决于构件的刚度。当刚度确定后即可用结构力学的方法验算其变形。一般情况下钢筋混凝土受弯构件处于带裂缝工作状态,构件截面的抗弯刚度与开裂前用材料力学方法所表达的刚度 EI 大不相同。开裂后随着弯矩的增大,裂缝扩展,引起刚度不断降低。另外,截面的配筋率对刚度也有一定的影响,截面配筋大,刚度下降慢,配筋率小,刚度下降快,因此开裂后配筋率成为影响构件刚度的重要参数。

3. 均质弹性材料的挠度

由材料力学可知,对于均质线弹性材料梁的跨中挠度可以用下式表示

$$f = \beta \frac{Ml_0^2}{EI} = \beta\phi l_0^2 \qquad (7.1)$$

式中:ϕ——截面曲率,即单位长度上的转角,$\phi = \dfrac{M}{EI}$;

　　　β——与荷载形式、支承条件有关的系数;

　　　l_0——梁的计算跨度;

　　　EI——梁的截面抗弯刚度。

由 $EI = \dfrac{M}{\phi}$ 可知,截面抗弯刚度的物理意义就是使截面产生单位转角所需施加的弯矩,它体现了截面抵抗弯曲变形的能力。

对于均质弹性材料,当梁的截面尺寸和材料已知时,梁的截面抗弯刚度 EI 是一个常数。因此弯矩与挠度或者弯矩与曲率之间都始终呈正比例关系,如图7.1中虚线 OA 所示。

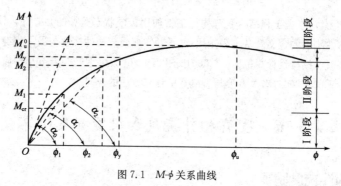

图 7.1　M-ϕ 关系曲线

4. 荷载效应标准组合作用下短期刚度

在使用荷载作用下,钢筋混凝土受弯构件是带裂缝工作的,即使在纯弯区段内,钢筋和混凝土沿构件轴向的应变(或应力)分布也不均匀。显然,由于钢筋和混凝土应变分布不均,给构件挠度计算带来一定的复杂性。但是,由于构件挠度反映沿构件跨长变形的综合效应,因此,可通过沿构件长度的平均曲率和平均刚度来表示截面曲率和截面刚度。

(1)钢筋混凝土受弯构件

$$B_s = \frac{A_s E_s h_0^2}{1.15\psi + 0.2 + \dfrac{6\alpha_E \rho}{1 + 3.5\gamma_f}} \qquad (7.2)$$

(2)预应力混凝土受弯构件

① 要求不出现裂缝的构件。

$$B_s = 0.85 E_c I_0 \qquad (7.3)$$

② 允许出现裂缝的构件。

$$B_s = \frac{0.85 E_c I_0}{\kappa_{cr} + (1 - \kappa_{cr})\omega} \qquad (7.4)$$

$$\kappa_{cr} = \frac{M_{cr}}{M_k} \qquad (7.5)$$

$$\omega = \left(1.0 + \frac{0.21}{\alpha_E \rho}\right)(1 + 0.45\gamma_f) - 0.7 \qquad (7.6)$$

$$M_{cr} = (\sigma_{pc} + \gamma f_{tk})W_0 \tag{7.7}$$

$$\gamma_f = \frac{(b_f - b)h_f}{bh_0} \tag{7.8}$$

$$\gamma = \left(0.7 + \frac{120}{h}\right)\gamma_m \tag{7.9}$$

$$\psi = 1.1 - 0.65 \frac{f_{tk}}{\rho_{te}\sigma_s} \tag{7.10}$$

上述式中：ψ——裂缝间纵向受拉普通钢筋应变不均匀系数。当 $\psi < 0.2$ 时，取 $\psi = 0.2$；当 $\psi > 1$ 时，取 $\psi = 1$；对直接承受重复荷载的构件，取 $\psi = 1$；

α_E——钢筋弹性模量与混凝土弹性模量的比值，即 $\alpha_E = \frac{E_s}{E_c}$；

ρ——纵向受拉钢筋配筋率。对钢筋混凝土受弯构件，$\rho = \frac{A_s}{bh_0}$；对预应力混凝土受弯构件，$\rho = \frac{\alpha_1 A_p + A_s}{bh_0}$；对灌浆的后张预应力筋，$\alpha_1 = 1.0$；对无黏结后张预应力筋，$\alpha_1 = 0.3$；

I_0——换算截面惯性矩；

γ_f——受拉翼缘截面面积与腹板有效截面面积的比值；

b_f、h_f——受拉区翼缘的宽度、高度；

κ_{cr}——预应力混凝土受弯构件正截面的开裂弯矩 M_{cr} 与弯矩 M_k 的比值，当 $\kappa_{cr} > 1.0$ 时，取 $\kappa_{cr} = 1.0$；

σ_{pc}——扣除全部预应力损失后，由预加力在抗裂验算边缘产生的混凝土预压应力；

γ——混凝土构件的截面抵抗矩塑性影响系数；

γ_m——混凝土构件的截面低抗矩塑性影响系数基本值，可按正截面应变保持平面的假定，并取受拉区混凝土应力图形为梯形、受拉边缘混凝土极限拉应变为 $\frac{2f_{tk}}{E_c}$ 确定；对常用的截面形状，γ_m 值可按表 7.1 取用；

h——截面高度，mm；当 $h < 400$ 时，取 $h = 400$；当 $h > 1600$ 时，取 $h = 1600$；对圆形、环形截面，取 $h = 2r$，r 为圆形截面半径或环形截面的外环半径。

截面抵抗矩塑性影响系数基本值 γ_m 表 7.1

项次	1	2	3		4		5
截面形状	矩形截面	翼缘位于受压区的 T 形截面	对称工字形截面或箱形截面		翼缘位于受拉区的倒 T 形截面		圆形和环形截面
			$\frac{b_f}{b} \leq 2$、$\frac{h_f}{h}$ 为任意值	$\frac{b_f}{b} > 2$、$\frac{h_f}{h} < 0.2$	$\frac{b_f}{b} \leq 2$、$\frac{h_f}{h}$ 为任意值	$\frac{b_f}{b} > 2$、$\frac{h_f}{h} < 0.2$	
γ_m	1.55	1.50	1.45	1.35	1.50	1.40	$1.6 - 0.24 r_1/r$

注：1. 对 $b_f' > b_f$ 的工字形截面，可按项次 2 与项次 3 之间的数值采用；对 $b_f' < b_f$ 的工字形截面，可按项次 3 与项次 4 之间的数值采用。

2. 对于箱形截面，b 系指各肋宽度的总和。

3. r_1 为环形截面的内环半径，对圆形截面取 $r_1 = 0$。

5. 受弯构件的长期刚度

在实际工程中，总有部分荷载长期作用在结构构件上，因此计算挠度时必须采用长期刚度。在长期荷载作用下,钢筋混凝土受弯构件的刚度随时间增长而降低,挠度随时间增长而增大。前6个月挠度增大较快,以后逐渐减缓,1年后趋于稳定,但在5~6年后仍在不断变动,不过变化很小。因此,一般尺寸的构件,取3年或1000d的挠度值作为最终挠度值。

在长期荷载作用下,受弯构件挠度不断增长的原因有以下几个方面。

① 受压混凝土发生徐变,使受压应变随时间增长而增大。同时,由于受压混凝土塑性变形的发展,使内力臂减小,从而引起受拉钢筋应力和应变的增长。

② 受拉混凝土和受拉钢筋间黏结滑移徐变,受拉混凝土的应力松弛以及裂缝向上发展,导致受拉混凝土不断退出工作,从而使受拉钢筋平均应变随时间增大。

③ 混凝土收缩。当受压区混凝土收缩比受拉区大时,将使梁的挠度增大。

上述影响因素中,受压混凝土的徐变是最主要的因素。影响混凝土徐变的因素,如受压钢筋的配筋率、加载龄期和使用环境的温湿度等,都对长期荷载作用下挠度的增大有影响。

矩形、T形、倒T形和工字形截面受弯构件长期刚度 B 可按下列规定计算

(1)采用荷载标准组合时

$$B = \frac{M_k}{M_q(\theta-1)+M_k}B_s \tag{7.11}$$

(2)采用荷载准永久组合时

$$B = \frac{B_s}{\theta} \tag{7.12}$$

式中:M_k——按荷载的标准组合计算的弯矩,取计算区段内的最大弯矩值;

M_q——按荷载的准永久组合计算的弯矩,取计算区段内的最大弯矩值;

B_s——按荷载准永久组合计算的钢筋混凝土受弯构件或按标准组合计算的预应力混凝土受弯构件的短期刚度,按式(7.3)或式(7.4)进行计算。

θ——考虑荷载长期作用对挠度增大的影响系数。对钢筋混凝土受弯构件:当 $\rho'=0$ 时,取 $\theta=2.0$;当 $\rho'=\rho$ 时,取 $\theta=1.6$;当 $0<\rho'<\rho$ 时,θ 按线性内插法取用。此处,$\rho'=\dfrac{A_s'}{bh_0}$,$\rho=\dfrac{A_s}{bh_0}$。对翼缘位于受拉区的倒T形截面,θ 应增加20%;对预应力混凝土受弯构件,取 $\theta=2.0$。

6.受弯构件的挠度验算

(1)最小刚度原则

在求得截面刚度后,构件的挠度可按结构力学方法进行计算。但须指出,即使在承受对称集中荷载的简支梁内,除两集中荷载间的纯弯区段外,剪跨内各截面弯矩是不相符的。越靠近支座,弯矩越小,因而,其刚度越大。在支座附近的截面将不出现裂缝,其刚度较已出现裂缝区段大很多。由此可见,沿梁长各截面刚度的值是变化的。为了简化计算,在同一符号弯矩区段内,各截面的刚度均可按该区段的最小刚度(B_{min})计算,亦即按最大弯矩处截面刚度计算。该计算原则通常称为最小刚度原则。

但在斜裂缝出现较早、较多,且延伸较长的薄腹梁中,斜裂缝的不利影响将较大,按上述方法计算的挠度值可能偏低较多。

(2)受弯构件的挠度验算

当用 B_{min} 代替匀质弹性材料梁截面弯曲刚度 EI 后,梁的挠度计算就十分简便。按规范要求,挠度验算应满足

$$f \leqslant [f] \tag{7.13}$$

$$f = s\frac{M_s l_0^2}{B_l} \quad (7.14)$$

式中：$[f]$——允许挠度值，按附表9取用；

f——在标准荷载作用下按长期刚度计算所得的挠度；

s——挠度系数，可通过积分法或图乘法来求其值；

M_s——按荷载短期效应组合计算出的弯矩值；

B_l——长期刚度，按式(7.11)或式(7.12)计算；

l_0——梁的计算跨径。

(3) 提高受弯构件刚度的措施

从计算公式中可以看出，增大截面高度 h 是提高刚度最有效的措施之一。所以在工作实践中，一般都是根据受弯构件高跨比 $\left(\dfrac{h}{l}\right)$ 的合适取值范围预先加以变形控制，这一高跨比范围是总结工程实践经验得到的。如果计算中发现刚度相差不大而构件的截面尺寸难以改变时，也可采取增加受拉钢筋配筋率、采用双筋截面等措施。此外，采用高性能混凝土、对构件施加预应力等都是提高混凝土构件刚度的有效手段。

【例7.1】 某T形截面梁，计算简图如图7.2所示，恒载 $g_k = 8\text{kN/m}$，均布活荷载 $q_k = 10\text{kN/m}$，集中活荷载 $Q_k = 15\text{kN}$，活载的准永久系数 $\psi_q = 0.5$；混凝土强度等级为C25（$f_{tk} = 1.78\text{N/mm}^2$），钢筋为HRB335级；受拉钢筋 $A_s = 941\text{mm}^2$（3Φ20），试验算梁的挠度。

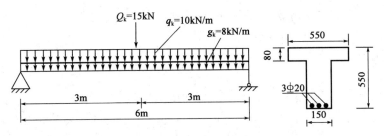

图7.2 梁的计算简图

【解】 (1) 荷载效应计算

恒载 $M_{gk} = \dfrac{1}{8}g_k l_0^2 = \dfrac{1}{8} \times 8 \times 6^2 = 36\text{kN·m}$

均面活载 $M_{qk} = \dfrac{1}{8}q_k l_0^2 = \dfrac{1}{8} \times 10 \times 6^2 = 45\text{kN·m}$

集中活载 $M_{Qk} = \dfrac{1}{4}Q_k l_0 = \dfrac{1}{4} \times 15 \times 6 = 22.5\text{kN·m}$

荷载效应标准组合下的弯矩：

$$M_k = M_{gk} + M_{qk} + M_{Qk} = 36 + 45 + 22.5 = 103.5\text{kN·m}$$

荷载效应准永久组合下的弯矩：

$$M_q = M_{gk} + \psi(M_{qk} + M_{Qk}) = 36 + 0.5 \times (45 + 22.5) = 69.75\text{kN·m}$$

(2) 计算短期刚度 B_s

$$\sigma_s = \frac{M_k}{0.87 h_0 A_s} = \frac{103.5 \times 10^6}{0.87 \times 510 \times 941} = 248\text{MPa}$$

$$\rho_{te} = \frac{A_s}{A_{te}} = \frac{A_s}{0.5bh} = \frac{941}{0.5 \times 150 \times 550} = 0.0228$$

$$\rho = \frac{A_s}{bh_0} = \frac{941}{150 \times 510} = 0.0123$$

$$\psi = 1.1 - 0.65 \frac{f_{tk}}{\rho_{te}\sigma_s} = 1.1 - 0.65 \times \frac{1.78}{0.0228 \times 248} = 0.90$$

$$\alpha_E = \frac{E_s}{E_c} = \frac{2.0 \times 10^5}{2.8 \times 10^4} = 7.14$$

$$r'_f = \frac{(b'_f - b)h'_f}{bh_0} = \frac{(550-150) \times 80}{150 \times 510} = 0.42$$

$$B_s = \frac{A_s E_s h_0^2}{1.15\psi + 0.2 + \dfrac{6\alpha_E \rho}{1+3.5\gamma'_f}}$$

$$= \frac{941 \times 2 \times 10^5 \times 510^2}{1.15 \times 0.9 + 0.2 + \dfrac{6 \times 7.14 \times 0.0123}{1 + 3.5 \times 0.42}} \text{N} \cdot \text{mm}^2$$

$$= 33.8 \times 10^{12} \text{N} \cdot \text{mm}^2$$

(3)计算长期刚度 B

因 $\rho' = 0$,取 $\theta = 2$。

$$B = \frac{M_k}{M_q(\theta-1) + M_k} B_s$$

$$= \frac{103.5}{69.75 \times (2-1) + 103.5} \times 33.8 \times 10^{12}$$

$$= 20.2 \times 10^{12} \text{N} \cdot \text{mm}^2$$

(4)挠度验算

$$f = \frac{5}{384} \frac{(g_k + q_k)l_0^4}{B} + \frac{Q_k l^3}{48B}$$

$$= \frac{5}{384} \times \frac{(8+10) \times 6^4 \times 10^{12}}{20.2 \times 10^{12}} + \frac{15 \times 10^3 \times 6^3 \times 10^9}{20.2 \times 10^{12}}$$

$$= 15.0 + 3.3$$

$$= 18.3 \text{mm} < [f] = \frac{l_0}{200} = \frac{6000}{200} = 30 \text{mm}$$

满足要求。

二 裂缝宽度计算

根据混凝土的力学性能,混凝土是一种抗压性能很好、抗拉性能很差的建筑材料。在进行钢筋混凝土受弯构件设计时,不考虑受拉区混凝土的抗拉作用,拉应力全部由受拉区的钢筋来承担,因此在正常使用状态下,受拉区的混凝土开裂是不可避免的现象。

进行受弯构件的结构设计时,应根据使用要求对裂缝进行控制。《混凝土结构设计规范》(GB 50010—2010)将结构构件正截面的裂缝控制等级分为三级。裂缝控制等级的划分应符合下列规定。

① 一级。严格要求不出现裂缝的构件,按荷载标准组合计算时,构件受拉边缘混凝土不应产生拉应力。

② 二级。一般要求不出现裂缝的构件,按荷载标准组合计算时,构件受拉边缘混凝土拉应

力不应大于混凝土抗拉强度标准值;按荷载效应准永久组合计算时,构件受拉边缘混凝土不宜产生拉应力,当有可靠经验时可适当放松。

③三级。允许出现裂缝的构件,按荷载准永久组合并考虑长期作用影响计算时,构件的最大裂缝宽度不应超过附表 10 规定的最大裂缝宽度限值 $\omega_{\lim}$。对预应力混凝土构件,按荷载标准组合并考虑长期作用的影响计算时,构件的最大裂缝宽度不应超过附表 10 中规定;对二 a 类环境的预应力混凝土构件,尚应按荷载准永久组合计算,且构件受拉边缘混凝土的拉应力不应大于混凝土的抗拉强度标准值。

1. 裂缝产生的原因

(1) 由作用效应(如弯矩、剪力、扭矩及拉力等)引起的裂缝

由于构件下缘拉应力超过混凝土抗拉强度而使受拉区混凝土产生的裂缝。

(2) 由外加变形或约束变形引起的裂缝

产生外加变形或约束变形的原因一般有地基不均匀沉降、混凝土的收缩及温差等。约束变形越大,裂缝宽度也越大。

(3) 钢筋锈蚀裂缝

由于保护层混凝土碳化或冬季施工中掺氯盐过多导致钢筋锈蚀,锈蚀产物的体积比钢筋被侵蚀的体积大 2~3 倍,这种体积膨胀使外围混凝土产生相当大的拉应力,引起混凝土的开裂,甚至是混凝土保护层的剥落。

第一类裂缝通常是在正常使用荷载作用下产生的,所以通常称为正常裂缝;后两类是由于非荷载因素引起的裂缝,称为非正常裂缝。

过多的裂缝或过大的裂缝宽度会影响结构的外观,造成使用者的不安。同时,某些裂缝的发生或发展,将会影响结构的使用寿命。为了保证钢筋混凝土构件的耐久性,必须在设计、施工等方面控制裂缝。对于非正常裂缝,只要在设计与施工中采取相应措施,大部分是可以限制并克服的,而正常裂缝则需要进行裂缝宽度的验算。

2. 最大裂缝宽度的验算

(1) 最大裂缝宽度 $\omega_{\max}$

《混凝土结构设计规范》(GB 50500—2010)规定,对于矩形、T 形、倒 T 形及工字形截面的钢筋混凝土受拉、受弯和偏心受压构件及预应力混凝土轴心受拉和受弯构件,应按荷载效应的标准组合并考虑长期作用影响来计算最大裂缝宽度(mm)

$$\omega_{\max} = \alpha_{cr}\psi\frac{\sigma_s}{E_s}\left[1.9c_s + 0.08\frac{d_{eq}}{\rho_{te}}\right] \tag{7.15}$$

$$\rho_{te} = \frac{A_s + A_p}{A_{te}} \tag{7.16}$$

$$d_{eq} = \frac{\sum n_i d_i^2}{\sum n_i v_i d_i} \tag{7.17}$$

式中:α_{cr}——构件受力特征系数,按表 7.2 采用;

ψ——裂缝间纵向受拉钢筋应变不均匀系数,按式(7.10)计算。当 $\psi<0.2$ 时,取 $\psi=0.2$;当 $\psi>1$ 时,取 $\psi=1$;对直接承受重复荷载的构件,取 $\psi=1$;

σ_s——按荷载准永久组合计算的钢筋混凝土构件纵向受拉普通钢筋的应力或按标准组合计算的预应力混凝土构件纵向受拉钢筋的等效应力,其他构件按《混凝土结构设计规范》(GB 50010—2010)中 7.1.4 条规定计算,受弯构件按以下规定进行

计算

$$\sigma_s = \frac{M_k}{0.87 h_0 A_s} \tag{7.18}$$

其中 　A_s——受拉区纵向钢筋截面面积；

　　　M_k——按荷载效应的标准组合计算的弯矩值，即短期荷载效应 M_s；

　　　E_s——钢筋弹性模量；

　　　c_s——最外层纵向受拉钢筋外边缘至受拉区底边的距离，mm。当 $c_s<20$mm 时，取 $c_s=20$mm；当 $c_s>65$mm 时，取 $c_s=65$mm；

　　　d_{eq}——受拉区纵向钢筋的等效直径，mm。对无黏结后张构件，仅为受拉区纵向受拉普通钢筋的等效直径，mm；

　　　d_i——受拉区第 i 种纵向钢筋的公称直径，mm。对于有黏结预应力钢绞线束的直径取为 $\sqrt{n_1} d_{p1}$，其中 d_{p1} 为单根钢绞线的公称直径，n_1 为单束钢绞线根数；

　　　n_i——受拉区第 i 种纵向钢筋的根数。对于有黏结预应力钢绞线，取为钢绞线束数；

　　　v_i——受拉区第 i 种纵向钢筋的相对黏结特性系数，按表 7.3 取用；

　　　ρ_{te}——按有效受拉混凝土截面面积计算的纵向受拉钢筋配筋率。对无黏结后张构件，仅取纵向受拉普通钢筋计算配筋率；在最大裂缝宽度计算中，当 $\rho_{te}<0.01$ 时，取 $\rho_{te}=0.01$；

　　　A_{te}——有效受拉混凝土截面面积。对轴心受拉构件，取构件截面面积；对受弯、偏心受压和偏心受拉构件，取 $A_{te}=0.5bh+(b_f-b)h_f$，此处 b_f、h_f 分别为受拉翼缘的宽度、高度；

　　　A_s——受拉区纵向普通钢筋截面面积；

　　　A_p——受拉区纵向预应力钢筋截面面积。

构件受力特征系数　　表 7.2

类　型	α_{cr}	
	钢筋混凝土构件	预应力混凝土构件
受弯、偏心受压	1.9	1.5
偏心受拉	2.4	—
轴心受拉	2.7	2.2

钢筋的相对黏结特性系数　　表 7.3

钢筋类别	钢　筋		先张法预应力筋		后张法预应力筋			
	光圆钢筋	带肋钢筋	带肋钢筋	螺旋肋钢丝	钢绞线	带肋钢筋	钢绞线	光面钢丝
v_i	0.7	1.0	1.0	0.8	0.6	0.8	0.5	0.4

注：对环氧树脂涂层带肋钢筋，其相对黏结特性系数应按表中系数的 80% 取用。

(2)最大裂缝宽度验算

$$\omega_{max} \leqslant \omega_{lim} \tag{7.19}$$

(3)减小受弯构件裂缝的措施

①增加受拉钢筋面积，减小裂缝截面的钢筋应力。

②采用较小直径钢筋，沿截面受拉区外缘以不大的间距均匀布置。

③采用预应力混凝土。

【例7.2】 简支矩形截面梁,截面尺寸 $b \times h = 200\text{mm} \times 500\text{mm}$,混凝土强度等级为C30,配置 4Φ16 钢筋;混凝土保护层厚度 $c = 30\text{mm}$;按荷载效应标准组合计算的跨中弯矩 $M_k = 90\text{kN} \cdot \text{m}$,最大裂缝宽度限值为 $\omega_{\lim} = 0.3\text{mm}$,试对其进行裂缝宽度验算。

【解】 查附表得:$f_{tk} = 2.01\text{MPa}, E_s = 2.0 \times 10^5 \text{MPa}$

$$h_0 = h - c - \frac{d}{2} = 500 - 30 - \frac{16}{2} = 462\text{mm}, A_s = 804\text{mm}^2$$

则

$$d_{eq} = \frac{d}{\nu} = \frac{1.6}{1.0} = 1.6, \rho_{te} = \frac{A_s}{0.5bh} = \frac{804}{0.5 \times 200 \times 500} = 0.0161$$

$$\sigma_s = \frac{M_k}{0.87 h_0 A_s} = \frac{90 \times 10^6}{0.87 \times 462 \times 804} = 278.5\text{MPa}$$

$$\psi = 1.1 - \frac{0.65 f_{tk}}{\rho_{te} \sigma_{sk}} = 1.1 - \frac{0.65 \times 2.01}{0.0161 \times 278.5} = 0.81$$

$$\omega_{\max} = \alpha_{cr} \psi \frac{\sigma_s}{E_s} \left[1.9c + 0.08 \frac{d_{eq}}{\rho_{te}}\right] = 2.1 \times 0.81 \times \frac{278.5}{2.0 \times 10^5} \times \left[1.9 \times 30 + 0.08 \frac{1.6}{0.0161}\right]$$
$$= 0.154\text{mm} < 0.3\text{mm}$$

满足要求。

第二节 公路桥涵工程中受弯构件挠度和裂缝宽度验算

钢筋混凝土构件持久状况正常使用极限状态计算,采用作用(荷载)的短期效应组合、长期效应组合或短期荷载效应组合并考虑长期效应的影响,对构件的裂缝宽度和挠度进行验算,并使构件计算值不超过《公路钢筋混凝土及预应力混凝土桥涵设计规范》(JTG D62—2004)规定的各相应限值。

作用(或荷载)的短期效应和长期效应组合情况,对简支结构,按《公路钢筋混凝土及预应力混凝土桥涵设计规范》(JTG D60—2004)规定采用

作用短期效应组合

$$S_{sd} = \sum_{i=1}^{m} S_{Gik} + \sum_{j=1}^{n} \psi_{1j} S_{Qjk}$$

作用长期效应组合

$$S_{ld} = \sum_{i=1}^{m} S_{Gik} + \sum_{j=1}^{n} \psi_{2j} S_{Qjk}$$

式中:S_{sd}——作用短期效应组合设计值;

ψ_{1j}——第 j 个可变作用效应的频遇值系数。汽车荷载(不计冲击力)$\psi_1 = 0.7$,人群荷载 $\psi_1 = 1.0$,风荷载 $\psi_1 = 0.75$,温度梯度作用 $\psi_1 = 0.8$,其他作用 $\psi_1 = 1.0$;

$\psi_{1j} S_{Qjk}$——第 j 个可变作用效应的频遇值;

S_{ld}——作用长期效应组合设计值;

ψ_{2j}——第 j 个可变作用效应的准永久值系数。汽车荷载(不计冲击力)$\psi_2 = 0.4$,人群荷载 $\psi_2 = 0.4$,风荷载 $\psi_2 = 0.75$,温度梯度作用 $\psi_2 = 0.8$,其他作用 $\psi_2 = 1.0$;

$\psi_{2j} S_{Qjk}$——第 j 个可变作用效应的准永久值。

一 公路桥涵工程受弯构件挠度验算

公路桥涵钢筋混凝土受弯构件,在正常使用极限状态下的挠度,可根据给定的构件刚度用

结构力学的方法计算。钢筋混凝土受弯构件的刚度可按下式计算

$$B = \frac{B_0}{\left(\dfrac{M_{cr}}{M_s}\right)^2 + \left[1-\left(\dfrac{M_{cr}}{M_s}\right)^2\right]\dfrac{B_0}{B_{cr}}} \tag{7.20}$$

$$M_{cr} = \gamma f_{tk} W_0 \tag{7.21}$$

式中：B——开裂构件等效截面抗弯刚度；

B_0——全截面抗弯刚度，$B_0 = 0.95 E_c I_0$；

B_{cr}——开裂截面的抗弯刚度，$B_{cr} = E_{cr} I_{cr}$；

M_{cr}——开裂弯矩；

γ——截面受拉区混凝土塑性影响系数，$\gamma = \dfrac{2S_0}{W_0}$；

W_0——换算截面抗裂验算边缘的弹性抵抗矩；

I_0——全截面换算截面惯性矩；

I_{cr}——开裂截面换算截面惯性矩。

受弯构件在使用阶段的挠度应考虑荷载长期效应的影响，即按荷载短期效应组合和式(7.20)计算的刚度计算挠度，并乘以挠度增长系数 η_θ。挠度长期增长系数可按下列规定取值：采用 C40 以下混凝土时，$\eta_\theta = 1.6$；采用 C40~C80 混凝土时，$\eta_\theta = 1.45 \sim 1.35$；中间强度等级混凝土的 η_θ 可按内插法取值。

【例 7.3】 已知计算跨径为 20m 的 T 形截面钢筋混凝土梁桥，如图 7.9 所示，HRB335 级钢筋焊接骨架，配置纵向受拉钢筋为 $2\underline{\Phi}16 + 8\underline{\Phi}32 (A_s = 6836\text{mm}^2)$，$2\underline{\Phi}16$ 钢筋重心至梁底的距离为 177mm，$8\underline{\Phi}32$ 钢筋重心至梁底的距离为 99mm，混凝土强度等级为 C25，T 形梁的梁肋宽度为 $b = 180$mm，承受恒载产生的弯矩为 $M_{gk} = 700$kN·m，汽车和人群荷载产生的弯矩为 $M_{qk} = 600$kN·m，$I_{cr} = 64.35 \times 10^9 \text{mm}^4$，$I_0 = 10.2 \times 10^{10} \text{mm}^4$，$W_0 = 11.95 \times 10^7 \text{mm}^3$，$S_0 = 1.073 \times 10^8 \text{mm}^3$。试验算挠度是否符合要求。

【解】 (1) 求抗弯刚度 B

$E_c = 2.8 \times 10^4$ MPa，$M_s = M_{gk} + M_{qk} = 700 + 600 = 1300$ kN·m，$f_{tk} = 1.78$ MPa

$$B_0 = 0.95 E_c I_0 = 0.95 \times 2.8 \times 10^4 \times 10.2 \times 10^{10} = 27.13 \times 10^{14} \text{ N·mm}^2$$

$$\gamma = \frac{2S_0}{W_0} = \frac{2 \times 1.073 \times 10^8}{11.95 \times 10^7} = 1.796$$

$$M_{cr} = \gamma f_{tk} W_0 = 1.796 \times 1.78 \times 11.95 \times 10^7 = 382 \text{ kN·m}$$

$$B_{cr} = E_{cr} I_{cr} = 2.8 \times 10^4 \times 64.35 \times 10^9 = 18.02 \times 10^{14} \text{ N·mm}^2$$

$$B = \frac{B_0}{\left(\dfrac{M_{cr}}{M_s}\right)^2 + \left[1-\left(\dfrac{M_{cr}}{M_s}\right)^2\right]\dfrac{B_0}{B_{cr}}}$$

$$= \frac{27.13 \times 10^{14}}{\left(\dfrac{382}{1300}\right)^2 + \left[1-\left(\dfrac{382}{1300}\right)^2\right] \times \dfrac{27.13 \times 10^{14}}{18.02 \times 10^{14}}}$$

$$= 32.22 \times 10^{14} \text{ N·mm}^4$$

(2) 挠度计算

$$f = \eta_\theta \times \frac{5}{48} \times \frac{M_s l^2}{B} = 1.6 \times \frac{5}{48} \times \frac{1300 \times 10^6 \times (20 \times 10^3)^2}{32.4 \times 10^{14}}$$

$$= 26.75\text{mm} < \frac{l}{600} = \frac{20 \times 10^3}{600} = 33.33\text{mm}$$

满足要求。

二、钢筋混凝土构件裂缝宽度验算

《公路钢筋混凝土及预应力混凝土桥涵设计规范》(JTG D62—2004)规定,钢筋混凝土构件在正常使用极限状态下的裂缝宽度,应按作用(或荷载)短期效应组合并考虑长期效应影响进行验算,并要求其计算的最大裂缝宽度不超过下列规定的裂缝限值:对Ⅰ类和Ⅱ类环境的钢筋混凝土构件为0.2mm,对Ⅲ类和Ⅳ类环境为0.15mm。在上述组合中,汽车荷载效应不计冲击力。

一般钢筋混凝土矩形、T形和工字形截面钢筋混凝土构件及B类预应力混凝土受弯构件,其最大裂缝宽度可按下式计算

$$W_{tk} = C_1 C_2 C_3 \frac{\sigma_{ss}}{E_s} \left(\frac{30+d}{0.28+10\rho} \right) \tag{7.22}$$

式中:C_1——钢筋表面形状系数,对光面钢筋,$C_1=1.4$;带肋钢筋,$C_1=1.0$;

C_2——作用(或荷载)长期效应影响系数,$C_2=1+0.5\frac{N_l}{N_s}$,其中N_l和N_s分别为按作用(或荷载)长期效应和短期效应组合计算的内力值(弯矩或轴力);

C_3——与构件受力性质有关的系数,当为钢筋混凝土板式受弯构件时,$C_3=1.15$,其他受弯构件$C_3=1.0$;轴心受拉构件$C_3=1.2$,偏心受拉构件$C_3=1.1$;偏心受压构件$C_3=0.9$;

σ_{ss}——钢筋应力;

d——纵向受力钢筋的直径(mm),当采用不同的钢筋时,d改用换算直径d_e,钢筋混凝土构件按式(7.18)取用;当配置环氧树脂涂层带肋钢筋时,d或d_e应乘以1.25系数;

ρ——纵向受拉钢筋配筋率,当$\rho>0.02$时,取$\rho=0.02$;当$\rho<0.006$时,取$\rho=0.006$;ρ的计算公式为

$$\rho = \frac{A_s}{bh_0 + (b_f - b)h_f} \tag{7.23}$$

其中 b_f——构件受拉翼缘宽度;

h_f——构件受拉翼缘厚度。

钢筋应力σ_{ss}按下式计算

受弯构件
$$\sigma_{ss} = \frac{M_s}{0.87 A_s h_0} \tag{7.24}$$

式中:M_s——按作用(或荷载)短期效应组合计算的弯矩值。

A_s——受拉区纵向钢筋截面面积。对轴心受拉构件,取全部纵向钢筋截面面积;对偏心受拉构件,取受拉较大边的纵向钢筋截面面积;对受弯、偏心受压构件,取受拉区纵向钢筋截面面积。

【例7.4】 已知计算跨径为20m的公路装配式钢筋混凝土T形截面梁桥,配置纵向受拉钢筋为$4\underline{\Phi}25+8\underline{\Phi}28(A_s=6890\text{mm}^2)$的HRB335级钢筋,T形梁的梁肋宽度为$b=200$mm,

受压边边缘至钢筋重点的距离 $h_0=1300\text{mm}$，外排钢筋应力为 $\sigma_{ss}=210\text{MPa}$，按长期效应组合和短期效应组合计算的弯矩之比为 0.52，最大容许裂缝宽度为 0.20mm。试验算该梁在短期荷载（不计冲击力）作用下及长期荷载作用下的最大裂缝宽度是否满足要求。

【解】 $\rho=\dfrac{A_s}{bh_0}=\dfrac{6890}{200\times 1300}=0.0265>0.02$，取 $\rho=0.02$

钢筋换算直径

$$d_{eq}=\dfrac{\sum n_i d_i^2}{\sum n_i v_i d_i}=\dfrac{4\times 25^2+8\times 28^2}{4\times 25+8\times 28}=27.07\text{mm}$$

对带肋钢筋 $C_1=1.0$，对梁式受弯构件 $C_3=1.0$，短期荷载作用下 $C_2=1.0$。

短期荷载作用下最大裂缝宽度

$$\omega_{fk}=C_1 C_2 C_3 \dfrac{\sigma_{ss}}{E_s}\left(\dfrac{30+d}{0.28+10\rho}\right)$$

$$=1.0\times\dfrac{210}{2\times 10^5}\times\left(\dfrac{30+27.07}{0.28+10\times 0.02}\right)$$

$$=0.125\text{mm}<[\omega_{fk}]=0.2\text{mm}$$

长期荷载作用效应下

$$C_2=1+0.5\dfrac{N_l}{N_s}=1+0.5\times 0.52=1.26$$

长期荷载作用下最大裂缝宽度

$$\omega_{fk}=0.125\times 1.26=0.1575\text{mm}<[\omega_{fk}]=0.2\text{mm}$$

满足要求。

◀本章小结▶

(1) 混凝土构件的裂缝宽度和变形验算是为了保证结构的正常使用。

(2) 混凝土受弯构件挠度验算的关键问题有两个：一是利用最小刚度原则，二是求出任一弯矩区段内绝对值最大弯矩截面的刚度。接着按结构力学方法求出构件的最大挠度，不应超过《混凝土结构设计规范》(GB 50010—2010)规定的挠度限值。

(3) 根据正常使用阶段对结构构件裂缝的要求不同，裂缝控制等级为三级。

(4) 在验算混凝土构件使用阶段的裂缝宽度时，应按荷载效应的标准组合并考虑荷载长期作用的影响所求得的最大裂缝宽度不应超过《混凝土结构设计规范》(GB 50010—2010)规定的限值。

(5)《混凝土结构设计规范》(GB 50010—2010)和《公路钢筋混凝土及预应力混凝土桥涵设计规范》(JTG D62—2004)有关挠度的计算方法也有较大的区别。《混凝土结构设计规范》(GB 50010—2010)采用的以平截面假定为基础的刚度分析法《公路钢筋混凝土及预应力混凝土桥涵设计规范》(JTG D62—2004)采用的是有效惯性矩法。在考虑荷载长期作用对挠度的影响时，《混凝土结构设计规范》(GB 50010—2010)引入一个"荷载长期作用对挠度增大的影响系数 θ"，而《公路钢筋混凝土及预应力混凝土桥涵设计规范》(JTG D62—2004)采取对短期刚度计算得到的挠度乘以挠度长期增大系数 η_θ 的办法。

(6)《混凝土结构设计规范》(GB 50010—2010)和《公路钢筋混凝土及预应力混凝土桥涵

设计规范》(JTG D62—2004)有关裂缝宽度的计算方法有较大的区别。《混凝土结构设计规范》(GB 50010—2010)对于裂缝宽度的计算采用半理论半经验公式;《公路钢筋混凝土及预应力混凝土桥涵设计规范》(JTG D62—2004)对于裂缝宽度的计算采用数理统计经验公式。

(7)两种规范有关挠度与裂缝宽度的主要计算公式的比较(表7.4)。

两种规范关于挠度与裂缝宽度公式　　　　　表7.4

类型	《混凝土结构设计规范》(GB 50010—2010)	《公路钢筋混凝土及预应力混凝土桥涵设计规范》(JTG D62—2004)
刚度	$B_s = \dfrac{A_s E_s h_0^2}{1.15\psi + 0.2 + \dfrac{6\alpha_E \rho}{1+3.5\gamma_f'}}$ $B = \dfrac{M_k}{M_q(\theta-1)+M_k} B_s$	$B = \dfrac{B_0}{\left(\dfrac{M_{cr}}{M_s}\right)^2 + \left[1-\left(\dfrac{M_{cr}}{M_s}\right)^2\right]\dfrac{B_0}{B_{cr}}}$
裂缝宽度	$\omega_{max} = \alpha_{cr}\psi\dfrac{\sigma_{sk}}{E_s}\left[1.9c + 0.08\dfrac{d_{eq}}{\rho_{te}}\right]$	$\omega_{fk} = C_1 C_2 C_3 \dfrac{\sigma_{ss}}{E_s}\left(\dfrac{30+d}{0.28+10\rho}\right)$

思考与练习

思考题

7.1 对于混凝土受弯构件,其正常使用极限状态验算包括哪些内容?

7.2 在混凝土受弯构件结构设计时,为什么要以变形和裂缝宽度进行验算?在对变形和裂缝宽度进行验算时,应采取哪个应力阶段为依据?

7.3 计算挠度时,刚度应该采取哪个刚度,为什么?什么是最小刚度原则?

7.4 提高受弯构件刚度的措施有哪些?最有效的措施是什么?

7.5 如果裂缝宽度超过规定的限值时,可以采取哪些措施来减小裂缝宽度?

7.6 简述《混凝土结构设计规范》(GB 50010—2010)和《公路钢筋混凝土及预应力混凝土桥涵设计规范》(JTG D62—2004)有关挠度和裂缝宽度计算的区别。

习题

7.1 已知某钢筋混凝土简支梁,计算跨径为 $l_0 = 7.5\text{m}$, $b \times h = 300\text{mm} \times 500\text{mm}$,混凝土强度等级为C25,钢筋为HRB335,梁承受均布荷载,其中永久荷载标准值为 $g_k = 12\text{kN/m}$(包括自重),可变荷载标准值为 $q_k = 10\text{kN/m}$,纵向受拉钢筋为 4⌀22 钢筋,一排布置,允许挠度值为 $[f] = \dfrac{l_0}{250}$,试验算其跨中挠度是否满足要求。

7.2 已知某预制T形截面简支梁,安全等级为二级, $l_0 = 6\text{m}$, $b_f' = 600\text{mm}$, $b = 200\text{mm}$, $h_f' = 60\text{mm}$, $h = 500\text{mm}$,混凝土强度等级为C30,HRB335级钢筋。各种荷载在跨中截面引起的弯矩标准值为:永久荷载 48kN·m;可变荷载 35kN·m;雪荷载 10kN·m。求(1)受弯正截面受拉钢筋的面积;(2)验算挠度是否满足要求?如不满足时可以采取哪些措施?

7.3 数据同题 7.1,最大裂缝宽度限值为 0.3mm,试验算该梁最大裂缝宽度是否满足要求。

7.4 已知某钢筋混凝土屋架下弦,环境类别为一类,截面尺寸 $b \times h = 200\text{mm} \times 200\text{mm}$,按荷载标准组合计算的轴向拉力 $N_k = 115\text{kN}$,C30 等级混凝土,有 4⌀18 的 HRB335 级受拉钢筋($A_s = 1017\text{mm}^2$),裂缝限值为 0.2mm,试验算裂缝宽度是否满足要求。

7.5 某装配式钢筋混凝土 T 形梁桥,计算跨径为 20m,截面尺寸如图 7.3 所示,C25 混凝土,纵向受拉钢筋采用 HRB335,主筋为 8⌀32+2⌀20($A_s = 7062\text{mm}^2$),8⌀32 钢筋重心至梁底距离为 99mm,2⌀20 钢筋重心至梁底距离为 180mm,承受恒载产生的弯矩为 $M_{gk} = 700\text{kN} \cdot \text{m}$,汽车和人群荷载产生的弯矩为 $M_{qk} = 580\text{kN} \cdot \text{m}$,$I_0 = 12.93 \times 10^{10}\text{mm}^4$,$I_{cr} = 82.38 \times 10^9\text{mm}^4$,$W_0 = 14.35 \times 10^7\text{mm}^3$,$S_0 = 1.213 \times 10^8\text{mm}^3$。试验算挠度是否符合要求。

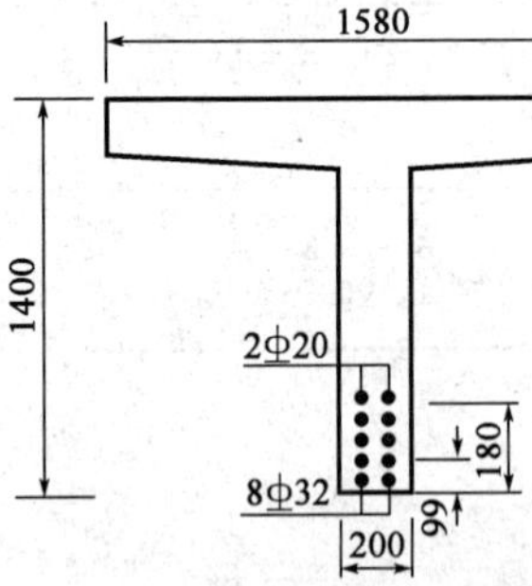

7.6 已知计算跨径为 20m 的公路装配式钢筋混凝土 T 形截面梁桥,配置纵向受拉钢筋为 4⌀16+8⌀28 的 HRB335 级钢筋,T 形梁的梁肋宽度为 $b = 180\text{mm}$,受压边边缘至钢筋重心的距离 $h_0 = 1400\text{mm}$,外排钢筋应力为 $\sigma_{ss} = 2620\text{MPa}$,按长期效应组合和短期效应组合计算的弯矩之比为 0.56,最大容许裂缝宽度为 0.2mm。试验算该梁在短期荷载(不计冲击力)作用下及长期荷载作用下的最大裂缝宽度是否满足要求。

图 7.3 习题 7.5 图

第三篇　预应力混凝土结构

第八章 预应力混凝土结构

知识描述

随着构件跨度和质量要求的提高,预应力混凝土构件目前应用得越来越广泛,学习预应力混凝土技术十分必要。预应力混凝土结构是由配置受力的预应力钢筋通过张拉或其他方法建立预应力的混凝土结构。它从本质上改善了钢筋混凝土结构受力性能。本章阐述了混凝土构件中预应力损失及引起预应力损失的因素,并举例说明预应力混凝土施工工艺。在学习预应力混凝土基本原理的基础上,介绍预应力混凝土受弯构件的设计理论和技术方法。本章设计计算内容主要依据《公路钢筋混凝土及预应力混凝土桥涵设计规范》(JTG D62—2004)的规定编写,施工部分内容主要依据《公路桥涵施工技术规范》(JTG/T F50—2011)的规定编写。

学习要求

通过本章的学习,应掌握预应力混凝土结构的基本概念、各项预应力损失的原因意义和计算方法、预应力损失值的组合。掌握预应力混凝土受弯构件各阶段的应力状态、设计计算方法和主要构造要求及预应力混凝土的施工方法。

第一节 概 述

一 预应力混凝土的基本原理

预应力混凝土虽然只有几十年的历史,然而人们对预应力原理的应用却由来已久。如中国古代的工匠早就运用预应力的原理来制作木桶,木桶的环向预压应力通过套紧竹箍的方法产生,只要水对桶壁产生的环向拉应力不超过环向预压应力,则桶壁木板之间将始终保持受压的紧密状态,木桶就不会开裂和漏水。

预应力混凝土结构是指结构在承受外荷载以前,预先对外荷载作用时的受拉区混凝土施加压应力的构件。

下面以预应力混凝土简支梁为例,说明预应力混凝土的基本原理。如图8.1所示,在构件承受外荷载之前,预先对外荷载作用时的受拉区混凝土施加一对偏心轴向压力N,使梁的下边缘产生压应力σ_{pc}[图8.1a)],而外荷载单独作用时梁的下边缘将产生拉应力σ_t[图8.1b)],这样,施加了边缘可能是压应力(当$\sigma_{pc}>\sigma_t$时),也可能是较小的拉应力(当$\sigma_{pc}<\sigma_t$时)。可见,由于预加压力的作用,将全部或部分抵消由外荷载引起的拉应力。因此,可以通过调整预加压力的大小使构件不开裂或裂得较晚。同时,由于施加了预压应力,构件的挠度也减小了。

在现代预应力混凝土结构学中,通常把在使用荷载作用下,沿预应力筋方向的正截面始终不出现拉应力的预应力混凝土,称为全预应力混凝土;把普通钢筋混凝土称为非预应力混凝土;把介于钢筋混凝土与全预应力混凝土之间,预应力程度不同的整个区间的预应力混凝土,称为部分预应力混凝土。

加筋混凝土结构的分类：国内通常把全预应力混凝土、部分预应力混凝土和钢筋混凝土结构总称为加筋混凝土结构系列。

1. 国际加筋混凝土结构的分类

国际预应力协会将加筋混凝土按预加应力的大小划分为Ⅰ级、Ⅱ级、Ⅲ级、Ⅳ级分别为全预应力、有限预应力、部分预应力、普通钢筋混凝土结构。其中，有限预应力也称为部分预应力A类，其他部分预应力也称为部分预应力B类。

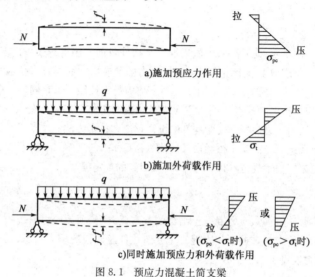

图 8.1　预应力混凝土简支梁

2. 国内加筋混凝土结构的分类

我国按预应力度分成全预应力混凝土、部分预应力混凝土和钢筋混凝土三种结构。

(1)预应力度的定义

《公路钢筋混凝土及预应力混凝土桥涵设计规范》(JTG D62—2004)将预应力度定义为：由预加应力大小确定的消压弯矩 M_0 与外荷载产生的弯矩 M_s 的比值，即

$$M_0 = \sigma_{pc} W_0$$

$$\lambda = \frac{M_0}{M_s} \tag{8.1}$$

式中：M_0——消压弯矩，由构件抗裂预压应力抵消到零时的弯矩；

　　　M_s——外荷载产生的弯矩，按作用短期效应组合计算的弯矩值。

部分预应力混凝土构件：部分预应力混凝土构件，$0<\lambda<1$；

全预应力混凝土构件，$\lambda \geq 1$；

钢筋混凝土构件：不加预应力，即 $\lambda = 0$。

(2)按预应力混凝土有无黏结力分类

有黏结预应力，是指沿预应力钢筋全长，其周围均与混凝土黏结、包裹在一起的预应力混凝土结构。先张预应力结构及预留孔道穿筋压浆的后张预应力结构均属此类。

无黏结预应力混凝土结构，是指预应力钢筋伸缩、滑动自由，不与周围混凝土黏结的预应力混凝土结构。一般是将预应力钢筋的外表面涂以沥青、油脂或其他润滑防锈材料，以减小摩擦力并防锈蚀，并用塑料套管或以纸带、塑料带包裹，以防止施工中碰坏涂层，并使之与周围混凝土隔离，而在张拉时可沿纵向发生相对滑移的后张预应力钢筋，并按后张法制作的预应力混凝土结构。

特点:不需要预留孔道,也不必灌浆,施工简便、快速,造价较低,易于推广应用。

二 钢筋混凝土的特点

由于混凝土的抗拉性能很差,使钢筋混凝土存在两个无法解决的问题:一是在使用荷载作用下,钢筋混凝土受拉、受弯等构件通常是带裂缝工作;二是从保证结构耐久性出发,必须限制裂缝宽度,为了要满足变形和裂缝控制的要求,则需增大构件的截面尺寸和用钢量,这将导致自重过大,使钢筋混凝土结构用于大跨度或承受动力荷载的结构成为不可能或很不经济。

从理论上讲,提高材料强度可以提高构件的承载力,从而达到节省材料和减轻构件自重的目的。但在普通钢筋混凝土构件中,提高钢筋强度却难以收到预期的效果。这是因为,对配置高强度钢筋的钢筋混凝土构件而言,承载力可能已不是控制条件,而起控制作用的因素可能是裂缝宽度或构件的挠度。当钢筋应力达到 $500\sim1000\text{N/mm}^2$ 时,裂缝宽度将很大,无法满足使用要求。因此,钢筋混凝土结构中采用高强度钢筋是不能充分发挥其作用的,而提高混凝土强度等级对提高构件的抗裂性能和控制裂缝宽度的作用也极其有限。

混凝土抗拉强度只有抗压强度的 $1/18\sim1/10$,极限拉应变仅为 $0.0001\sim0.00015$,即每米只能拉长 $0.1\sim0.15\text{mm}$,超过后就会出现裂缝。而钢筋达到屈服强度时的应变却要大得多,为 $0.0005\sim0.0015$,对使用上不允许开裂的构件,受拉钢筋的应力只能用到 $20\sim30\text{N/mm}^2$,不能充分利用其强度。对于允许开裂的构件,当受拉钢筋应力达到 250N/mm^2 时,裂缝宽度已达 $0.2\sim0.3\text{mm}$。

为了避免钢筋混凝土结构的裂缝过早出现,充分利用高强度钢筋及高强度混凝土,设法在混凝土结构或构件承受使用荷载前,预先对受拉区的混凝土施加压力的混凝土就是预应力混凝土。

三 预应力混凝土的特点

1. 有黏结预应力混凝土的优点

(1)提高了构件的抗裂度和刚度

由于对构件施加预应力,大大推迟了裂缝的出现,在使用荷载作用下,构件可不出现裂缝,或使裂缝推迟出现,所以提高了构件的刚度,增加了结构的耐久性。具有良好的裂缝闭合性能和变形恢复性能。当结构卸载时,预应力能很好地使裂缝闭合及变形恢复。

(2)减小自重,降低造价

其结构由于必须采用高强度材料,因此可减少钢筋用量和构件截面尺寸,节省钢材和混凝土,降低结构自重,对大跨度和重荷载结构有着明显的优越性。

(3)结构质量安全可靠

①提高构件的抗剪能力。试验表明,纵向预应力钢筋起着锚栓的作用,阻碍着构件斜裂缝的出现与开展,又由于预应力混凝土梁的曲线钢筋(束)合力的竖向分力将部分地抵消剪力。

②提高受压构件的稳定性。当受压构件长细比较大时,在受到一定的压力后便容易被压弯,以致丧失稳定而破坏。如果对钢筋混凝土柱施加预应力,使纵向受力钢筋张拉得很紧,不但预应力钢筋本身不容易压弯,而且可以帮助周围的混凝土提高抵抗压弯的能力。

(4)增强结构耐久性

由于预应力混凝土能使构件不出现裂缝或减小裂缝宽度,因而可以减少大气或侵蚀性介质对钢筋的侵蚀,从而延长构件的使用期限。因为具有强大预应力的钢筋,在使用阶段因加荷或卸荷所引起的应力变化幅度相对较小,故此可提高抗疲劳强度,这对承受动荷载的结构来说是很有利的。

(5)具有良好的经济性

对于适合预应力技术的结构,做预应力可以比做普通结构省20%～40%的混凝土和30%～60%的纵筋;与钢结构相比则可以减少一半以上的造价。

(6)能促进桥梁新体系的发展

承载力的大幅度提高,跨越能力明显增强,尤其和连续梁体系相配合使用,更能发挥其优越性。

2. 无黏结预应力混凝土结构的优点

①结构自重轻,造价较低。
②施工简便、速度快,不需要预留孔道。
③不必灌浆,抗腐蚀能力强。
④使用性能良好,易于推广应用。

3. 无黏结预应力混凝土结构的缺点

①工艺较复杂,对质量要求高。因而需要配备一支技术较熟练的专业队伍。
②需要有一定的专门设备。如张拉机具、灌浆设备等。
③预应力反拱不易控制。
④设计要求高。
⑤预应力混凝土结构的开工费用较大,对构件数量少的工程成本较高。

第二节　预应力混凝土材料与施工

  对预应力钢筋性能的要求

1. 强度要高

预应力混凝土结构中预压应力的大小主要取决于预应力钢筋的数量及其张拉应力。考虑到构件在制作和使用过程中,由于各种因素的影响,会出现各种预应力损失,因此需要采用较高的张拉应力,这就要求预应力筋的强度要高。否则,就不能有效地建立预应力。

2. 有较好的塑性

为了保证结构物在破坏之前有较大的变形能力,必须保证预应力钢筋有足够的塑性。

3. 要具有良好的黏结性能

4. 具有低松弛性能

在一定拉应力值和恒定温度下,钢筋长度固定不变,则钢筋中的应力将随时间延长而降低,一般称这种现象为钢筋的松弛或应力松弛。预应力筋的特性:应力—应变曲线和应力松弛。

①应力松弛的概念:钢筋受到一定的张拉力后,在长度保持不变的条件下,钢筋的应力随着时间的增长而降低的现象,起压力激昂的值就是应力松弛损失。
②应力松弛的特点:初期发展快。钢丝和钢绞线的应力松弛率大于热处理钢筋和精轧螺纹钢筋。初应力大,松弛损失也大。松弛损失率随温度的升高急剧增加。

二 预应力钢筋的种类

《公路钢筋混凝土及预应力混凝土桥涵设计规范》(JTG D62—2004)推荐使用的预应力筋有钢绞线、消除应力钢丝和精轧螺纹钢筋。钢绞线和消除应力钢丝单向拉伸应力—应变关系曲线无明显的流幅,精轧螺纹钢筋则有明显的流幅。随着现代科学技术的发展出现了新非金属预应力筋材料主要是指纤维增强塑料预应力筋。

1. 钢绞线

钢绞线是由2、3或7根高强钢丝扭结而成并经消除内应力后的盘卷状钢丝束(图8.2)。最常用的是由6根钢丝围绕一根芯丝顺一个方向扭结而成的7股钢绞线。芯丝直径常比外围钢丝直径大5%～7%,以使各根钢丝紧密接触,钢丝扭矩一般为钢绞线公称直径的12～16倍。钢绞线具有截面集中、比较柔软、盘弯运输方便以及与混凝土黏结性能良好等特点,可大大简化现场成束的工序,是一种较理想的预应力钢筋。

2. 高强度钢丝

预应力混凝土结构常用的高强钢丝是用优质碳素钢(含碳量为0.7%～1.4%)轧制成盘圆,直径为3～8mm;由7根碳素钢丝缠绕而成;经高温铅浴淬火处理后,再冷拉加工而成的钢丝。对于采用冷拔工艺生产的高强钢丝,冷拔后还需经过回火矫直处理,以消除钢丝在冷拔中所存在的内部应力,提高钢丝的比例极限、屈服强度和弹性模量。

3. 精轧螺纹钢筋

精轧螺纹粗钢筋在轧制时沿钢筋纵向全部轧有规律性的螺纹肋条,可用螺钉套筒连接和螺母锚固,因此不需要再加工螺钉,也不需要焊接。这种高强钢筋仅用于中、小型预应力混凝土构件或作为箱梁的竖向、横向预应力钢筋。其直径为25～32mm(图8.3)。

图8.2 预应力钢绞线

图8.3 精扎螺纹钢

三 预应力筋的检验

①钢材进场应有质保书或试验报告单,使用前按规定频率复试。部分钢绞线厂家按国外标准生产,订货时注意直径、破断荷载等差异。钢丝:5%盘数,且不少于3盘。抗拉强度、屈服强度。钢绞线:小于60t为一批,任取3盘。屈服强度、破坏荷载、伸长率。冷拉钢筋:小于20t为一批,任取2根。抗拉强度、伸长率、屈服点、冷弯。

②预应力混凝土结构所采用的钢丝、钢绞线、螺纹钢筋等材料的性能和质量,应符合现行国家标准的规定。钢丝应符合《预应力混凝土用钢丝》(GB/T 5223—2002/XG2—2008)的规定;钢绞线应符合《预应力混凝土用钢绞线》(GB/T 5224—2003)的规定;螺纹钢筋应符合《预

应力混凝土用螺纹钢筋》(GB/T 20065—2006)的规定,并按《公路桥涵施工技术规范》(JTG/T F50—2011)中的规定进行检验。力学性能测试时,应同时测定弹性模量,以校核张拉延伸值。预应力锚夹具的质量控制和张拉系统的校验如下。

a. 钢丝的检验:外观检查;力学性能试验。
b. 钢绞线的检验:成批验收;屈服强度和松弛试验;外观检查和力学性能检验。
c. 热处理钢筋的检验:外观检查;拉伸试验。

四 预应力混凝土结构中常用混凝土强度等级要求

1. 强度等级

我国预应力混凝土结构采用的混凝土等级为 C40、C50 和 C60。在先张法中,混凝土强度等级不应低于 C40。当采用碳素钢丝、钢绞线、热处理钢筋作预应力钢筋时,混凝土强度等级不应低于 C40。

2. 预应力钢筋混凝土结构构件对混凝土的要求

①强度高。
②匀质性好。
③快硬、早强。
④收缩和徐变小,以减小预应力损失。

五 预应力锚具

1. 对预应力锚具的要求

①锚具受力安全可靠。
②预应力损失小。
③构造简单,制作方便,用钢量少,价格便宜。
④施工设备简便,张拉锚固方便迅速。

2. 锚具的原理概述

①依靠摩擦阻力锚固的锚具。
②依靠承压锚固的锚具。
③先张法和后张法构件中的预应力钢筋是利用钢筋与混凝土之间的黏结力进行锚固的。

3. 几种常用的锚具

图 8.4 锥形锚

(1)锥形锚(图 8.4)

其工作原理是通过顶压锥形的锚塞,将预应力的钢丝卡在锚圈与锚塞之间,当张拉千斤顶放松预应力钢丝后,钢丝向梁内回缩时带动锚塞向锚圈内楔紧,这样预应力钢丝通过摩阻力将预应力传到锚圈,然后由锚圈承压,将预加力传到混凝土构件上。

(2)镦头锚(图 8.5)

镦头锚的工作原理先将钢丝逐一穿过锚杯的蜂窝眼,然后用专门的镦头机将钢丝端头镦粗,借镦粗头直接承压将钢丝固定于锚杯上。锚杯的外圆车有螺纹,穿束后,在固定端将锚圈(螺母)拧上,即可将钢束锚固于梁端。在张拉端,则先将与千斤顶连接的拉杆旋入锚杯内进行张拉,待锚杯带动钢筋或钢丝伸长到设计需要时,将锚圈沿锚杯外的螺纹旋紧顶在构件表面,再慢慢放松千斤顶,退出拉杆,于是钢丝束的回缩力就通过锚圈、垫板,传到梁体混凝土上而获得锚固。

(3)钢筋螺纹锚具(图8.6)

当采用高强粗钢筋作为预应力筋束时,可采用螺纹锚具固定。即借粗钢筋两端的螺纹,在钢筋张拉后直接拧上螺母进行锚固,钢筋的回缩力由螺母经支承垫板承压传递给梁体而获得预应力。

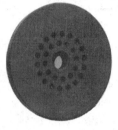

图8.5 镦头锚

图8.6 钢筋螺纹锚具

(4)夹片锚具

将预应力筋用夹片楔紧在锥形锚孔中的锚具称为夹片式锚具,适用于单根或多根预应力束。

①钢绞线夹片锚具的工作原理如图8.7所示。

②扁形夹片锚具的工作原理如图8.8所示。

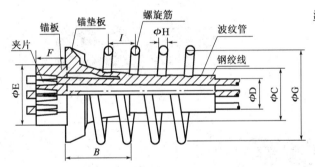
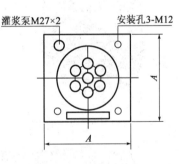

图8.7 夹片锚具

③XM型预应力张拉锚固体系的工作原理如图8.9所示。

(5)固定端锚具

①挤压式锚具(图8.10)是一种固定锚具。其是利用压头机,将套在钢绞线端头上的软钢(一般为45号钢)套筒,与钢绞线一起,强行顶压通过规定的模具孔挤压而成。

②压花锚具(图8.11)是用压花机将钢绞线端头压制成梨形花头的一种黏结型锚具(图8.11),张拉前预先埋入构件混凝土中。

③轧花锚具,是一种固定锚具,利用混凝土对钢绞线的握裹力将后张力传至混凝土构件。钢绞线的末端利用压花机压成圆球形花,这些球形花以正方形或长方形排列,并用网格钢筋固定位置。为了防止混凝土局部开裂,在钢绞线从波纹管出来开始散开的位置,用螺旋钢筋和约束环加强。轧花锚具的结构如图8.12所示。

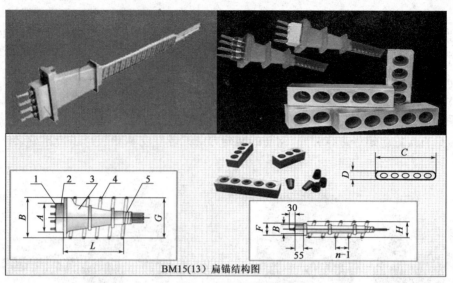

图 8.8　扁形夹片锚具
1-夹片；2-扁锚板；3-扁锚垫板；4-扁螺旋筋；5-扁波纹管

图 8.9　XM型预应力张拉锚固体系

图 8.10　压头机和固定

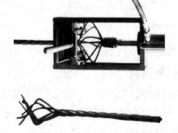

图 8.11　压花机械和锚具

(6)连接器

连接器有两种：钢绞线束锚固后，需要再连接钢绞线束的，称为锚头连接器(图 8.13)；当两段未张拉的钢绞线束需直接接长时，则可采用接长连接器。

4. 预应力锚具的检验

①锚具应有出厂合格证,写明型号、尺寸、钢号、热处理、抽样试验结果。指标应有符合预应力筋用锚具、夹具和连接器《预应力筋用锚具、夹具和连接器》(GB/T 14370—2007)规定。

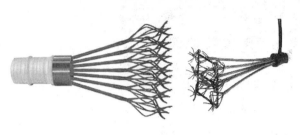

图 8.12 轧花锚具　　　　　　　图 8.13 XM 型连接器

②同一预应力锚具,不超过 1000 套为一验收批。

③外观检查:10% 且不少于 10 套,检查其外观、尺寸和锥度配套。

④硬度检查:太硬断丝,太软滑丝,5% 且不少于 5 件,多孔夹片式锚具,每套至少 5 片夹片,每个零件 3 个检测点。

⑤锚夹具和钢绞线的配套,原来锚夹具拉 1500MPa,现在 1860MPa,今后 2000MPa,适用于 1860MPa 的锚夹具。

⑥体外预应力索锚具,重要结构承受动载的锚具,应该做疲劳试验。

⑦ 提倡采用名牌 OVM、HVM。

六　预应力的其他设备

1. 制孔器

预制后张法构件时,需预先留好待混凝土结硬后筋束穿入的孔道。目前,国内桥梁构件预留孔道所用的制孔器主要有两种:塑料或者金属波纹管(图 8.14)与抽拔橡胶管(图 8.15)。

2. 穿索机

在桥梁悬臂施工和尺寸较大的构件中,一般都采用后穿法穿束。对于大跨度桥梁有的筋束很长,人工穿束十分吃力,故采用穿索(束)机(图 8.16)。穿索(束)机有两种类型:一是液压式;二是电动式。桥梁施工中多用前者。

3. 水泥搅拌机及压浆设备(图 8.17、图 8.18)

图 8.14 波纹管　　　　　　　　图 8.15 抽拔橡胶管

图 8.16 穿索机

图 8.17 水泥搅拌机

图 8.18 压浆设备

4. 张拉千斤顶

各种锚具都必须配置相应的张拉设备,才能顺利地进行张拉、锚固。与夹片锚具配套的张拉设备,是一种大直径的穿心式单体作用千斤顶,如图 8.19 所示。YDC 型千斤顶外形如图 8.20 所示。

图 8.19 张拉千斤顶

图 8.20 张拉锚具

千斤顶在锚固时采用的顶压器有液压与弹性顶压两种。

①液压顶压器采用多孔式多油缸并联,顶压器的每个穿心式顶压活塞对准锚具的一组夹片,钢绞线由其穿心孔中穿过,每个活塞在顶压时的压力为 25kN,采用同步顶压。顶压器的使用增加了锚固的可靠性,并减少了锚固损失。液压顶压器的外形,如图 8.19 和图 8.20 所示。

②弹性顶压器采用橡胶制的筒形弹性元件,每个弹性元件对准一组夹片,钢绞线从筒形弹

性元件的中孔通过。张拉时,弹性顶压器的壳体把弹性元件压紧在一夹片上,由于弹性元件受夹片弹性压缩,钢绞线能正常拉出,张拉后利用钢绞线的回缩将夹片带动锚固。

除起防腐作用外,也有利于恢复预应力筋与混凝土之间的黏结力。为了方便施工,有时也可采用在预应力筋表面涂刷防锈蚀材料并用塑料套管或油纸包裹的无黏结后张预应力。但钢绞线的回缩值较采用液压顶压器要大。

5. 张拉台座(图 8.21)

图 8.21 张拉台座

第三节 预应力混凝土构件施工方法

一 施工概述

张拉控制应力,是指张拉钢筋进行锚固前,张拉千斤顶所指示的总拉力除以预应力钢筋截面积所求得的钢筋应力值。

钢筋张拉应力与所采用的钢筋品种有关。

《公路钢筋混凝土及预应力混凝土桥涵设计规范》(JTG D62—2004)规定,预应力钢筋在构造端部(锚下)的控制应力应符合下列规定

对于钢丝、钢绞线 $\sigma_{con} \leqslant 0.75 f_{ptk}$,中强度预应力钢丝:$\sigma_{con} \leqslant 0.70 f_{ptk}$(混凝土规范)

对于精轧螺纹钢筋 $\sigma_{con} \leqslant 0.85 f_{pyk}$

f_{pt}——预应力筋极限强度标准值;

f_{pyt}——预应力螺纹钢筋屈服强度标准值。

1. 先张法

在混凝土浇筑之前,先将由钢丝钢绞线或钢筋组成的预应力筋张拉到某一规定应力,并用锚具锚于台座两端支墩上,接着安装模板、构造钢筋和零件,然后浇筑混凝土并进行养护。当混凝土达到规定强度后,放松两端支墩的预应力筋,通过黏结力将预应力筋中的张拉力传给混凝土而产生预压应力。先张法以采用长的台座较为有利,最长有用到一百多米的,因此有时也称作长线法。

2. 后张法

先浇筑构件,然后在构件上直接施加预应力的方法。一般做法多是先安置后张预应力筋成孔的套管、构造钢筋和零件,然后安装模板和浇筑混凝土。预应力筋可先穿入套管也可以后

穿。等混凝土达到强度后,用千斤顶将预应力筋张拉到要求的应力并锚于梁的两端,预压应力通过两端锚具传给构件混凝土。为了保护预应力筋不受腐蚀和恢复预应力筋与混凝土之间的黏结力,预应力筋与套管之间的空隙必须用水泥浆灌实。水泥浆除起防腐作用外,也有利于恢复预应力筋与混凝土之间的黏结力。为了方便施工,有时也可采用在预应力筋表面涂刷防锈蚀材料并用塑料套管或油纸包裹的无黏结后张预应力。预应力施工按施工顺序不同可以分为先张法和后张法。

二 先张法施工工艺

先张法生产构件可采用长线台座法,一般台座长度在50~150m,或在钢模中机组流水法生产构件。先张法生产构件,涉及台座、张拉机具和夹具及先张法张拉工艺,下面将分别叙述先张法施工设施与设备的认识。

1. 台座

台座在先张法构件生产中是主要的承力构件,它必须具有足够的承载能力、刚度和稳定性,以免因台座的变形、倾覆和滑移而引起预应力的损失,以确保先张法生产构件的质量。

台座的形式繁多,因地制宜,但一般可分为墩式台座和槽式台座两种。

(1)墩式台座

墩式台座由承力台墩、台面与横梁三部分组成,其长度宜为50~150m(图8.22)。

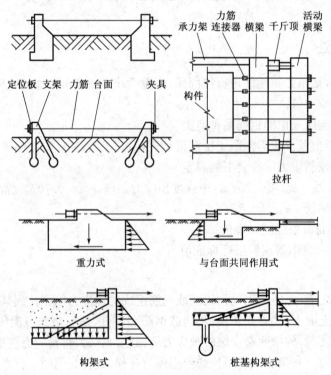

图8.22 墩式台座

台座的承载力应根据构件张拉力的大小,可按台座每米宽的承载力为200~500kN设计。

①承力台墩。承力台墩一般埋置在地下,由现浇钢筋混凝土做成。台座应具有足够的承载力、刚度和稳定性。台墩的稳定性验算包括抗倾覆验算和抗滑移验算。当采用混凝土台面,

并与合墩共同工作时,一般可不进行抗滑移验算,而应验算台面的承载能力。

②台面一般是在夯实的碎石垫层上浇筑一层厚度为60～100mm的混凝土而成。

③两端设置固定预应力钢丝的钢制横梁,一般用型钢制作,在设计横梁时,除考虑在张拉力的作用下有一定的强度外,应特别注意其变形,以减少预应力损失。

(2)槽式台座

槽式台座由钢筋混凝土压杆、上下横梁及台面组成,如图8.23所示。台座的长度一般不超过50m,承载力可大于1000kN以上。为了便于浇筑混凝土和蒸汽养护,槽式台座一般要低于地面。在施工现场还可利用已预制的柱、桩等构件装配成简易的槽式台座。

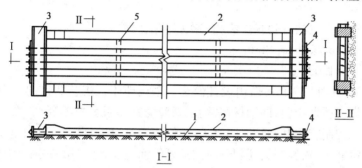

图8.23 槽式台座
1-压杆;2-砖墙;3-下横梁;4-上横梁

2.张拉机具和夹具

先张法构件生产中,常采用的预应力筋有钢丝或钢筋两种。张拉预应力钢丝时,一般直接采用卷扬机或电动螺杆张拉机。张拉预应力钢筋时,在槽式台座中常采用四横梁式成组张拉装置,用千斤顶张拉。预应力筋张拉后用锚固夹具将预应力钢筋直接锚固于横梁上,锚固夹具都可以重复使用,要求工作可靠、加工方便、成本低或多次周转使用。预应力钢丝的锚固夹具常采用圆锥齿板式锚固夹具,预应力钢筋常采用螺钉端杆锚固钢筋。

三 先张法施工工艺

先张法预应力混凝土构件在台座上生产时,其工艺流程如图8.24所示。

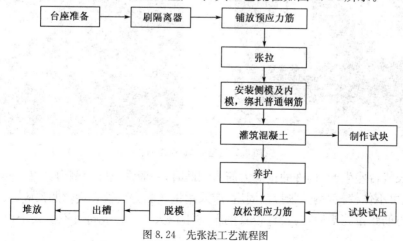

图8.24 先张法工艺流程图

1. 准备台座

先张法墩式台座结构应符合下列规定。

①承力台座须具有足够的强度和刚度,其抗倾覆安全系数应不小于1.5,抗滑移系数应不小于1.3。

②横梁须有足够的刚度,受力后挠度应不大于2mm。

③在台座上铺放预应力筋时,应采取措施防止污染预应力筋。

④张拉前,应对台座、横梁及各项张拉设备进行详细检查,符合要求后方可进行操作。

2. 张拉

预应力筋的张拉力方法有超张拉法和一次张拉法两种。

超张拉法:$0 \rightarrow 1.05\sigma_{con}$ 持荷 2min $\rightarrow \sigma_{con}$

一次张拉法:$0 \rightarrow 1.03\sigma_{con}$

其中,σ_{con} 为张拉控制应力,一般由设计而定。采用超张拉工艺的目的是为了减少预应力筋的松弛应力损失。所谓松弛,即钢材在常温、高应力状态下具有不断产生塑性变形的特性。松弛的数值与张拉控制应力和延续时间有关,控制应力高,松弛也大,所以钢丝、钢绞线的松弛损失比冷拉热轧钢筋大,松弛损失还随着时间的延续而增加,但在第一分钟内可完成损失总值的50%,24h 内则可完成 80%。所以采用超张拉工艺,先超张拉 5% 再持荷 2min,则可减少 50% 以上的松弛应力损失。而采用一次张拉锚固工艺,因松弛损失大,故张拉力应比原设计控制应力提高 3%。

《公路桥涵施工技术规范》(JTG/T F50—2011)的规定:①多根预应力筋同时张拉时,应预先调整初应力,使其相互之间的应力一致。预应力筋张拉锚固后,实际预应力值与工程设计规定检验值的相对允许偏差应在±5%以内。在张拉过程中预应力筋断裂或滑脱的数量,严禁超过结构同一截面预应力筋总根数的 5%,且严禁相邻两根断裂或滑脱。先张法构件在浇筑混凝土前发生断裂或滑脱的预应力筋必须予以更换。预应力筋张拉锚固后,预应力筋位置与设计位置的偏差不得大于5mm,且不得在于构件截面最短边长的4%。张拉过程中,应按混凝土结构工程施工及验收规范要求填写施加预应力记录表,如图 8.25 所示。

图 8.25 先张法施工图例

②对于长线台座生产,构件的预应力筋为钢筋时,一般常用弹簧测力计直接测定钢丝的张拉力,伸长值可不作校核,钢丝张拉锚固后,应采用钢丝测力仪检查钢丝的预应力值。

③预应力筋张拉完毕后,与设计位置的偏差不得大于5mm,同时不得大于构件最短边长的4%。

④预应力筋的张拉应符合设计要求,设计无规定时,其张拉程序可按先张法预应力筋张拉程序的规定进行。

⑤张拉时,预应力筋的断丝数量不得超过钢丝总数的1‰。(钢筋不容许断筋)。

⑥施工中应注意安全,张拉时,正对预应力钢筋两端禁止站人,敲击锚具的锥塞或楔块时,不应用力过猛,以免损伤预应力筋而断裂伤人,但又要锚固可靠。寒冬期张拉预应力筋时,其温度不宜低于-15℃,且应考虑预应力筋容易脆断的危险。

3. 放张

预应力钢筋放张过程是预应力的传递过程,是先张法构件能否获得良好质量的一个重要环节,应根据放张要求,确定适宜的放张顺序、放张方法及相应的技术措施。

(1) 放张要求

放张预应力筋时,混凝土强度必须符合设计要求,当设计无专门要求时,不得低于设计的混凝土强度标准值的75%。放张过早由于混凝土强度不足,会产生较大的混凝土弹性回缩而引起较大的预应力损失或钢丝滑动。放张过程中,应使预应力构件自由压缩,避免过大的冲击与偏心。

(2) 放张方法

多根整批预应力筋的放张,可采用砂箱法或千斤顶法。用砂箱放张时,放砂速度应均匀一致;用千斤顶放张时,放张宜分数次完成。单根钢筋采用拧松螺母的方法放张时,宜先两侧后中间,并不得一次将一根力筋松完。

当预应力混凝土构件用钢丝配筋时,若钢丝数量不多,钢丝放张可采用剪切、锯割或氧—乙炔焰熔断的方法,并应从靠近生产线中间处剪断,这样比在靠端台座一端处剪断时回弹减小,且有利于脱模。若钢丝数量较多,所有钢丝应同时放张,不允许采用逐根放张的方法,否则,最后的几根钢丝将承受过大的应力而突然断裂,导致构件应力传递长度骤增,或使钩件端部开裂。放张方法可采用放张横梁来实现。横梁可用千斤顶或预先设置在横梁支点处的放张装置(砂箱或楔块等)来放张。

粗钢筋预应力筋应缓慢放张。当钢筋数量较少时,可采用逐根加热熔断或借预先设置在钢筋锚固端的楔块或穿心式砂箱等单根放张。当钢筋数量较多时,所有钢筋应同时放张。采用湿热养护的预应力混凝土构件宜热态放张,不宜降温后放张。长线台座上预应力筋的切断顺序,应由放张端开始,逐次切向另一端。

(3) 放张顺序

预应力筋的放张顺序应符合设计要求,设计未规定时,应分阶段、对称、相互交错地放张。在力筋放张之前,应将限制位移的侧模、翼缘模板或内模拆除。

对承受轴心预压力的构件(如压杆、桩等),所有预应力筋应同时放张。

对承受偏心预压力的构件,应先同时放张预压力较小区域的预应力筋,再同时放张预压力较大区域的预应力筋。

当不能按上述规定放张时,应分阶段、对称、相互交错地放张,以防止在放张过程中,构件产生弯曲、裂纹及预应力筋断裂等现象。放张后预应力筋的切断顺序,宜由放张端开始,逐次切向另一端。钢筋放张后,可用乙炔—氧气切割,但应采取措施防止烧坏钢筋端部。钢丝放张后,可用切割、锯断或剪断的方法切断;钢绞线放张后,可用砂轮锯切断。

4. 预应力混凝土先张法工艺的特点和要求

①预应力筋在浇筑混凝土前张拉,预应力的传递依靠预应力筋与混凝土之间的黏结力,为

了获得良好质量,在整个生产过程中,除确保混凝土质量以外,还必须确保预应力筋与混凝土之间的良好黏结,使预应力混凝土构件获得符合设计要求的预应力值。

②对于碳素钢丝因其强度很高,且表面光滑,它与混凝土黏结力较差。因此,必要时可采取刻痕和压波措施,以提高钢丝与混凝土的黏结力。压波一般分局部压波和全部压波两种,施工经验认为波长取 39mm,波高取 1.5~2.0mm 比较合适。

③为了便于脱模,在铺放预应力筋前,在台面及模板上应先刷隔离剂,但应采取措施,防止隔离剂污损预应力筋,影响黏结。

④预应力筋张拉应根据设计要求,采用合适的张拉方法、张拉顺序和张拉程序进行,并应有可靠的保证质量措施和安全技术措施。

⑤预应力筋的张拉可采用单根张拉或多根同时张拉,当预应力筋数量不多,张拉设备拉力有限时常采用单根张拉。当预应力筋数量较多且密集布筋,另外张拉设备拉力较大时,则可采用多根同时张拉。在确定预应力筋张拉顺序时,应考虑尽可能减少台座的倾覆力矩和偏心力,先张拉靠近台座截面重心处的预应力筋。

⑥在施工中为了提高构件的抗裂性能或为了部分抵消由于应力松弛、摩擦、钢筋分批张拉以及预应力筋与张拉台座之间温度因素产生的预应力损失,张拉应力可按设计值提高 5%。但预应力筋的最大超张拉值:对于冷拉钢筋不得大于 $0.95f_{pyk}$(f_{pyk} 为冷拉钢筋的屈服强度标准值);碳素钢丝、刻痕钢丝、钢绞线不得大于 $0.80f_{pyk}$;热处理钢筋、冷拔低碳钢丝不得大于 $0.75f_{pyk}$(f_{pyk} 为预应力筋的极限抗拉强度标准值)。

四 后张法施工工艺

1. 有黏结预应力混凝土

先浇混凝土,待混凝土达到设计强度 75% 以上,再张拉钢筋(钢筋束)。其主要张拉程序为:埋管制孔→浇混凝土→抽管→养护穿筋张拉→锚固→灌浆(防止钢筋生锈)。其传力途径是依靠锚具阻止钢筋的弹性回弹,使截面混凝土获得预压应力,这种做法使钢筋与混凝土结为整体,称为有黏结预应力混凝土。

有黏结预应力混凝土由于黏结力(阻力)的作用使得预应力钢筋拉应力降低,导致混凝土压应力降低,所以应设法减少这种黏结。这种方法设备简单,不需要张拉台座,生产灵活,适用于大型构件的现场施工(图 8.26)。

2. 无黏结预应力混凝土

其主要张拉程序为预应力钢筋沿全长外表涂刷沥青等润滑防腐材料→包上塑料纸或套管(预应力钢筋与混凝土不建立黏结力)→浇混凝土养护→张拉钢筋→锚固。

施工时跟普通混凝土一样,将钢筋放入设计位置可以直接浇筑混凝土,不必预留孔洞,穿筋,灌浆,简化施工程序,由于无黏结预应力混凝土有效预压应力增大,降低造价,适用于跨度大的曲线配筋的梁体。

后张法施工应用的产品孔道灌浆剂产品特点如下。

①流动性好:出机浆体流动度为 184s,30min 后流动度小于 30s。

②稳定性好:浆体不分层,不沉淀,形成稳定一体的流体。

③无收缩性能:浆体具有无收缩或微膨胀的性能,与预应力孔道具有良好的黏结力。

④充盈度高:具有良好的充盈性能,能够完全充满整个孔道。

⑤强度高:具有很高的早期强度和后期强度,包括抗折强度和抗压强度,7d即可达到设计强度的70%以上。

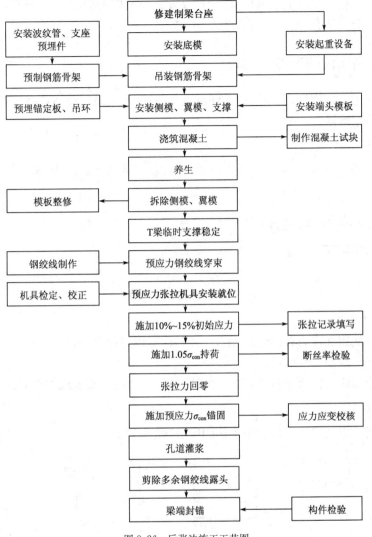

图8.26 后张法施工工艺图

⑥防腐性能:对预应力钢绞线具有防腐阻锈性能。
⑦耐久性:硬化后的浆体具有优异的抗冻融性能和抗氯离子渗透性能。
⑧施工方便性:在夏季高温条件和冬期低温条件下均可施工,具有良好的施工性能。

第四节 预应力混凝土受弯构件计算

一 概述

预应力混凝土结构由于事先人为地施加了预加力(N_y),在受力方面具有与普通钢筋混凝土结构不同的特点。预应力混凝土受弯构件,从施加预应力到承受外荷载,可分为两个阶段,即施工阶段和使用阶段。就截面应力变化而言:可分为预加力阶段、消压阶段、整体工作阶段、带裂缝阶段和破坏阶段。对各受力阶段进行受力分析,以便了解相应的计算目的、计算内容和计算方法。根据构件截面应力控制条件和裂缝控制等级的要求,可以将构件设计成全预应力混凝土——使用荷载下截面上不出现拉应力,以及部分预应力混凝土——使用荷载下允许截面的一部分处于受拉状态,甚至出现裂缝。

二 各受力阶段的特点

预应力混凝土受弯构件,从预加应力到承受外荷载,直至最后破坏,主要可分为两个阶段,即施工阶段和使用阶段。

1. 施工阶段

依构件受力条件不同,又可分为预加应力和运输、安装两个阶段(图 8.27)。

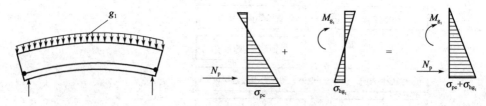

图 8.27 预加应力阶段截面应力分布

(1)预加应力阶段

此阶段系指从预加应力开始,至预加应力结束(即传力锚固)为止。

(2)运输、安装阶段

此阶段是指预应力混凝土构件在工厂制造完成后,运送及安装过程中的受力情况。

2. 使用阶段

该阶段是指桥梁建成通车后的整个使用阶段(图 8.28)。

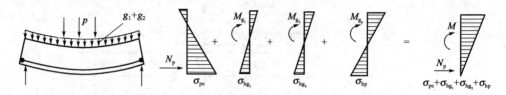

图 8.28 使用阶段各作用下的截面应力分布

本阶段根据构件受力后的特征,又可分为如下几个受力状态。

①加载至受拉边缘混凝土预压应力为零。一般把 σ_{pc} 在作用下控制截面上的应力状态,称为消压状态,而把 M_0 称为消压弯矩,即

$$\sigma_{pc} - \frac{M_0}{W_0} = 0 \tag{8.2}$$

$$M_0 = \sigma_{pc} W_0 \tag{8.3}$$

式中:σ_{pc}——由永存预加力 N_p 引起的梁下边缘混凝土的有效预加压应力;

W_0——换算面对受力边的弹性抵抗矩。

②加载至受拉区裂缝即将出现,裂缝弯矩为

$$M_{cr} = M_0 + M_{tk} \tag{8.4}$$

式中:M_{tk}——相当于同截面钢筋混凝土梁的开裂弯矩。

③加载至构件破坏。试验表明:在正常配筋的范围内,预应力混凝土梁的破坏弯矩,主要与构件的组成材料和受力性能有关,而与是否在受拉区钢筋中施加预拉应力关系不大。其破坏弯矩值与同条件普通钢筋混凝土梁的破坏弯矩值几乎相同。这说明预应力混凝土结构并不能创造出超越其本身材料强度之外的奇迹,而只是大大改善了结构在正常使用阶段的工作性能。

三 预应力与预应力损失计算

预应力钢筋张拉完毕或经历一段时间后,由于张拉工艺、材料性能和锚固等因素的影响,预应力钢筋中的拉应力值将逐渐降低,这种现象称为预应力损失。预应力损失计算正确与否对结构构件的极限承载力影响很小,但对使用荷载下的性能(反拱、挠度、抗裂度及裂缝宽度)有着相当大的影响。损失估计过小,导致构件过早开裂。正确估算和尽可能减小预应力损失是设计预应力混凝土结构构件的重要问题。

在预应力混凝土结构发展初期,由于没有高强材料和对预应力损失认识不足而屡遭失败,因此,必须在设计和制作过程中充分了解引起预应力损失的各种因素。《混凝土结构设计规范》(GB 50010—2010)提出了6项预应力损失,下面分项讨论引起这些预应力损失的原因、损失值的计算方法以及减小预应力损失的措施。《公路钢筋混凝土及预应力混凝土桥涵设计规范》(JTG D62—2004)规定,在计算构件截面应力和确定钢筋的控制应力时,应考虑由下列因素引起的六种预应力损失。

1.预应力钢筋与管道壁之间摩擦引起的应力损失

(1)原因

这种预应力损失出现在后张法构件中。引起预应力损失的摩擦阻力由两部分组成:一是曲线布置的预应力钢筋,张拉时钢筋对管道内壁的垂直挤压力,导致产生摩阻力,其值随钢筋弯曲角度的总和而增加,这部分阻力较大;二是由于管道位置的偏差和不光滑所造成的,这部分阻力相对小些,取决于钢筋的长度、钢筋与孔道之间的摩擦系数以及孔道成型的施工质量等。如图 8.29 所示。

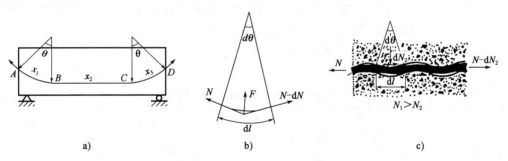

图 8.29 曲线预应力钢筋由于锚具变形引起的预应力损失

(2)计算

$$\sigma_{l1} = \sigma_{con}[1 - e^{-(\mu\theta + kx)}] \tag{8.5}$$

式中:σ_{con}——锚下张拉控制应力,$\sigma_{con} = \dfrac{N_{con}}{A_p}$,$N_{con}$ 为钢筋锚下张拉控制应力,A_p 为预应力钢筋截面面积;

θ——从张拉端至计算截面曲线管道部分切线的夹角之和(rad);

x——从张拉端至计算截面的管道长度在构件纵轴上的投影长度,或为三维空间曲线管道的长度,以 m 计;

k——管道每米长度的局部偏差对摩擦的影响系数,可查表 8.1;

μ——钢筋与管道壁间的摩擦系数,可按表 8.1 采用。

系 数 k 和 μ 值　　表 8.1

管道成型方式	k	μ	
		钢绞线、钢丝束	精轧螺纹钢筋
预埋金属波纹管	0.0015	0.20~0.25	0.50
预埋塑料波纹管	0.0015	0.14~0.17	—
预埋铁皮管	0.0030	0.35	0.40
预埋钢管	0.0010	0.25	—
抽心成型	0.0015	0.55	0.60
无黏结预应力筋	0.0040	0.09	—

(3)为了减小摩擦阻力损失而采取的措施

① 采用两端同时张拉。

② 进行超张拉。超张拉程序是:$0 \rightarrow$ 初应力$(0.1\sigma_{con}) \rightarrow 0.5\sigma_{con} \rightarrow$(持荷 2min)$\rightarrow 0.85\sigma_{con} \rightarrow \sigma_{con}$(锚固)。

2.锚具变形、钢筋回缩和接缝压缩引起的应力损失

(1)原因

后张法构件中,当张拉结束并开始锚固时,锚具开始受力,这时,由于锚具本身的变形、钢丝的滑动、垫板缝隙压密以及分块拼装时的接缝压缩等因素,均会使已张拉好的钢筋略有松动,造成应力损失。

(2)计算

$$\sigma_{l2} = \frac{\sum \Delta l}{l} E_p \tag{8.6}$$

式中:$\sum \Delta l$——张拉端锚具变形、钢筋回缩和接缝压缩值之和,单位为 mm,可根据试验确定;没有试验资料可以参考按表 8.2 取值;

l——张拉端至锚固端之间的距离,单位为 mm;

E_p——预应力钢筋的弹性模量。

锚具变形、钢筋回缩和接缝压缩值(mm)　　表 8.2

锚具、接缝类型		Δl
钢丝束的钢制锥形锚具		6
夹片式锚具	有顶压时	4
	无顶压时	6
带螺母锚具的螺母缝隙		1
镦头锚具		1
每块后加垫板的缝隙		1
水泥砂浆接缝		1
环氧树脂砂浆接缝		1

《公路钢筋混凝土及预应力混凝土桥涵设计规范》(JTG D62—2004)还指出,在计算锚具变形、钢筋回缩等引起的应力损失时,可考虑与张拉钢筋时的摩擦阻力相反的摩阻作用。

3. 钢筋与台座之间温差引起的应力损失

(1) 原因

这项损失仅发生在先张法预应力混凝土结构中。张拉钢筋是在常温下进行的,采用蒸汽和其他方法加热养护混凝土时,形成钢筋与台座之间的温度差。钢筋将因温度升高而伸长,而台座埋在地下,温度基本上不发生变化,仍维护原来的相对距离。由于养护时混凝土尚未结硬,钢筋受热后可在混凝土中自由伸长。这样,预应力钢筋就被放松而产生应力下降,等降温时,钢筋已与混凝土结成整体,无法恢复到原来的应力状态,于是产生了应力损失。

(2) 计算

$$\sigma_{l3} = \alpha \Delta t E_p \tag{8.7}$$

式中:α——钢筋的线膨胀系数,一般可取 $\alpha = 1 \times 10^{-5}$;

Δt——$\Delta t = t_2 - t_1$。

取 $E_p = 2150$,则应力损失计算公式为

$$\sigma_{l3} = 2\Delta t = 2(t_2 - t_1) \tag{8.8}$$

式中:t_1——张拉钢筋时,制造场地的温度(℃);

t_2——混凝土加热养护时,已张拉钢筋的最高温度(℃)。

(3) 为了减少温差引起的应力损失,可采用二次升温分阶段养护的措施

当台座与构件共同受热时,不考虑温差引起的预应力损失。

4. 混凝土弹性压缩所引起的应力损失

(1) 原因

当混凝土构件受到预压应力而产生压缩应变 ε_c 时,则已经张拉并锚固于混凝土构件上的预应力钢筋,亦将产生与该钢筋重心水平处混凝土同样的压缩应变 $\varepsilon_p = \varepsilon_c$,因而引起预拉应力损失,并称为混凝土弹性压缩损失。

(2) 计算

① 先张法构件。

$$\sigma_{l4} = \varepsilon_p E_p = \varepsilon_c E_p = \frac{\sigma_{pc}}{E_c} E_p = \alpha_{Ep} \sigma_{pc} \tag{8.9}$$

$$\sigma_{l4} = \alpha_{Ep} \sigma_{pc} \tag{8.10}$$

式中:σ_{pc}——在计算截面的钢筋重心处,由全部钢筋预加力产生的混凝土法向应力(MPa);

α_{Ep}——预应力钢筋弹性模量 E_p 与混凝土弹性模量 E_c 的比值。

σ_{pc} 等可按下式计算

$$\sigma_{pc} = \frac{N_{p0}}{A_0} + \frac{N_{p0} e_{p0}^2}{I_0} \tag{8.11}$$

$$N_{p0} = A_p \sigma_p^* \tag{8.12}$$

$$\sigma_p^* = \sigma_{con} - \sigma_{l2} - \sigma_{l3} - 0.5\sigma_{l5} \tag{8.13}$$

式中:N_{p0}——全部钢筋的预加力(扣除相应阶段的预加力损失);

A_0、I_0——构件全截面的换算截面面积和换算截面惯性矩;

e_{p0}——预应力钢筋重心至换算截面重心轴间的距离;

σ_p^*——张拉锚固前力筋中的预应力。

②后张法构件。

后张法预应力混凝土构件中,钢筋往往分批进行张拉锚固,故弹性压缩损失又称为分批张拉预应力损失。

《公路钢筋混凝土及预应力混凝土桥涵设计规范》(JTG D62—2004)规定,分批张拉应力损失可按下列公式计算

$$\sigma_{l4} = \alpha_{Ep} \sum \Delta \sigma_{pc} \tag{8.14}$$

式中:$\sum \Delta \sigma_{pc}$——在计算截面先批张拉的钢筋重心处,由于随后张拉各批钢筋时所产生的应力之和;

α_{Ep}——预应力钢筋弹性模量与混凝土的弹性模量的比值。

在设计实践中可采用下面的假设进行近似计算。

a. 对于简支梁,计算 $L/4$ 截面的 σ_{l4} 作为全梁各截面的损失值。

b. 假定同一截面(如 $L/4$ 截面)内的所有预应力钢筋都集中布置于其合力作用点,并假定各批钢筋的张拉力都相等,其值等于各批钢筋张拉力的平均值。求得每一批张拉钢筋所产生的混凝土正应力为

$$\Delta \sigma_{pc} = \frac{N_p}{m} \left(\frac{1}{A_n} + \frac{e_{pn}^2}{I_n} \right) \tag{8.15}$$

式中:N_p——所有预应力钢筋预加应力(扣除相应阶段的应力损失 σ_{l1} 与 σ_{l2} 后)的合力;

m——张拉预应力钢筋的总批数;

e_{pn}——预应力钢筋预加应力的合力 N_P 至净截面重心轴的距离;

A_n、I_n——混凝土梁的净截面面积和净截面惯性矩。

第 i 批钢筋的应力损失应为

$$\sigma_{l4} = (m-i)\alpha_{Ep}\Delta \sigma_{pc} \tag{8.16}$$

c. 进一步假定以 1/4 截面上全部预应力钢筋重心处弹性压缩应力损失的平均值,作为各批(束)钢筋由混凝土弹性压缩引起的应力损失值,最后公式为

$$\sigma_{l4} = \frac{\sigma_{l4}^1 + \sigma_{l4}^m}{2} = \frac{m-1}{2}\alpha_{Ep}\Delta \sigma_{pc} = \sum_{i=1}^{m}(m-i)\alpha_{Ep}\Delta \sigma_{pc} \tag{8.17}$$

式中:σ_{pc}——计算截面全部钢筋重心处由张拉所有预应力钢筋产生的混凝土法向应力。

分批张拉时,由于每批钢筋的应力损失不同,则实际有效应力不等。补救方法有重复张拉先张拉过的预应力钢筋;超张拉先张拉的预应力钢筋。

5. 钢筋松弛引起的应力损失

(1)原因

试验指出,钢筋的应力松弛与钢筋的成分、加工方式、张拉钢筋应力大小及其延续时间有关。

(2)计算

①《公路钢筋混凝土及预应力混凝土桥涵设计规范》(JTG D62—2004)规定:由钢筋松弛引起的应力损失的终极值,按下式计算

对于精轧螺纹钢筋

一次张拉:$\sigma_{l5}=0.05\sigma_{con}$,超张拉:$\sigma_{l5}=0.035\sigma_{con}$。

对于预应力钢丝、钢绞线

$$\sigma_{l5} = \psi\xi\left(0.52\frac{\sigma_{pc}}{f_{pk}} - 0.26\right)\sigma_{pc} \tag{8.18a}$$

式中：ψ——张拉系数，一次张拉时，$\psi=1.0$；超张拉时，$\psi=0.9$；

ξ——钢筋松弛系数，Ⅰ级松弛(普通松弛)，$\xi=1.0$；Ⅱ级松弛(低松弛)，$\xi=0.3$；

σ_{pc}——传力锚固时的钢筋应力。对后张法构件 $\sigma_{pc}=\sigma_{con}-\sigma_{l1}-\sigma_{l2}-\sigma_{l4}$；对先张法构件 $\sigma_{pc}=\sigma_{con}-\sigma_{l2}$。

②混凝土结构设计规范中预应力筋的应力松弛。

消除应力钢丝、钢绞线

普通松弛：

$$\sigma_{l5} = 0.4\left(\frac{\sigma_{con}}{f_{ptk}} - 0.5\right)\sigma_{con} \tag{8.18b}$$

低松弛：

当 $\sigma_{con} \leqslant 0.7f_{ptk}$ 时

$$\sigma_{l5} = 0.125\left(\frac{\sigma_{con}}{f_{ptk}} - 0.5\right)\sigma_{con} \tag{8.18c}$$

当 $0.7f_{ptk} < \sigma_{con} \leqslant 0.8f_{ptk}$ 时

$$\sigma_{l5} = 0.2\left(\frac{\sigma_{con}}{f_{ptk}} - 0.575\right)\sigma_{con} \tag{8.18d}$$

中强度预应力钢丝：$0.08\sigma_{con}$；预应力螺纹钢筋：$0.03\sigma_{con}$。

6. 混凝土收缩和徐变引起的应力损失

(1) 原因

由于混凝土的收缩和徐变，使预应力混凝土构件缩短，预应力钢筋也随之回缩，从而使钢筋预应力值降低，造成预应力损失。混凝土在正常温度条件下，结硬时产生体积收缩，而在预压力作用下，混凝土又发生压力方向的徐变。收缩、徐变都使构件的长度缩短，预应力钢筋也随之回缩，造成预应力损失 σ_{l6}。当构件中配置有非预应力钢筋时，非预应力钢筋将产生压应力 σ_{l6}。混凝土收缩、徐变引起的受拉区预应力筋 A_p 的预应力损失及非预应力筋 A_s 的压应力 σ_{l6} 和受压区预应力筋 A'_p 的预应力损失及非预应力筋的压应力 σ'_{l6}。

(2) 预应力损失计算

①《公路钢筋混凝土及预应力混凝土桥涵设计规范》(JTG D62—2004)推荐收缩、徐变应力损失计算为

$$\sigma_{l6}(t) = \frac{0.9[E_p\varepsilon_{cs}(t,t_0) + \alpha_{Ep}\sigma_{pc}\phi(t,t_0)]}{1+15\rho} \tag{8.19}$$

式中：$\sigma_{l6}(t)$——构件受拉区全部纵向钢筋截面重心处由混凝土收缩、徐变引起的预应力损失；

σ_{pc}——构件受拉区全部纵向钢筋截面重心处由预应力(扣除相应阶段的预应力损失)和结构自重产生的混凝土法向应力(MPa)；对于简支梁，一般可取跨中截面和 $L/4$ 截面的平均值作为全梁各截面的计算值；

E_p——预应力钢筋的弹性模量；

ρ——构件受拉区全部纵向钢筋配筋率；对先张法构件，$\rho=(A_p+A_s)/A_0$；对后张法构，$\rho=(A_p+A_s)/A_n$；其中 A_p、A_s 分别为受拉区的预应力钢筋和非预应力筋的截面面积，A_0、A_n 分别为换算截面面积和净截面面积。

$$\sigma'_{l6}(t) = \frac{0.9[E_p\varepsilon_{cs}(t,t_0) + \alpha_{Ep}\sigma'_{pc}\phi(t,t_0)]}{1+15\rho'\rho'_{ps}} \tag{8.20}$$

式中：$\sigma'_{l6}(t)$——构件受压区全部纵向钢筋截面重心处由混凝土收缩、徐变引起的预应力损失；

σ'_{pc}——构件受压区全部纵向钢筋截面重心处由预应力（扣除相应阶段的预应力损失）和结构自重产生的混凝土法向应力（MPa）；

$\varepsilon_{cs}(t,t_0)$——预应力钢筋传力锚固龄期为 t_0，计算考虑的龄期为 t 时的混凝土收缩应变，其终极值 $\varepsilon_{cs}(t_u,t_0)$ 可按表取用；

$\phi(t,t_0)$——加载龄期为 t_0，计算考虑的龄期为 t 时的徐变系数，其终极值 $\phi(t_u,t_0)$，按混凝土徐变系数和收缩系数终极值表取用。

$$\rho = \frac{A_p + A_s}{A} \qquad \rho' = \frac{A'_p + A'_s}{A} \qquad (8.21)$$

$$\rho_{ps} = 1 + \frac{e_{ps}^2}{i^2} \qquad \rho'_{ps} = 1 + \frac{e'^{\,2}_{ps}}{i^2} \qquad (8.22)$$

式中：i——截面回转半径，$i^2 = I/A$，先张法构件取 $I=A$，$A=A_0$；后张法构件取 $I=I_n$，$A=A_n$；其中，I_0 和 I_n 分别为换算截面惯性矩和净截面惯性矩；

e_{ps}——构件受拉区预应力钢筋和非预应力钢筋截面重心至构件截面重心轴的距离，计算公式为

$$e_{ps} = \frac{A_p e_p + A_s e_s}{A_p + A_s} \qquad e'_{ps} = \frac{A'_p e'_p + A'_s e'_s}{A'_p + A'_s} \qquad (8.23a)$$

其中 e_s——构件受拉区预应力钢筋截面重心至构件截面重心的距离；

e'_s——构件受拉区纵向非预应力钢筋截面重心至构件截面重心的距离。

②混凝土结构设计规范中采用公式

先张法：$\qquad \sigma_{l5} = \dfrac{60+340\dfrac{\sigma_{pc}}{f'_{cu}}}{1+15\rho} \qquad \sigma'_{l5} = \dfrac{60+340\dfrac{\sigma'_{pc}}{f'_{cu}}}{1+15\rho'} \qquad (8.23b)$

后张法：$\qquad \sigma_{l5} = \dfrac{55+300\dfrac{\sigma_{pc}}{f'_{cu}}}{1+15\rho} \qquad \sigma'_{l5} = \dfrac{55+300\dfrac{\sigma'_{pc}}{f'_{cu}}}{1+15\rho'} \qquad (8.23c)$

式中：f'_{cu}——施加预应力时的混凝土立方体抗压强度；

ρ、ρ'——受拉区、受压区预应力筋和普通钢筋的配筋率，先张法构件，$\rho = \dfrac{A_p + A_s}{A_0}$，$\rho' = \dfrac{A'_p + A'_s}{A_0}$；对后张法构件，$\rho = \dfrac{A_p + A_s}{A_n}$，$\rho' = \dfrac{A'_p + A'_s}{A_n}$，对于对称配置预应力筋和普通钢筋的构件，配筋率 ρ、ρ' 应按钢筋总截面面积的 1/2 计算。

四 预应力钢筋有效预应力计算

①上述各项预应力损失不是同时产生的，而是按不同的张拉方法分批产生的。通常把混凝土预压结束前产生的预应力损失，称为第一批预应力损失 σ_{lI}。混凝土预压结束后产生的预应力损失称为第二批预应力损失 σ_{lII}。预应力混凝土构件在各阶段预应力损失值的组合可按表 8.3 进行。

各阶段预应力损失值的组合 表 8.3

预应力损失值组合	先张法构件	后张法构件
传力锚固时的损失(第一批)σ_{lI}	$\sigma_{l2}+\sigma_{l3}+\sigma_{l4}+0.5\sigma_{l5}$	$\sigma_{l1}+\sigma_{l2}+\sigma_{l4}$
传力锚固时的损失(第二批)σ_{lII}	$0.5\sigma_{l5}+\sigma_{l6}$	$\sigma_{l5}+\sigma_{l6}$

②《混凝土结构设计规范》(GB 50010—2010)中规定预应力总损失取值小于下列数值时，应按下列数值取值。

先张法构件：$100\text{N}/\text{mm}^2$。

后张法构件：$80\text{N}/\text{mm}^2$。

第五节 预应力混凝土受弯构件的应力计算

应力验算内容包括混凝土的正应力、剪应力和主应力。此外，还需验算钢筋的应力。

一 正应力验算

计算时序注意的几个问题。
①预加力 N_p 在不同阶段是个变值。
②计算截面特性时注意进行截面换算。
③在不同的工作阶段，计算的混凝土受弯构件上、下缘应力，各有不同的控制值。

二 施工阶段的正应力验算

1. 预加力产生的混凝土法向压应力及预应力钢筋应力

(1) 先张法构件

$$\sigma_{pc} \text{ 或 } \sigma_{pt} = \frac{N_{p0}}{A_0} \pm \frac{N_{p0}e_{p0}}{I_0}y_0 \tag{8.24}$$

式中：N_{p0}——先张法构件的预应力钢筋的合力，按下式计算

$$N_{p0} = \sigma_{p0}A_p - \sigma'_{p0}A'_p - \sigma_{l6}A_s - \sigma'_{l6}A'_s \tag{8.25}$$

σ_{p0}、σ'_{p0}——受拉、受压区预应力钢筋合力点处混凝土法向应力等于零时的预应力钢筋应力；

A_0——换算截面面积，包括净截面面积 A_n 和全部纵向预应力钢筋截面面积换算成混凝土的截面面积；

A_p、A'_p——受拉、受压区预应力钢筋的截面面积；

e_{p0}——换算截面重心至预应力钢筋和普通钢筋合力点的距离，按下式计算

$$e_{p0} = \frac{\sigma_{p0}A_p y_p - \sigma'_{p0}A'_p y'_p - \sigma_{l6}A_s y_s + \sigma'_{l6}A'_s y'_s}{N_{p0}} \tag{8.26}$$

y_0——换算截面重心至计算纤维处的距离；

I_0——换算截面惯性矩。

预应力钢筋合力点处混凝土法向应力等于零时的预应力钢筋应力

$$\sigma'_{p0} = \sigma'_{con} - \sigma'_l + \sigma'_{l4} \tag{8.27}$$

$$\sigma_{p0} = \sigma_{con} - \sigma_l + \sigma_{l4} \tag{8.28}$$

相应阶段预应力钢筋的有效预应力

$$\sigma_{pe} = \sigma_{con} - \sigma_l \tag{8.29}$$

$$\sigma'_{pe} = \sigma'_{con} - \sigma'_l \tag{8.30}$$

(2)后张法构件

$$\sigma_{pc} \text{ 或 } \sigma_{pt} = \frac{N_p}{A_n} \pm \frac{N_p e_{pn}}{I_n} y_n \pm \frac{M_{p2}}{I_n} y_n \tag{8.31}$$

式中：N_p——后张法构件的预应力钢筋的合力，按下式计算

$$N_p = \sigma_{pe} A_p + \sigma'_{pe} - \sigma_{l6} A_s - \sigma'_{l6} A'_s \tag{8.32}$$

σ_{pe}、σ'_{pe}——受拉、受压区预应力钢筋的有效预应力；

e_{pn}——预应力钢筋的合力对构件净截面重心的偏心距，按下式计算

$$e_{pn} = \frac{\sigma_{pe} A_p y_{pn} - \sigma'_{pe} A'_p y'_{pn} - \sigma_{l6} A_s y_{sn} + \sigma'_{l6} A'_s y'_{sn}}{N_p} \tag{8.33}$$

y_n——净截面重心至计算纤维处的距离；

I_n——净截面的惯性矩；

A_n——构件净截面的面积，即为扣除管道等削弱部分后的混凝土全部截面面积与纵向普通钢筋截面面积换算成混凝土的截面面积之和；对由不同混凝土强度等级组成的截面，应按混凝土弹性模量比值换算成同一混凝土强度等级的截面面积；

M_{p2}——由预加力 N_p 在后张法预应力混凝土连续梁等超静定结构中产生的次弯矩。

预应力钢筋合力点处混凝土法向应力等于零时的预应力钢筋应力为

$$\sigma_{p0} = \sigma_{con} - \sigma_i + \alpha_{Ep} \sigma_{pc}$$

$$\sigma'_{p0} = \sigma'_{con} - \sigma'_i + \alpha_{Ep} \sigma'_{pc}$$

相应阶段预应力钢筋的有效预应力

$$\sigma_{pe} = \sigma_{con} - \sigma_i \tag{8.34}$$

$$\sigma'_{pe} = \sigma'_{con} - \sigma'_i \tag{8.35}$$

2.由构件自重和施工荷载产生的法向应力

(1)先张法

$$\sigma_{kt} \text{ 或 } \sigma_{kc} = \frac{M_k}{I_0} y_0 \tag{8.36}$$

(2)后张法

$$\sigma_{kt} \text{ 或 } \sigma_{kc} = \frac{M_k}{I_n} y_n \tag{8.37}$$

式中：M_k——受弯构件的一期恒载产生的弯矩标准值。

三 运输吊装阶段

当用吊机(车)行驶于桥梁进行安装时，应对已安装就位的构件进行验算，吊机(车)应乘以1.15的荷载系数，但当由吊机(车)产生的效应设计值小于按持久状况承载能力极限状态计算的荷载效应组合设计值时，则可不必验算。当进行构件运输和安装计算时，构件自重应乘以动力系数。构件动力系数为1.2或0.85，并可视具体情况作适当增减。

四 施工阶段混凝土应力控制

对预拉区不允许出现裂缝的构件或预压时全截面受压的构件,在预加力、自重及施工荷载(必要时应考虑动力系数)作用下,其截面边缘的混凝土法向应力应符合下列规定。混凝土压应力为

$$\sigma'_{cc} \leqslant 0.70 f'_{ck} \tag{8.38}$$

式中:f'_{ck}——制作、运输、安装各阶段的混凝土轴心抗压强度标准值,可按强度标准值表直线内查得到。

混凝土拉应力:

当 $\sigma^t_{ct} \leqslant 0.7 f'_{ck}$ 时,预拉区应配置其配筋率不小于 0.2% 的纵向钢筋;

当 $\sigma^t_{ct} = 1.15 f'_{ck}$ 时,预拉区应配置其配筋率不小于 0.4% 的纵向钢筋;

当 $0.7 f'_{ck} \leqslant \sigma^t_{ct} \leqslant 1.15 f'_{ck}$ 时,预拉区应配置的纵向钢筋配筋率按以上两者直线内插取用。拉应力 σ^t_{ct} 不应超过 $1.15 f'_{ck}$。

预应力混凝土结构构件预拉区纵向钢筋的配筋应符合下列要求:

①施工阶段预拉区不允许出现裂缝的构件,预拉区纵向钢筋的配筋率 $(A'_s + A'_p)$ 不应小于 0.2%,对后张法构件不应计入 A'_p,其中,A 为构件截面面积。

②施工阶段预拉区允许出现裂缝而在预拉区不配置纵向预应力钢筋的构件,当 $\sigma^t_{ct} = 1.15 f'_{ck}$ 时,预拉区纵向钢筋的配筋率 A'_s/A'_p 不应小于 0.4%;当 $f'_{ck} \leqslant \sigma^t_{ct} \leqslant 2 f'_{ck}$ 时,则在 0.2%~0.4% 之间按线性内插法确定。

③预拉区的纵向非预应力钢筋的直径不宜大于 14mm,并应沿构件预拉区的外边缘均匀配置。

施工阶段预拉区不允许出现裂缝的板类构件,预拉区纵向钢筋的配筋可根据具体情况按实践经验确定。

预加力阶段:有效预加力 N_{y1}、一期恒载弯矩 M_{g1}、剪力 Q_{g1}。

使用阶段:有效预加力 N_{y1}、一期恒载弯矩 M_{g1}、剪力 Q_{g1}、二期恒载弯矩 M_{g2}、剪力 Q_{g2}、活载弯矩 M_p、剪力 Q_p。

五 使用阶段应力计算

1. 全预应力混凝土和部分预应力混凝土 A 类受弯构件

(1)混凝土法向压应力 σ_{kc} 和拉应力 σ_{kt}

$$\sigma_{kc} \text{ 或 } \sigma_{kt} = \frac{M_k}{I_0} y_0 \tag{8.39}$$

(2)预应力钢筋应力

$$\sigma_p = \alpha_{Ep} \sigma_{kt} \tag{8.40}$$

2. 部分预应力混凝土 B 类受弯构件(图 8.30)。

(1)开裂截面混凝土压应力

$$\sigma_{cc} = \frac{N_{p0}}{A_{cr}} + \frac{N_{p0} e_{0N} C}{I_{cr}} \tag{8.41}$$

$$e_{0N} = e_N + C \tag{8.42}$$

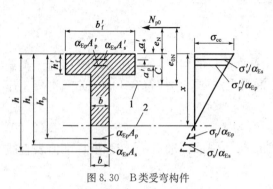

图 8.30 B类受弯构件

$$e_N = \frac{M_k}{N_{p0}} - h_{ps} \quad (8.43)$$

$$N_{p0} = \sigma_{p0}A_p - \sigma_{l6}A_s + \sigma'_{p0}A'_p - \sigma'_{l6}A'_s \quad (8.44)$$

(2)开裂截面预应力钢筋的应力增量

$$h_{ps} = \frac{\sigma_{p0}A_p h_p - \sigma_{l6}A_s h_s + \sigma'_{p0}A'_p h'_p - \sigma'_{l6}A'_s h'_s}{N_{p0}} \quad (8.45)$$

3.使用阶段的预应力钢筋和混凝土的应力控制

(1)受压区混凝土的最大压应力

未开裂构件

$$\sigma_p = \alpha_{Ep}\left[\frac{N_{p0}}{A_{cr}} - \frac{N_{p0}e_{0N}(h_p-c)}{I_{cr}}\right] \leqslant 0.5f_{ck} \quad (8.46)$$

式中：N_{p0}——先张法构件的预应力钢筋的合力，$N_{p0}=\sigma_{p0}A_p$，允许开裂构件 $\sigma_{cc} \leqslant 0.5f_{ck}$。

(2)受拉区预应力钢筋的最大拉应力

对钢绞线、钢丝：

未开裂构件　　　　　　　　$\sigma_{pe}+\sigma_p \leqslant 0.65f_{pk}$　　　　　　(8.47)

允许开裂构件　　　　　　　$\sigma_{p0}+\sigma_p \leqslant 0.65f_{pk}$　　　　　　(8.48)

对精轧螺纹钢筋：

未开裂构件　　　　　　　　$\sigma_{pe}+\sigma_p \leqslant 0.80f_{pk}$　　　　　　(8.49)

允许开裂构件　　　　　　　$\sigma_{p0}+\sigma_p \leqslant 0.80f_{pk}$　　　　　　(8.50)

式中：σ_{pe}——受拉区预应力钢筋扣除全部预应力损失后的有效应力；

σ_p——作用（或荷载）产生的预应力钢筋应力增量；

f_{pk}——预应力钢筋抗拉强度标准值。

六 后张构件锚下局部承压验算

1.端部锚固区的受力分析

后张法预应力混凝土构件，需计算锚下的局部承压承载力和局部承压区的抗裂计算，以防止在横向拉应力的作用下出现裂缝。

2.后张法预应力混凝土构件锚下承压验算

锚下局部承压验算方法可参阅《公路钢筋混凝土及预应力混凝土桥涵设计规范》(JTG D62—2004)第47页内容。此时，$N_d=N_p$，N_p取用传力锚固时的预加力，局部受压面积取用锚具垫圈面积。在实际工程中，遇到混凝土局部承压时，一般都要求在局部承压区段范围内配置间接钢筋。间接钢筋可采用方格网和螺旋钢筋，间接钢筋一般要选择Ⅰ级钢筋，直径一般为 6~10mm。间接钢筋应尽可能接近承压表面布置，其距离不应大于35mm。间接钢筋体积配筋率是指核心面积范围内单位体积所含间接钢筋的体积 ρ_{sv}。

第六节 预应力混凝土施工应用实例

一、先张法预应力混凝土空心板施工技术方案

1.工程概况(图 8.31)

本合同段内共有单孔长 12.92m 预应力混凝土空心板梁 64 块,边板 16 块,中板 48 块,混凝土采用 C40。

详细情况如下:K134+391 1 孔×13m 正交小桥,下部结构薄壁桥台桩基础,上部构造装配式混凝土空心板。中板 12 块,边板 4 块。C40 混凝土 117.6m³,Ⅰ级钢筋 14918.7kg。Ⅱ级钢筋 9495.6kg,钢绞线 $\Phi^s15.2$,2788kg。

K142+560 正交桥 3×13m 中桥,下部采用肋式台,柱式墩,挖孔灌装桩基础,上部装配式钢筋混凝土空心板。中板 36 块,边板 12 块,C40 混凝土 390.9m³,Ⅰ级钢筋 44777.9kg,Ⅱ级钢筋 33141.kg,钢绞线 $\Phi^s15.28364.0$kg。

图 8.31 梁场布置图

合计:单孔 12.92m 长,空心板边板 16 块,中板 48 块,C40 混凝土 508.5m³,Ⅰ级钢筋 5969kg,Ⅱ级钢筋 42637.2kg,钢绞线($\Phi^s15.2$)11152kg。

2.机械设备情况

①混凝土拌和机:JS500L,2 台。

②25t 吊车:1 台。

③电动油泵:YBZ10-50A,2 台;2YBZ2-49,3 台。

④千斤顶:YDT3138-SA,4 台;YDJC250-200,1 台。

⑤充气橡胶芯模:4 条。

⑥长线混凝土张拉台座:64.5m,2 槽。

⑦钢筋加工设备:3 台电焊机,2 台弯曲机,2 台切断机,1 台无齿切割机,2 台钢筋调直机。

3.预制厂平面布置图(图 8.31)

4.先张法预应力空心板梁施工工艺

(1)预应力张拉台座的设置

先张法预应力张拉台座采用长线墩式台座,设置为 2 槽台座,台座长 64.5m,每槽台座预制 4 片梁。由传力墩、台面和承力横梁组成,台座为 C25 混凝土结构,台座底板为在平整压实的场地内,铺垫 25cm 厚石灰土,平整压夯实再在其上浇筑 C25 混凝土 20cm 厚;底板下设钢筋混凝土锚梁,增强底板整体刚度。传力墩主要用于承受预应力钢绞线的张拉力,为钢筋混凝土结构。台面为制作混凝土空心板梁的底模,为现浇 C30 混凝土结构,其表面采用 3mm 钢板。承力横梁将预应力钢绞线张拉力传递给传力墩,并起控制钢绞线位置的作用。承力横梁用

P43kg/m 钢轨焊制,结构尺寸 280mm×530mm×640mm,具有足够的刚度和强度,最大受弯挠度不大于 2mm。

(2)模板的制备

模板采用 5mm 厚的定型钢模以保证耐使用和空心板梁几何尺寸的质量要求。空心板梁内模采用充气胶囊,在使用前做承压试验,压力表数值达到 0.02MPa,量测胶囊外径尺寸,符合设计要求。

(3)非预应力钢筋制作

钢筋进场后,存放在高出地面 30cm 以上的台座或支撑上,覆盖保存,并按照规范要求做如下试验:钢筋从每批(60t)钢筋中任取 3 根钢筋,各截取一组试件,每组 3 个试件,分别用于钢筋拉伸试验、冷弯试验及可焊性试验。当试验结果满足规范要求并且得到监理工程师认可后,即可进行钢筋制作(图 8.32)。

图 8.32 钢筋加工过程

钢筋制作程序:调直除锈→下料弯制→焊接绑扎成型。

为防止胶囊上浮,除设置有限位钢筋外,胶囊顶部的钢筋必须绑扎牢固。钢筋笼下面放塑料方墩形垫块,保证钢筋有足够的净保护层和消除梁底板混凝土底面垫块痕迹。

5.预应力钢绞线施工

(1)张拉前的准备工作(图 8.33)

①用于张拉钢绞线的千斤顶、油泵、油表必须定期按规范要求进行核验标定,发现问题及时维修或更换。

②制作和安装承力横梁上的定位板,检查定位板上的钻孔位置和孔径大小。预应力钢绞线定位板孔眼与台面距离必须准确,以确保预应力钢绞线的保护层厚度。

③锚具准备:锚具为单孔夹片式锚具,按照规范要求提供质量检验合格证,并定期检查,质量合格后方可使用。

(2)钢绞线

采用国产 $\phi_j 15.24$ 高强低松弛钢绞线,标准强度为 1860MPa。

①钢绞线进场后,应逐盘进行外观检查,表面不得有裂痕、刻伤、死弯、气孔、油污及锈蚀等缺陷;钢绞线内不应有折断、横裂和相互交叉的钢丝,否则不能使用。

②钢绞线存放在干燥、清洁、距地面高度不小于 20cm 处,并加以覆盖,防止雨水和油污侵蚀。

③钢绞线切割采用电动砂轮锯切断,不得采用加热、焊接和气割等方法;对需要连接使用

的钢绞线,必须采用连接器连接。

④为使张拉横梁与台座轴线垂直,保证每根钢绞线张拉力一致,必须首先保证传力墩两端面在同一平面上,严格保证两台千斤顶同步供油且行程一致。

⑤钢绞线张拉时采用双控方法,即控制设计张拉力和钢绞线伸长值,并以控制设计张拉力为主,准确施加预应力,并认真做好张拉记录。

⑥为确保空心板梁预应力钢绞线对梁体的预应力效果和预拱度控制,板内部分预应力钢绞线按图样要求,在距板端一定范围内按照一定图纸尺寸加套塑料管,套管端头用胶布密封,以防进入水泥浆,严格控制预应力钢绞线有效长度。

⑦钢绞线张拉程序如图 8.34 所示。

图 8.33 先张法穿预应力钢筋与支模板　　图 8.34 先张法预应力钢筋

⑧张拉完成后,应检查钢绞线与钢筋骨架的相互位置,保证其位置准确。

6.混凝土的浇筑及养护(图 8.35)

①施工场地及料场必须硬化,各种材料分类堆放,不得混杂,并有醒目的标志牌,按规范要求经常进行抽样试验。

图 8.35 先张法预制及养护

②安装并调试自动称量混凝土拌和机。

③使用监理工程师批准的预应力 C40 混凝土配合比,并掺加高效减水剂。

④浇筑混凝土时用插入式振动器进行振动,避免碰撞预应力钢材,并经常检查模板胶囊。每块板分两层进行,第一层先浇底板,振捣密实后铺设充气压胶囊,浇筑上部第二层混凝土,施工中应避免在高温时间张拉和浇筑混凝土,合理安排时间,保证张拉的准确性和施工混凝土的质量。

⑤混凝土浇筑完成并初凝后,应立即开始养生,采用覆盖浇水法。

⑥安装并检查预埋件位置,保证准确。

⑦为便于控制构件强度,做6组试件。其中,3组随构件同条件养护,3组进行标准养护,以此测定28d强度。

7.放张

①拆除模板和胶囊时间参照合同要求、施工规范的相关规定处理,空心板梁侧模和胶囊内模一般在混凝土抗压强度达到2.5MPa后方可拆除;按照预制空心板梁混凝土抗压强度递增长期计算,在常温21～30℃以下,8h后可达到2.5MPa,可拆除空心板梁侧模和胶囊内模,模板拆除后,如混凝土表面有缺陷,应报监理工程师,并在监理工程师指导下及时修补。

②当混凝土强度达到图样所示放张强度并经监理工程师批准后,开始放张。混凝土强度通过试压确定。一般,放张强度为设计强度的90%,混凝土龄期大于7d。

③放张程序:用千斤顶放松钢绞线时分次放张,稍停顿待稳定后,继续放张,放张时间控制在0.5h以上完成。

④钢绞线松张后,用切割机切断构件两端的钢绞线,先切割张拉端构件两端钢绞线,再切割固定端构件两端钢绞线,钢绞线两端刷防锈漆,以防锈蚀。

8.封头施工

钢绞线放张后,使用监理工程师批准的强度等级为C30微膨混凝土及时进行梁两端的封头施工。混凝土表面要光滑、平顺,与梁端头处于同一平面内,放张完成后及时检查构件尺寸,并认真做好记录,如图8.36所示。

图8.36 先张法预应力梁体移梁

预制预应力空心板梁,堆梁码放时间较长,因此,观测和掌握空心板梁从钢绞线放张后至架设前的上拱度变化情况和具体数据尤为重要,其关系到桥面高程和路面纵坡控制。

空心板梁上拱度观测点选择固定于梁体跨中和距梁体端部25cm梁底,共3点。在移梁码放时,距梁端25cm支点处,应保持水平,以利直接观测;两支点存在高差时,跨中的上拱值应为观测值减去两支点高差的1/2。

9.记录

放张完成后及时检查构件尺寸,并认真做好记录。

10.板、梁的起吊、存放及养护

①起吊采用25t吊车,缓慢起吊放到储梁场,场地做地基处理,梁支座中心线处垫方木,并保证位置准确,上下梁在一条竖直线上,梁堆放高度不超过4块板,每块板梁标明桥梁名称、边

板和中板、生产日期、交角。

②继续进行养护,直至达到符合要求。

11. 预应力混凝土施工工艺流程(略)

12. 预应力板梁的质量要求(表 8.4)

预应力板梁的质量要求　　　　　　　　　　　　表 8.4

项 目 要 求	注　　解
梁体及封端混凝土 28d 的平均强度不得低于设计要求	梁板混凝土 C50,封端混凝土 C20
梁体及封端外观平整密实、不露筋,无蜂窝,无空洞	有空洞、蜂窝、漏浆、硬伤及掉角等缺陷均应修补充好,并养护到规定强度,对影响承载能力的缺陷,需作荷载试验
成品外形尺寸(容许误差) 构件全长-10～5mm 梁面宽度(干接缝)±10 梁板高±5mm 表面垂度小于 4mm	检查底板内外侧 检查 1/4 跨及 2/4 跨截面 检查两端 检查两端的偏差

13. 质量保证措施

(1)工程质量目标

按照设计文件和国家及交通运输部现行的技术标准和规范进行施工;所承包的工程,全部达到交通部现行的工程质量验收标准,工程一次验收合格率达到 100%,优良率达到 95%以上,确保该工程获河北省优质工程。

(2)建立健全质量管理组织机构

成立以项目经理为第一责任人,各职能部门参加的质量管理委员会。遵循全面质量管理的基本观点和方法,开展全员、全过程的质量管理活动,建立施工质量保证体系,并在体系运行过程中不断完善。各部门职责如下。

①项目经理质量职责:对工程质量负全责,并进行组织、推动、决策、优质施工方案,推广应用新技术,提高工程质量。对工程质量实行终身负责制。

②总工程师质量职责:负责技术管理日常工作,对工程质量进行技术指导和监督,贯彻 ISO9001 质量认证文件,协助项目经理抓好工程的质量控制。

③安质部质量职责:具体落实拟定的质保措施和质量计划。

④施工队质检员质量职责:实施施工过程中本队工程项目全过程的质量控制与检查,进行各分项工程的自检工作,填报自检表并在合格后填报监理工程师规定表格,上报项目部质检工程师,会同项目部质检工程师配合监理工程师进行检查。

(3)强化全面质量管理意识

对工程质量要高起点,严要求,把创优工作贯穿到施工生产的全过程。在施工队伍选取配、机构设置、施工方案、管理制度等方面都要紧紧围绕创优目标,以保证和提高工程质量为主线,从每道工序开始,从分项工程做起,加强施工过程的控制,自始至终把好质量关,确保整个工程质量处于受控状态。全面组织优质生产。

(4)建立质量检查制

建立各级质量检查制度,项目经理部采取定期和不定期相结合的方式,对制梁场每旬进行一次质量检查。质量检查由主要领导组织有关部门人员参加,外业检测、内业检查分别进行。

发现问题及时纠正,把质量隐患消灭在萌芽状态。

(5)施工过程中的质量控制措施

①严格执行质量交底制度。

②建立"五不施工"、"三不交接"制度。

"五不施工",即未进行技术交底不施工、图样和技术要求不清楚不施工、测量桩和资料未经复核不施工、材料不合格不施工、工程环境污染未经检查签证不施工。"三不交接",即无自检记录不交接、不经专业人员验收合格不交接、施工记录不全不交接。

③对工序实行严格的"三检"。

"三检",即自检、互检、交接检。如模板制作与安装、钢筋加工及绑扎等。施工时上道工序不合格,不准进入下道工序,以确保各道工序的工程质量。

④严格材料、成品和半成品验收

对所有入场材料,必须按技术规范要求进行检查,质量检查记录和试验报告保存备查。对检查验收不合格的材料、成品和半成品不得用于本工程中。

⑤加强原始资料的积累和保存

箱梁预制必须由专职质检人员做好质量检测记录,工程结束时交档案资料员负责整理装订成册并归档。

⑥质量保证技术措施。

a. 规范技术交底保证措施。

开工前,系统、全面地对设计文件进行审核,深入地理解设计意图,熟悉设计文件,进一步熟练地掌握设计、施工规范和标准。根据施工的情况,进行详细的技术交底,确保工程按设计实施。

通过试验选定最佳工艺参数,严格按其组织施工。对钢绞线张拉等特殊工序,应组织工前示范和专门讲解,加强施工人员的培训和考核,关键工序实行持证上岗。

b. 严格控制原材料供应质量保证措施。

拌制混凝土用的水泥各项技术指标,必须符合相应的国家标准,运到工地的水泥,应有供应单位提供的出厂试验报告单,并按水泥品种、强度等级和出厂编号分批进行检查验收,逾期水泥需复验,对不合格的水泥不得使用。

拌制混凝土应采用坚硬、耐久的天然中粗砂作为细集料,运到工地的细集料,应按不同的产地、规格、品种分批储存。试验部门应提供报告单。混凝土用粗集料,应为坚硬、耐久的碎石,各项技术指标必须符合规范标准。拌制和养护混凝土用的水,必须符合有关规定,凡能饮用的水,均可作为拌制和养护混凝土之用。

为改善混凝土的技术性能,可在拌制混凝土时适当掺入化学外加剂,各种外加剂应由专门的生产单位负责供应,运到工地的外加剂无论是固体还是液体,均要有适当的包装容器,并随附产品鉴定合格证书,要分批分类存放,防止变质。在使用前必须认真校验、拌制并确认。

钢材的技术条件、验收标准和试验方法必须分别符合现行国家及冶金部标准。进入工地的钢材,均应附有制造厂的质量证明书或验收报告单。工地试验工程师,应按有关规定对购入的钢材进行检验,填发钢筋试验鉴定报告单作为使用本批钢材的依据。在运输和储存过程中应防止锈蚀、污染,避免压弯,按厂名、级别、规格分批堆置在仓库内,并架离地面,悬挂识别标牌。

c. 模板、钢筋制作加工的质量保证措施。

模板的制作,按技术交底保证构筑物各部位的设计形状、尺寸和相互间位置的正确性,具有足够的强度、刚度和稳定性,能安全地承担灌筑混凝土施工中产生的各项荷载,制作要简单,安装拆卸要方便和多次使用,结合严密,不得漏浆,模板每使用一次,应指派人整理,涂刷脱模剂,以备下一次使用。

钢筋在加工前应调直,表面油渍、铁锈应清除干净,下料及加工弯制严格遵守《钢筋混凝土工程施工质量验收规范》(GB J0204—2011)规定及设计要求。

d. 混凝土工程的质量保证措施。

混凝土的配合比,应能保证混凝土硬化后能达到要求强度等级,制拌的混凝土必须具有良好的和易性,混凝土配合比报告单,由试验工程师制订,并经监理工程师认可后,方可交项目队实施。

混凝土的拌制设备及计量装置,应经常保持良好的状态,计量装置应由合格的检验部门定期校定。

混凝土搅拌均匀,颜色一致,拌和时间应符合规定。

混凝土在运输过程中不应发生离析、漏浆及泌水。运输工具的内壁应平整光滑,走行道路应力求平顺。

在灌注混凝土前,应按规定做好各种检查及记录,清除模板和钢筋上的杂物。灌注厚度适宜,灌注混凝土应使用附着式振捣器和插入式振捣器相结合捣实。混凝土灌注施工中应设专人检查模板、钢筋、预埋件和预留孔洞等的状态。

e. 预应力施工质量保证措施。

张拉前,编制详细的预应力张拉专项计算书和专项技术交底书。

安排富有经验的技术人员专职指导预应力张拉作业。所有操作预应力设备的人员,进行上岗培训,并通过设备运用进行规范化训练,以掌握操作技术。

作业前,对张拉设备、测力设施进行标定,并按规范规定定期进行检查和标定。当气温下降到5℃以下无保温措施时,禁止进行张拉工作。

张拉时,使千斤顶张拉力的作用线与预应力钢绞线的轴线重合一致;对曲线预应力钢绞线,张拉力的作用线应与孔道中心线末端的切线重合,并作详细记录。

预应力需以缓慢均匀的速度张拉,两端应同时进行,当预应力张拉至设计规定值且达到监理工程师要求方可锚固。

14. 安全保证措施

(1)安全生产目标
(2)安全管理机构
(3)安全生产目标的保证措施
(4)施工的安全保证措施
(5)施工现场安全措施
(6)机电设备安全措施
(7)季节性气候影响的施工安全措施
(8)临时用电安全措施
(9)起重安全措施

后张法预应力混凝土T形梁施工技术方案(图8.37)

以下通过施工图片来表示预应力混凝土简支T形梁施工工艺过程(图8.38~图8.61)。

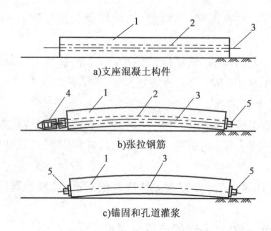

图 8.37 后张法预应力混凝土梁施工示意图
1-混凝土构件;2-预留孔道;3-预应力;4-千斤顶;5-锚具

图 8.38 放置预埋支座钢板,底模涂隔离剂,安装顶梁活动钢板

图 8.39 绑扎 T 形梁底部钢筋

图 8.40 绑扎 T 形梁梁身钢筋,穿预留孔道胶管

图 8.41 T 形梁预留孔道胶管中间接头是关键工序

图 8.42 标准的 T 形梁钢筋保护层垫

图 8.43 加工、制作 T 形梁预埋件(一)

图 8.44 加工、制作 T 形梁预埋件(二)

图 8.45 批量加工、制作 T 形梁钢筋

图 8.46 成品钢筋堆放

图 8.47 T 形梁钢绞线加工

图 8.48 T形梁端头模板

图 8.49 安装 T 形梁模板及附着式振动器

图 8.50 调整 T 形梁模板

图 8.51 混凝土拌和站

图 8.52 移动混凝土泵车灌注混凝土

图 8.53 T形梁蒸汽养生

图8.54 拆模

图8.55 T形梁钢绞线穿束及张拉

图8.56 封锚板安装及灌注封锚端混凝土

图8.57 运送至梁场存梁

图8.58 提梁设备为2台80t龙门起重机
运输设备DL1型专用平板车

图8.59 T形梁喂梁移动

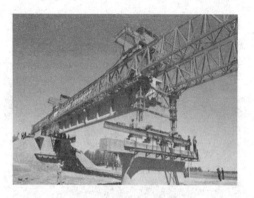
图 8.60　T形梁的架设安放

图 8.61　架设好的梁

第七节　其他预应力混凝土结构简介

一　预应力混凝土结构的分类

1. 部分预应力混凝土的定义

所谓部分预应力混凝土,系指其预应力度处于以全预应力混凝土和钢筋混凝土为两个极端的中间领域的预应力混凝土构件。即这种构件按正常使用极限状态设计时,在荷载短期组合作用下,其截面受拉边缘出现拉应力或出现裂缝。

2. 部分预应力混凝土结构的受力特性(图 8.62)

图 8.60 中,曲线 a 为全预应力混凝土梁;b 为部分预应力混凝土梁;c 为钢筋混凝土梁。

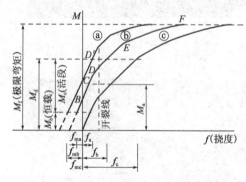

图 8.62　部分预应力混凝土结构的受力图

部分预应力混凝土梁(曲线 b)在荷载较小时,其受力特性与全预应力混凝土梁(曲线 a)相似;在有效预加力 N_p(扣除相应的预应力损失)作用下,它具有预应力反拱度(OA),但其值较全预应力混凝土梁的反拱度(OA')小;当荷载(M)增加到 B 点时,表示外荷载作用下产生的向下挠度与预应力反拱度相等,两者正好相互抵消,梁的挠度为零。

D 点表示荷载继续增加后,混凝土的边缘拉应力达到极限抗拉强度;荷载再增加,受拉区混凝土就进入塑性阶段,构件刚度下降,达到 D' 点时表示构件即将出现裂缝,此时,相应的弯矩就称为部分预应力混凝土构件的抗裂弯矩 M_{pf},显然 $(M_{pf}-M_0)$ 就相当于相应的钢筋混凝土构件的截面抗裂弯矩 $M_{cr}=M_{pf}-M_0$。至 E 点则表示由于外荷载加大,裂缝开展,刚度继续下降,挠度增加速度加快,而使受拉钢筋屈服;E 点以后,裂缝进一步扩展,刚度进一步降低,挠度增加速度更快,直至 F 点,构件达到极限承载状态而破坏。

但此时受拉区边缘应力并不为零,只有当荷载继续增加,达到曲线 C 的 C 点时,则表示外荷载产生的梁底混凝土拉应力正好与梁底有效预压应力互相抵消,使梁底受拉边缘的混凝土应力为零,此时相应的外荷载弯矩就称为消压弯矩 M_0。

此后,如果继续加载,部分预应力混凝土梁的受力特性,就像普通钢筋混凝土梁一样了。

3. 部分预应力混凝土结构的优缺点

部分预应力混凝土结构的优点:

①部分预应力改善了构件的使用性能。
②节省高强预应力钢材,简化施工工艺,降低工程造价。
③提高构件的延性。
④可以合理地控制裂缝。

部分预应力混凝土的缺点:

与全预应力混凝土相比,抗裂性略低,刚度较小,设计计算略为复杂;与钢筋混凝土相比,则所需的预应力工艺复杂。

①用非预应力钢筋来加强应力传递时梁的承载力,如图 8.63 所示。
②第二种非预应力筋是用来承受临时荷载或者意外荷载,这些荷载可能在施工阶段出现。
③第三种非预应力筋是用非预应力筋来改善梁的结构性能以及提高梁的承载能力。

这些部分预应力钢筋在正常使用状态与承载能力极限状态都要发挥重要作用。它有利于分散裂缝的分布,限制裂缝的宽度,并能增加梁的抗弯承载力和提高破坏时的延性。在悬臂梁和连续梁的尖峰弯矩区配制这种非预应力筋起的作用会更显著,如图 8.64 所示。

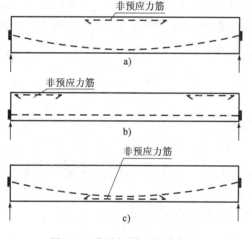

图 8.63 非预应力加强钢筋布置

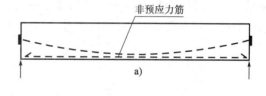

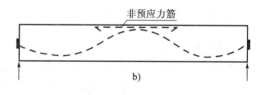

图 8.64 非预应力筋梁体布置图

二 无黏结预应力混凝土构件

1. 无黏结预应力混凝土的概念

无黏结预应力钢筋由 7－Φ5 高强钢丝组成钢丝束或用 7－Φ5 高强钢丝扭结而成的钢绞线,通过防锈、防腐润滑油脂等涂层包裹塑料套管而构成的新型预应力筋。

2. 无黏结预应力混凝土的原理

无黏结预应力混凝土是一项后张法新工艺。其工艺原理是利用无黏结筋与周围混凝土不黏结的特性,把预先组装好的无黏结预应力筋(简称无黏结筋)在浇筑混凝土之前与非预应力筋一起按设计要求铺放在模板内,然后浇筑混凝土。待混凝土达到 70% 强度后,利用无黏结预应力筋在结构内可作纵向滑动的特性,进行张拉锚固,借助两端锚具,达到对结构产生预应力的效果。它与施加预应力的混凝土之间没有黏结力,可以永久地相对滑动,预应力全部由两端的锚具传递。这种预应力筋的涂层材料要求化学稳定性高,对周围材料如混凝土、钢材和包裹材料不起化学反应;防腐性能好,润滑性能好,摩阻力小。对外包层材料要求具有足够的韧性,抗磨性强,对周围材料无侵蚀作用。

3. 无黏结预应力混凝土的施工

这种结构施工较简便,可把无黏结预应力筋同非预应力筋一道按设计曲线铺设在模板内,待混凝土浇筑并达到强度后,张拉无黏结筋并锚固,借助两端锚具,达到对结构产生预应力效果。由于预应力全部由锚具传递,故此种结构的锚具至少应能发挥预应力钢材实际极限强度的95%且不超过预期的变形。施工后必须用混凝土或砂浆妥加保护,以保证其防腐蚀及防火要求。

4. 无黏结预应力混凝土的工程应用

无黏结预应力结构适用于跨度大于6m的平板。单向板常用跨度为6~9m,跨高比约为45。对跨度在7~12m,活荷载在$5kN/m^2$以下楼盖,可采用双向平板或带有宽扁梁的板双向平板的跨高比为40~45,带柱帽和托板的平板、密肋板或梁支承的双向板,适用于建造更大跨度或活荷载较大的楼盖。无黏结预应力筋也可应用在较大跨度的扁梁上或井字梁和密肋梁上,梁的高跨比:楼层不超过25;屋顶层不超过28。采用无黏结预应力结构有利于降低建筑物层高和减轻结构自重;改善结构的使用功能,楼板挠度小,几乎不存在裂缝;大跨度楼板可增加使用面积,也较容易改变楼层用途;施工方便、速度快;节约钢材和混凝土;可用平板代替肋形楼盖而降低层高等,有较好的经济效益和社会效益,适用于办公楼、商场、旅馆、车库、仓库和高层建筑等。

◀本章小结▶

(1)预应力混凝土结构的基本概念、预应力混凝土的分类以及预应力混凝土结构的特点。
(2)本节主要介绍了预应力钢筋、锚具的要求,类型,检验方法。
(3)预应力混凝土的性能要求,预应力施工设备的类型以及施工工艺和方法。
(4)预应力混凝土正截面和斜截面计算应用。
(5)部分预应力混凝土的定义、特点、受力特性以及计算原理,无黏结预应力混凝土的定义、原理和特点。

◀思考与练习▶

思考题

8.1 预应力混凝土的概念是什么?预应力混凝土结构的特点是什么?

8.2 什么是预应力度?《公路钢筋混凝土及预应力混凝土桥涵设计规范》(JTG D62—2004)对预应力混凝土构件怎么分类?

8.3 按锚具的受力原理可以把锚具划分为哪几类?

8.4 预应力混凝土结构对锚具有哪些要求?在设计、制造或选择锚具时,应注意什么?

8.5 在预应力混凝土结构中的对预应力钢筋有哪些要求?工程中常用的预应力钢筋有哪些?

8.6 预应力混凝土施工有哪几种方法?各自的施工工艺是什么?

8.7 预应力损失主要有哪些?引起各项预应力损失的主要原因是什么?如何减小各项预应力损失?

8.8 后张法预应力混凝土构件中,对预应力钢筋管道设置有哪些要求?

8.9 什么是(束界)索界?(束界)索界是如何确定的?布置预应力钢束要考虑哪些问题?

8.10 什么是部分预应力混凝土?部分预应力混凝土有何结构特点?

8.11 部分预应力混凝土结构的受力特性是什么?

8.12 在部分预应力混凝土结构中非预应力钢筋有何作用?

8.13 无黏结预应力混凝土的原理和特点是什么?

第四篇 拓展知识

第九章　钢结构设计

> **知识描述**
>
> 钢结构可以移动重建、拆卸重建,且钢材可以回收利用,所以不会造成大量的建筑垃圾,钢结构的推广应用也符合可持续发展的理念。本章讲述了钢结构的特性、基本理论和计算方法等基础知识,给出了钢结构的定义、按照应用领域和结构特点的分类等内容,并对钢结构连接的方式及各自的计算方法进行了讲解。
>
> **学习要求**
>
> 通过本章的学习,应掌握钢结构的定义及类别,并能够在掌握钢结构连接方式特点的基础上对基本钢结构构件的连接进行分析及计算。

第一节　概　　述

一　钢结构的定义

钢结构是将钢板、圆钢、钢管、钢索和各种型钢等钢材,经加工、连接和安装而组成的工程结构。钢结构需要承受各种可能的自然和人为环境作用,是具有足够可靠性和良好社会经济效益的工程结构物和构筑物。

二　钢结构的特点

1. 钢材材料强度高

钢的重度虽然较大,但强度很高,与其他建筑材料相比,钢材的重度与屈服点的比值最小。在相同的荷载和约束条件下,若结构采用钢材构建时,结构的自重通常较小。

2. 钢材的塑性好、韧性高

由于钢材的塑性好,钢结构在一般情况下不会因偶然超载或局部超载而突然断裂;钢材的韧度高,则使钢结构对动荷载的适应性较强。钢材的这些性能为钢结构的安全性和可靠性提供了充分的保障。

3. 钢材更接近于匀质等向体,计算可靠

钢材的内部组织比较均匀,非常接近匀质体,其各个方向的物理力学性能基本相同,接近各向同性体。在使用应力阶段,钢材处于理想弹性工作状态,弹性模量高达 206GPa,因而变形很小。这项性能和力学计算中的假定符合程度很高,因此,钢结构设计计算准确性、可靠性较高,适用于有特殊重要意义的建筑物。

4. 建筑用钢材焊接性良好

由于建筑用钢材的焊接性好,使钢结构的连接大为简化,可满足制造各种复杂结构形状的需要,但钢材焊接时产生很高的温度,且温度分布很不均匀,结构各部位的冷却速度也不同。因此,不但在高温区(焊缝附近)材料性质有变坏的可能,而且还产生较高的焊接残余应力,使结构中的应力状态复杂化。

5. 钢结构制造简便,施工方便,具有良好的装配性

钢结构由各种型材组成,都采用机械加工,在专业化的金属结构厂制造,制作简便,成品的精确度高。制成的构件可运到现场拼装,采用螺栓连接。因结构较轻,故施工方便,建成的钢结构也易于拆卸、加固或改建。

钢结构的制造虽需较复杂的机械设备和严格的工艺要求,但与其他建筑结构比较,钢结构工业化生产程度高,能批量生产,制造精度高。采用工厂制造、工地安装的施工方法,可缩短周期、降低造价并提高经济效益。

6. 钢材的不渗漏性适用于密闭结构

钢材本身因组织非常致密,当采用焊接连接,甚至铆钉或螺栓连接时,都易做到紧密不渗漏。因此,钢材是制造容器,特别是高压容器、大型油库气柜及输油管道的良好材料。

7. 钢材易于锈蚀,应采取防护措施

钢材在潮湿环境中,特别是处于腐蚀性介质的环境中容易锈蚀,必须用油漆或镀锌加以保护,而且在使用期间还应定期维护。钢结构表面的特点是:经常会被油污、水分、灰尘覆盖,存在高温轧制或热加工过程中产生的黑色氧化皮,存在钢铁在自然环境下产生的红色铁锈。

我国已研制出一些高效能的防护漆,其防锈效能和镀锌相同,但费用却低得多。同时,已研制成功喷涂锌铝涂层及氟碳涂层的新技术,为钢结构的防锈提供了新方法。

8. 钢结构的耐热性好,但防火性差

钢材耐热而不防火,随着温度的升高,强度随之降低。温度在250℃以内时,钢的性质变化很小;温度达到300℃以后,强度逐渐下降;达到450~650℃时,强度为零。因此,钢结构的防火性较钢筋混凝土差。当周围环境存在辐射热,温度在150℃以上时,就需采取遮挡措施。一旦发生火灾,因钢结构的耐火时间不长,当温度达到150℃以上时,结构可能瞬时全部崩溃。为了提高钢结构的耐火等级,通常采用包裹的方法。但这样处理既提高了造价,又增加了结构所占的空间。我国成功研制了多种防火涂料,当涂层厚度达到15mm时,可使钢结构耐火极限达1.5h以上,增减涂层厚度,可满足钢结构不同耐火极限的要求。

三 钢结构的发展趋势

我国钢产量已跃居世界第一,且在不断增加,因此可以预见,钢结构的应用也会有更大的发展。为了适应这一新的形势,钢结构的设计水平应迅速提高。国内外钢结构设计趋势如下。

1. 高效能钢材的研究和应用

高效能钢材的含义是:采用各种可能的技术措施,使钢材的承载效能提高。

H形钢的应用已有了长足的发展,压型钢板在我国的应用也趋于成熟。

冷弯薄壁型钢的经济性是人们熟知的,但目前产量还不够多,有待进一步提高产量,供生

产设计中采用。近来冷弯方矩钢管的应用发展较快。

由于 Q345 钢强度高,可节约大量钢材,我国目前已较普遍采用 Q345 钢。现在更高强度的 Q390 钢材开始应用,在 2008 北京奥运会国家体育场"鸟巢"(图 9.1)工程中使用了 Q460 钢材。其他高强度钢[如 30 硅钛钢(屈服强度大于等于 400MPa)、15 锰钒氮钢(屈服强度为 450MPa)]也有应用,但未列入钢结构设计规范。

2. 结构和构件计算的研究和改进

现在已广泛应用新的计算技术和测试技术,对结构和构件进行深入计算和测试,为了解结构和构件的实际性能提供了有利条件。计算和测试手段越先进就越能反映结构和构件的实际工作情况,从而合理使用材料,发挥其经济效益,保证结构的安全。

现行钢结构设计规范采用以概率理论为基础的极限状态设计方法,用可靠指标度量结构的可靠度,以分项系数的设计表达式进行计算,也是改进计算方法的一个重要方面。

图 9.1　2008 北京奥运会国家体育场"鸟巢"

3. 结构形式的革新

新的结构形式有薄壁型钢结构、悬索结构、膜结构、树状结构、开合结构、折叠结构及悬挂结构等。这些结构适用于轻型、大跨屋盖结构、高层建筑和高耸结构等,对减少耗钢量有重要意义。我国应用新结构的数量逐年增多,特别是空间网格结构发展更快,空间结构经济效果很好。

4. 预应力钢结构的应用

在一般钢结构中增加一些高强度钢构件,并对结构施加预应力,这是预应力钢结构中采用的最普遍的形式之一。它的实质是以高强度钢材代替部分普通钢材,从而达到节约钢材、提高结构效能和经济效益的目的。但是,两种强度不相同的钢材用于同一构件中共同受力,必须采取施加预应力的方法才能使高强度钢材充分发挥作用。我国从 20 世纪 50 年代开始对预应力钢结构进行了理论和试验研究,并在一些实际工程中采用。20 世纪 90 年代预应力结构又有了一个飞跃,弦支穹顶、张弦梁等复合结构(图 9.2),开始用于很多大型体育场馆和会展中心等结构中,预应力桁架、预应力网架也在很多工程中得到了广泛应用。

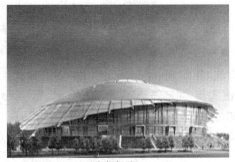
a)弦支穹顶

b)张弦梁

图 9.2　复合结构

5. 空间结构的发展

以空间体系的空间网格结构代替平面结构可以节约钢材,尤其是当结构跨度较大时,经济效果显著。空间网格结构对各种平面形式的建筑物的适应性很强,近年来在我国发展很快,特别是广泛采用了空间结构分析程序后,已建成如国家大剧院、天津博物馆(图9.3)等遍布全国各地的体育馆和展览馆已不下数千座工程。

a)国家大剧院

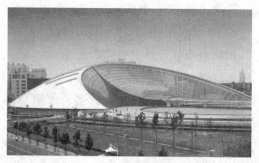
b)天津博物馆

图9.3 空间结构

6. 钢—混凝土组合结构的应用

钢材受压时常受稳定条件的控制,往往不能发挥它的强度优势,而混凝土则最宜承受压力。钢的强度高,宜受拉,混凝土则宜受压,因此将两者组合在一起,可以发挥各自的优势,取得最大的经济效果,是一种合理的结构形式(图9.4)。这种结构已经较多地用于桥梁结构中,也可推广至荷载较大的平台和楼层结构中,专用规范也已出台。

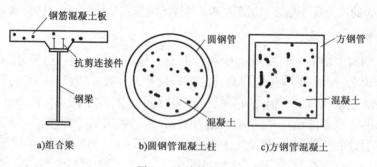

a)组合梁　　b)圆钢管混凝土柱　　c)方钢管混凝土

图9.4 组合梁和柱

7. 高层钢结构的研究和应用

随着我国城市人口的不断增多和大城市的持续扩大,城市用地的矛盾不断上升。为了节约用地,减少城市公共设施的投资,近年来在北京、上海、深圳和广州等地,相继修建了一些高层和超高层建筑物。例如:上海金茂大厦和上海环球金融中心、中央电视台新台址(斜楼)(图9.5)以其独特的造型和超高的施工难度成为钢结构的代表作之一。

8. 优化原理的应用

结构优化设计包括确定优化的结构形式和截面尺寸。由于电子计算机的逐步普及,促使结构优化设计得到相应的发展。我国编制的钢吊车梁标准图集,就是把

图9.5 中央电视台新台址

耗钢量最小的条件作为目标函数,把强度、刚度及稳定性等作为约束条件,用计算解得优化的截面尺寸,比过去的标准设计节省钢材5%~10%。目前优化设计已逐步推广到塔桅结构及空间结构设计等方面。

9. 新型节点的应用

除螺栓球节点[图9.6a)]、焊接球节点[图9.6b)]这些常用节点外,还有近年来正在推广应用的铸钢节点[图9.6c)]、树状结构节点[图9.6d)]及相贯节点[图9.6e)]等。

a)螺栓球节点

b)焊接球节点

c)铸钢节点

d)树状结构节点

e)相贯节点

图9.6 新型节点的应用

四 钢结构对材料的要求

建筑钢结构对材料的要求主要表现为以下几个方面。

1. 强度要求

强度要求即对材料屈服强度与抗拉强度的要求。材料强度高有利于减轻结构自重。

2. 塑性、韧度要求

塑性、韧度要求即要求钢材具有良好的适应变形与抗冲击能力,以防止脆性破坏。

3. 耐疲劳性能及适应环境能力要求

耐疲劳性能及适应环境能力要求即要求材料本身具有良好的抗动力荷载性能及较强的适应低、高温等环境变化的能力。

4. 冷、热加工性能及焊接性能要求

冷、热加工性能及焊接性能要求即要求材料具有良好的加工性能,适合冷、热加工,同时具有良好的可焊性,不因这些加工而对强度、塑性及韧性产生较大的有害影响。

5. 耐久性能要求

耐久性能要求主要是指材料的耐锈蚀能力要求,即要求钢材具备在外界环境作用下仍能维持其原有力学及物理性能基本不变的能力。

6. 生产与价格方面的要求

生产与价格方面的要求即要求钢材易于施工、价格合理。

据此，《钢结构设计规范》(GB 50017—2010)推荐承重结构宜采用的钢有碳素结构钢中的 Q235 及低合金高强度结构钢中的 Q345、Q390 和 Q420 四种。

五 钢材的破坏形式及主要性能

1. 钢材的破坏形式

钢材的破坏形式分为塑性破坏和脆性破坏两类。

(1)塑性破坏

塑性破坏的特征是：钢材在断裂破坏时产生很大的塑性变形，又称为延性破坏，其断口呈纤维状、色发暗，有时能看到滑移的痕迹。钢材的塑性破坏可通过采用一种标准圆棒试件进行拉伸破坏试验加以验证。钢材在发生塑性破坏时变形特征明显，很容易被发现并及时采取补救措施，因而不致引起严重后果。而且适度的塑性变形能起到调整结构内力分布的作用，使原先结构应力不均匀的部分趋于均匀，从而提高结构的承载能力。

(2)脆性破坏

脆性破坏的特征是：钢材在断裂破坏时没有明显的变形征兆，其断口平齐，呈有光泽的晶粒状。钢材的脆性破坏可以通过用一种比标准圆棒试件更粗，并在其中部位置车有小凹槽(凹槽处的净截面面积与标准圆棒相同)的试件进行拉伸破坏试验加以验证。由于脆性破坏具有突然性，无法预测，故比塑性破坏要危险得多，在钢结构工程设计、施工与安装中应采取适当措施尽量避免。

2. 钢材的主要性能

钢材的主要性能包括钢材的力学性能、焊接性能与耐久性能。

(1)钢材的力学性能

钢材的力学性能通常是指钢厂生产供应的钢材在各种作用下(如拉伸、冷弯和冲击等单独作用下)显示出的各种性能，它包括强度、塑性、冷弯性能及韧度等。需由相应试验测定，试验用试件的制作和试验方法需按照相关国家标准规定进行。

(2)钢材的焊接性能与耐久性能

①焊接性。

钢材的焊接性是指在给定的构造形式和焊接工艺条件下能否获得符合质量要求的焊缝连接的性能。焊接性能差的钢材在焊接的热影响区容易发生脆性裂缝(如热裂缝或冷缝)，不易保证焊接质量，除非采用特定的复杂焊接工艺。故对于重要的承受动力荷载的焊接结构，应对所用钢材进行焊接性能的鉴定。钢材的焊接性能可用试验焊缝的试件进行试验，以测定焊缝及其热影响区钢材的疲劳强度、塑性和冲击韧度等。

钢材的焊接性能除了与钢的含碳量等化学成分密切相关外，还与钢的塑性及冲击韧度有密切关系。一般来说，冲击韧度合格的钢材，其焊接质量也容易保证。

②耐久性。

钢材的耐久性主要是其耐腐蚀性能。对于长期暴露于空气中或经常处于干湿交替环境下的钢结构，更易产生锈蚀破坏。腐蚀对钢结构的危害不仅局限于对钢材有效截面的均匀削弱，而且由此产生的局部锈坑会导致应力集中,从而降低结构的承载力,使其产生脆性破坏。故对钢材的防锈问题及防腐措施应特别重视。

第二节 钢结构的连接

一 钢结构的连接方法

钢结构是由若干构件组合而成的。连接的作用是通过一定的手段将板材或型钢组合成构件,或将若干构件组合成整体结构,以保证其共同工作。因此,连接方式及其质量优劣直接影响钢结构的工作性能。钢结构的连接必须符合安全可靠、传力明确、构造简单、制造方便和节约钢材的原则。连接接头应有足够的强度,要有适宜于施行连接手段的足够空间。

钢结构的连接方法可分为焊缝连接、铆钉连接和螺栓连接三种(图9.7)。

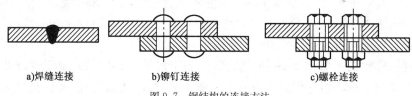

图 9.7　钢结构的连接方法

1. 焊缝连接

焊缝连接是现代钢结构最主要的连接方法。其优点是:构造简单,任何形式的构件都可直接相连;用料经济,不削弱截面;制作加工方便,可实现自动化操作;连接的密闭性好,结构刚度大。其缺点是:在焊缝附近的热影响区内,钢材的金相组织发生改变,导致局部材质变脆;焊接残余应力和残余变形使受压构件承载力降低;焊接结构对裂纹很敏感,局部裂纹一旦发生,就容易扩展到整体,低温冷脆问题较为突出。

2. 铆钉连接

铆钉连接由于构造复杂,费钢、费工,现已很少采用。但是铆钉连接的塑性较好、韧度较高,传力可靠,质量易于检查,在一些重型和直接承受动力荷载的结构中,有时仍然采用。

3. 螺栓连接

螺栓连接分普通螺栓连接和高强螺栓连接两种。

(1)普通螺栓连接

普通螺栓分为A、B、C三级。A级与B级为精制螺栓,C级为粗制螺栓。C级螺栓材料性能等级为4.6级或4.8级:小数点前的数字表示螺栓成品的抗拉强度不小于$400N/mm^2$,小数点及小数点后数字表示其屈强比(屈服点与抗拉强度之比)为0.6或0.8。A级和B级螺栓性能等级则为8.8级,其抗拉强度不小于$800N/mm^2$,屈强比为0.8。

C级螺栓由未经加工的圆钢轧制而成。由于螺栓表面粗糙,一般采用在单个零件上一次冲成或采用钻模钻成设计孔径的孔(Ⅱ类孔)。螺栓孔的直径比螺栓杆的直径大1.5～3mm(表9.1)。C级螺栓连接,由于螺栓杆与螺栓孔之间有较大的间隙,受剪力作用时,将会产生较大的剪切滑移,因此连接的变形大。但C级螺栓安装方便,且能有效地传递拉力,故一般可用于沿螺栓杆轴受拉的连接中,以及次要结构的抗剪连接或安装时的临时固定。

C级螺栓孔径(mm)　　　　　表9.1

螺杆公称直径	12	16	20	22	24	27	30
螺栓孔公称直径	13.5	17.5	22	24	26	30	33

A、B级精制螺栓是由毛坯件在车床上经过切削加工精制而成的。其表面光滑,尺寸准确,螺杆直径与螺栓孔径相同,对成孔质量要求高。由于它有较高的精度,因而抗剪性能好,但制作与安装复杂,价格较高,已很少在钢结构中采用。

(2)高强螺栓连接

高强度螺栓连接有两种类型:一种是只依靠摩擦阻力传力,并以剪力不超过接触面摩擦力作为设计准则,称为摩擦型连接;另一种是允许接触面滑移,以连接达到破坏的极限承载力作为设计准则,称为承压型连接。

高强度螺栓一般采用45钢、40B钢和20MnTiB钢加工而成,经热处理后,螺栓抗拉强度应分别不低于 $800N/mm^2$ 和 $1000N/mm^2$,即前者的性能等级为8.8级,后者的性能等级为10.9级。摩擦型连接高强度螺栓的孔径比螺栓公称直径 d 大1.5~2.0mm,承压型连接高强螺栓的孔径比螺栓公称直径 d 大1.0~1.5mm。

摩擦型连接螺栓的剪切变形小,弹性性能好、施工较简单、可拆卸、耐疲劳,特别适用于承受动力荷载的结构。承压型连接的承载力大于摩擦型的,连接紧凑,但剪切变形大,故不得用于承受动力荷载的结构中。

二 焊接方法和焊缝连接形式

1.钢结构常用焊接法

焊接方法很多,但在钢结构中通常采用电弧焊。电弧焊有手工电弧焊、埋弧焊(自动或半自动焊)以及气体保护焊等。

(1)手工电弧焊

手工电弧焊是最常用的一种焊接方法(图9.8)。通电后,在涂有药皮的焊条与焊件之间产生电弧。电弧的温度可高达3000℃。在高温作用下,电弧周围的金属变成液体,形成熔池。同时,焊条中的焊丝很快熔化,滴落入熔池中,与焊件的熔融金属相互结合,冷却后即形成焊缝。焊条药皮则在焊接过程中产生气体,保护电弧和熔化金属,并形成熔渣覆盖着焊缝,防止空气中的氧、氮等有害气体与熔化金属接触而形成易脆的化合物。

手工电弧焊的设备简单,操作灵活方便,适于任意空间位置的焊接,特别适于焊接短焊缝。但其生产效率低,劳动强度大,焊接质量与焊工的精神状态和技术水平有很大的关系。

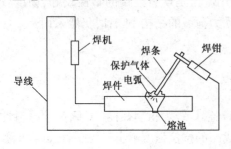

图9.8 手工电弧焊

手工电弧焊所用焊条应与焊件钢材(或称主体金属)相适应,一般要求是:对Q235钢采用E43型焊条(E4300~E4328);对Q345钢采用E50型焊条(E5000~E5048);对Q390钢和Q420钢采用E55型焊条(E5500~E5518)。焊条型号中,字母E表示焊条,前两位数字为熔融金属的最小抗拉强度的 1/10(单位为 MPa),第三、第四位数字表示适用焊接位置、电流以及药皮类型等。不同钢种的钢材相焊接时(例如 Q235 钢与 Q345 钢相焊接),宜采用低组配方案,即宜采用与低强度钢材相适应的焊条。

(2)埋弧焊(自动或半自动)

埋弧焊是电弧在焊剂层下燃烧的一种电弧方法。焊丝送进和电弧焊接方向的移动由专门机械控制完成的焊接称埋弧自动电弧焊(图 9.9);焊丝送进有专门机构,而电弧按焊接方向的移动靠手工操作完成的称埋弧半自动电弧焊。埋弧焊的焊丝不涂药皮,但施焊端为焊剂所覆盖,能对较细的焊丝采用大电流。电弧热量集中,熔深大,适于厚板的焊接,具有较高的生产率。由于采用了自动化或半自动化操作,焊接时的工艺条件稳定,焊缝的化学成分均匀,故开成的焊缝质量好,焊件变形小。同时,高焊速也减小了热影响区的范围。但埋弧焊对焊件边缘的装配精度(如间隙)要求比手工焊高。

埋弧焊所用焊丝和焊剂应与主体金属强度相适应,即要求焊缝与主体金属等强度。

(3)气体保护焊

气体保护焊是利用二氧化碳气体或其他惰性气体作为保护介质的一种电弧熔焊方法。它直接依靠保护气体在电弧周围造成局部的保护层,以防止有害气体的侵入并保证焊接过程中的稳定性。

气体保护焊的焊缝熔化区没有熔渣,焊工能够清楚地看到焊缝成形的过程。由于保护气体是喷射的,有助于熔滴的过渡,又由于热量集中,焊接速度快,焊件熔深大,故所形成的焊缝强度比手工电弧焊高,塑性和耐腐蚀性好,适用于全位置的焊接。但不适用于在风较大的地方施焊。

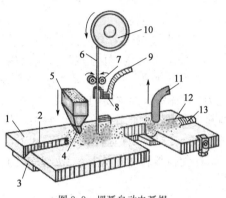

图 9.9 埋弧自动电弧焊

1-焊件;2-V 形坡口;3-垫板;4-焊剂;5-焊剂斗;6-焊丝;7-送丝轮;8-导电器;9-电缆;10-焊丝盘;11-焊剂回收器;12-焊渣;13-焊缝

2.焊缝连接形式及焊缝形式

(1)焊缝连接形式

焊缝连接形式按被连接钢材的相互位置可分为对接、搭接、T 形连接和角部连接四种(图 9.10)。这些连接所采用的焊缝主要有对接焊缝和角焊缝。

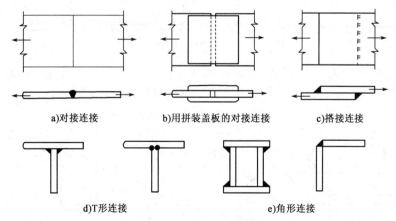

图 9.10 焊缝连接的形式

对接连接主要用于厚度相同或接近相同的两构件连接。如图9.10a)所示为采用对接焊缝的对接连接,由于相互连接的两种构件在同一平面内,因而传力均匀平缓,没有明显的应力集中,且用料经济,但是焊件边缘需要加工,对被连接两板的间隙和坡口尺寸有严格的要求。

图9.10b)所示为用双层盖板和角焊缝的对接连接,这种连接传力不均匀、费料,但施工简便,所连接两板的间隙大小无须严格控制。

图9.10c)所示为用角焊缝的搭接连接,特别适用于不同厚度构件的连接。这种连接传力不均匀,较费材料,但构造简单、施工方便,目前还广泛应用。

T形连接省工省料,常用于制作组合截面。当采用角焊缝连接时[图9-10d)],焊件间存在缝隙,截面突变,应力集中现象严重,疲劳强度较低,因此可用于不直接承受动力荷载结构的连接中。对于直接承受动力荷载的结构,如重级工作制吊车梁,其上翼缘与腹板的连接,应采用图9-10e)所示的K形坡口焊缝进行连接。

角部连接[图9-10f)、g)]主要用于制作箱形截面。

(2)焊缝形式

对接焊缝按受力方向分为正对接焊缝[图9.11a)]和斜对接焊缝[图9.11b)],图9.11c)所示的角焊缝可分为正面角焊缝、侧面角焊缝和斜焊缝。

焊缝沿长度方向的布置形式分为连续角焊缝和间断焊缝两种(图9.12)。连续角焊缝的受力性能较好,为主要的角焊缝形式。间断角焊缝的起、灭弧处容易引起应力集中,重要结构应避免采用,只能用于一些次要构件的连接或受力很小的构件连接中。间断角焊缝的间断距离L不宜过长,以免连接不紧密,使得潮气侵入引起构件锈蚀。一般在受压构件中应满足$L \leqslant 15t$,在受拉构件中$L \leqslant 30t$,t为较薄焊件的厚度。

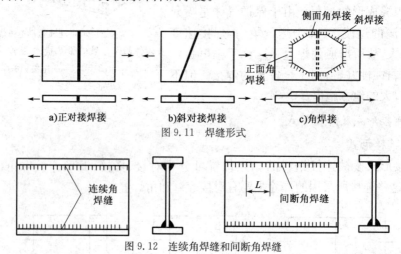

图9.11 焊缝形式

图9.12 连续角焊缝和间断角焊缝

焊缝按施焊位置分为平焊、横焊、立焊及仰焊(图9.13)。平焊(又称俯焊)施焊方便。立焊和横焊要求焊工的操作水平比平焊高一些。仰焊的操作条件最差,焊缝质量不易保证,因此应尽量避免采用。

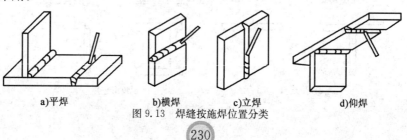

图9.13 焊缝按施焊位置分类

3.焊缝缺陷及焊缝质量检验

(1)焊缝缺陷

焊缝缺陷是指焊接过程中产生于焊缝金属或附近热影响区钢材表面或内部的缺陷。常见的缺陷有裂纹、焊瘤、烧穿、弧坑、气孔、夹渣、咬边、未熔合及未焊透等(图9.14),以及焊缝尺寸不符合要求、焊缝成形不良等。其中,裂纹是焊缝连接中最危险的缺陷。产生裂纹的原因很多,如钢材的化学成分不当,焊接工艺条件(如电流、电压、焊速或施焊次序等)选择不合适、焊件表面油污未清除干净等。

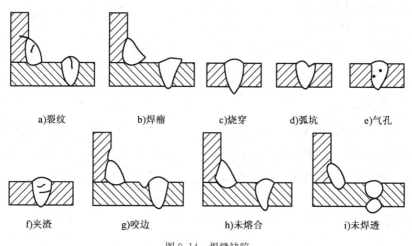

图9.14 焊缝缺陷

(2)焊缝质量检验

焊缝缺陷的存在将削弱焊缝的受力面积,在缺陷处引起应力集中,故对连接强度、冲击韧度及冷弯性能等均有不利影响。因此,焊缝质量检验极为重要。

焊缝质量检验一般包括外观检查和内部无损检验,前者检验外观缺陷和几何尺寸,后者检查内部缺陷。内部无损检验目前广泛采用超声波检验,其使用灵活、经济,对内部缺陷反应灵敏,但不易识别缺陷性质。有时还采用磁粉检验、荧光检验等较简单的方法作为辅助检验方法。此外还可采用 X 射线或 γ 射线透照或拍片方法,其中 X 射线方法应用较广。

《钢结构工程施工质量验收规范》(GB 50205—2010)规定,焊缝按其检验方法和质量要求分为一级、二级和三级。三级焊缝只要求对全部焊缝作外观检查且符合三级质量标准;一级、二级焊缝则除外观检查外,还要求一定数量的超声波检验并符合相应级别的质量标准。

(3)焊缝质量等级的选用

在钢结构设计规范中,对焊缝质量等级的选用有如下规定:

①需要进行疲劳计算的构件中,垂直于作用力方向的横向对接焊缝,受拉时应为一级,受压时应为二级。

②在不需要进行疲劳计算的构件中,由于三级对接焊缝的抗拉强度有较大变异性,其设计值为主体钢材的85%左右,所以,凡要求与母材等强度的受拉对接焊缝应不低于二级;受压时难免在其他因素影响下使焊缝中有拉应力存在,故宜为二级。

③重级工作制和起重量 $Q \geqslant 50t$ 的中级工作制吊车梁的腹板与上翼缘板之间,以及吊车

桁架上弦杆与节点板之间的T形接头焊透的对接与角接组合焊缝,不应低于二级。

④由于角焊缝的内部质量不易探测,故规定其质量等级一般为三级,只对直接承受动力荷载且需要验算疲劳和起重量$Q \geqslant 50t$的中级工作制吊车梁才规定角焊缝的外观质量为二级。

4. 焊缝基本符号及焊缝尺寸符号

(1)焊缝标注方法

图样上焊缝有两种表示方法,即符号法和图示法,如图9.15所示。

焊缝标注以符号标注法为主,在必要时允许辅以图示法。比如用连续或断续的粗线表示连续或断续焊缝;在需要时绘制焊缝局部剖视图或放大图表示焊缝剖面形状;用细实线绘制焊前坡口形状等。

符号标注法是指通过焊缝符号和指引线表明焊缝形式的标注方法。

(2)符号标注法的要素

焊缝符号标注中有许多要素,其中焊缝基本符号和指引线构成了焊缝的基本要素,属于必须标注的内容。除焊缝基本要素外,在必要时还应加注其他辅助要素,如辅助符号、补充符号、焊缝尺寸符号及焊接工艺等内容。

(3)焊缝符号及其标注

焊缝基本符号是表示焊缝横断面形状的符号,共有13个,如表9.2所示。

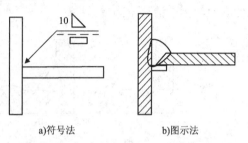

图9.15 焊缝表示方法

表9.2 焊缝基本符号

序号	名称	示意图	符号	序号	名称	示意图	符号
1	角焊缝			8	带钝边J形焊缝		
2	V形焊缝			9	封底焊缝		
3	单边V形焊缝			10	塞焊缝或槽焊缝		
4	带钝边V形焊缝			11	点焊缝		
5	带钝边单边V形焊缝			12	平面连接(钎焊)		
6	带钝边U形焊缝			13	缝焊缝		
7	I形焊缝						

(4)焊缝尺寸符号及其标注

焊缝标注在必要时可附带焊缝尺寸符号及数据,如表9.3所示。

焊缝尺寸符号　　　　　　　　　　　　　表9.3

符号	名称	示意图	符号	名称	示意图
α	坡口角度		d	塞焊:直径	
β	坡口面角度		n	焊缝段数	$n=2$
p	钝边		l	焊缝长度	
H	坡口深度		e	焊缝间距	
K	焊脚尺寸		N	相同焊缝数量	$N=3$

三 角焊缝的构造

1. 角焊缝的形式和强度

角焊缝是最常用的焊缝。角焊缝按其与作用力的关系可分为焊缝长度方向与作用力垂直的正面角焊缝、焊缝长度方向与作用力平行的侧面角焊缝以及斜焊缝。按其截面形式可分为直角角焊缝(图9.16)和斜角角焊缝(图9.17)。

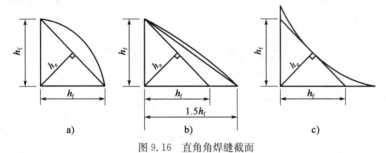

图9.16 直角角焊缝截面

直角焊缝通常做成表面微凸的等腰三角形截面,如图9.16a)所示。在直接承受动力荷载的结构中,正面角焊缝的截面采用如图9.16b)所示的形式,侧面角焊缝的截面做成如图9.16c)所示的凹面式。

两焊脚边的夹角 $\alpha>90°$ 或 $\alpha<90°$ 的焊缝称为斜角角焊缝(图9.17)。斜角角焊缝常用于钢漏斗和钢管结构中。对于夹角 $\alpha>135°$ 或 $\alpha<60°$ 的斜角角焊缝,除钢管结构外,不宜用作受力焊缝。

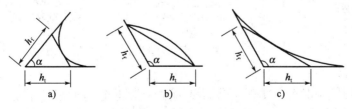

图9.17 斜角角焊缝截面

大量试验结果表明,侧面角焊缝(图9.18)主要承受剪应力。其塑性较好,弹性模量($E=7\times 10^4 \text{N/mm}^2$)低,强度也较低。传力通过侧面角焊缝时产生弯折,因而应力沿焊缝长度方向的分布不均匀,呈两端大而中间小的状态。焊缝越长,应力分布不均匀性越显著,但在接近塑性工作阶段时会产生应力重分布,可使应力分布的不均匀现象渐趋缓和。

正面角焊缝(图9.19)受力复杂,截面中的各面均存在正应力和剪应力,焊根处存在着很严重的应力集中。这一方面是由于力线弯折引起的,另一方面是由于焊根处正好是两焊件接触面的端部,相当于裂缝的尖端,因此产生了应力集中。正面角焊缝的破坏强度高于侧面角焊缝,但塑性变形要小些。而斜焊缝的受力性能和强度值介于正面角焊缝和侧面角焊缝之间。

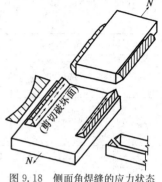

图9.18 侧面角焊缝的应力状态

2. 角焊缝的构造要求

(1) 最大焊脚尺寸要求

为了避免焊缝区的基本金属过热,减小焊件的焊接残余应力和残余变形,除钢管结构外,角焊缝的焊脚尺寸不宜大于较薄焊件厚度的1.2倍[图9.20a]。

对板边缘的角焊缝[图9.20b],当板件厚度$t>6\text{mm}$时,根据实际的施焊经验,不易焊满全厚度,故取$h_f \leqslant t-(1\sim 2)\text{mm}$;当$t \leqslant 6\text{mm}$时,通常采用小焊条施焊,若易于焊满全厚度,则取$h_f \leqslant t$。如果另一焊件厚度$t'<t$,还应满足$h_f \leqslant 1.2t'$的要求。

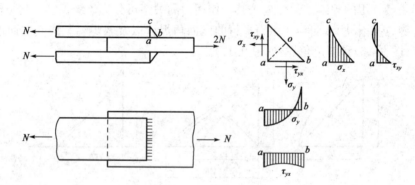

图9.19 正面角焊缝应力状态

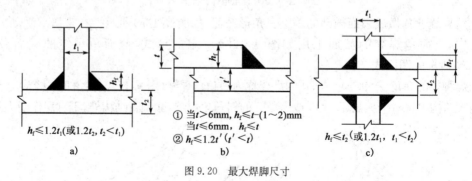

图9.20 最大焊脚尺寸

(2) 最小焊脚尺寸

角焊缝的焊脚尺寸也不能过小,否则焊缝因输入能量过小,而焊件厚度较大,以致施焊时冷却速度过快而产生淬硬组织,导致母材开裂。现行钢结构设计规范规定:角焊缝的焊脚尺寸

$h_f \geqslant 1.5\sqrt{t}$,$t$ 为较厚焊件厚度(单位:mm)。计算时,焊脚尺寸取毫米的整数,小数点以后的数都进为 1。自动焊熔深较大,故所取最小焊脚尺寸可减小 1mm;对 T 形连接的单面角焊缝,应增加 1mm。当焊件厚度小于或等于 4mm 时,则取与焊件厚度相同。

(3)侧面角焊缝的最大计算长度

由于侧面角焊缝在弹性阶段沿长度方向受力不均匀,两端大而中间小,焊缝越长,应力集中系数越大。在静力荷载作用下,如果焊缝长度适中,当焊缝两端点处的应力达到屈服强度后,继续加载,应力会渐趋均匀。但是,如果焊缝长度超过某一限值时,有可能首先在焊缝的两端破坏,故一般规定侧面角焊缝的计算长度 $l_w \leqslant 60h_f$。当实际长度大于上述限值时,其超过部分在计算中不予考虑。若内力沿侧面角焊缝全长分布,如梁翼缘板与腹板的连接焊缝、屋架中弦杆与节点板的连接焊缝以及梁的支承加劲肋与腹板连接焊缝等,计算长度可不受上述限制。

(4)角焊缝的最小计算长度

角焊缝的焊脚尺寸大而长度较小时,焊件的局部加热严重,焊缝起灭弧所引起的缺陷相距太近,加之焊缝中可能产生的其他缺陷(如气孔、非金属夹杂等),使焊缝强度不够。对搭接连接的侧面角焊缝而言,如果焊缝长度过小,由于力线弯折大,也会造成严重应力集中。因此,为了使焊缝能够具有一定的承载能力,根据使用经验,侧面角焊缝或正面角焊缝的计算长度不得小于 $8h_f$ 或 40mm。

(5)搭接连接的构造要求

当板件端部仅有两条侧面角焊缝连接时(图 9.21),试验结果表明,连接的承载力与 b/l_w 有关,b 为两侧焊缝的距离,l_w 为侧焊缝长度。当 $b/l_w>1$ 时,连接的承载力随着 b/l_w 比值的增大而明显下降。这主要是由于应力传递的过分弯折使构件中应力分布不均匀所致。为使连接强度不致过分降低,每条侧焊缝的长度不宜小于两侧焊缝之间的距离,即 $b/l_w \leqslant 1$,两侧面角焊缝之间的距离 b 也不宜大于 $16t(t>12\text{mm})$ 或 200mm($t \leqslant 12\text{mm}$,t 为较薄焊件的厚度),以免因焊缝横向收缩,引起板件向外发生较大拱曲。

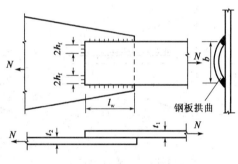

图 9.21 焊缝长度及两侧焊缝间距

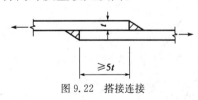

图 9.22 搭接连接

在搭接连接中,当仅采用正面角焊缝时(图 9.22),其搭接长度不得小于焊件较小厚度的 5 倍,也不得小于 25mm。

搭接采用三面围焊时,在转角处截面突变,会产生应力集中。如在此处起灭弧,可能出现弧坑或咬边等缺陷,从而加大应力集中的影响。故所有围焊的转角处必须连续施焊。对于非围焊情况,当角焊缝的端部在构件转角处时,可连续地做长度为 $2h_f$ 的绕角焊(图 9.21)。

四 各种受力状态下直角角焊缝连接的计算

(1)用盖板的对接连接承受轴心力(拉力、压力或剪力)作用时

当焊件受通过连接焊缝中心的轴心力作用时,可认为焊缝应力是均匀分布的,如图 9.23 所示。

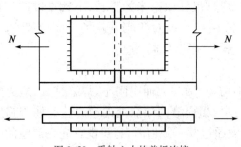

图9.23 受轴心力的盖板连接

当只有侧面角焊缝时,按下公计算

$$\tau_f = \frac{N}{h_e l_w} \leqslant f_f^w \qquad (9.1)$$

当只有正面角焊缝,按下式计算

$$\sigma_f = \frac{N}{h_e l_w} \leqslant \beta_f f_f^w \qquad (9.2)$$

梁采用三面围焊时,对矩形拼接板,可先按式(9.3)计算正面角焊缝所承担的内力,即

$$N' = \beta_f f_f^w \sum h_e l_w \qquad (9.3)$$

式中:$\sum l_w$——连接一侧正面角焊缝计算长度的总和。

再由力$(N-N')$计算侧面角焊缝的强度

$$\tau_f \leqslant \frac{N-N'}{\sum h_e l_w} \leqslant f_f^w \qquad (9.4)$$

式中:$\sum l_w$——连接一侧的侧面角焊缝计算长度的总和。

(2)承受轴心力的角钢角焊缝计算

在钢桁架中,角钢腹杆与节点板的连接焊缝一般采用两面侧焊,也可采用三面围焊,特殊情况也允许采用L形围焊(图9.24)。腹杆受轴心力作用,为了避免焊缝偏心受力,焊缝所传递的合力的作用线应与角钢杆件的轴线重合。

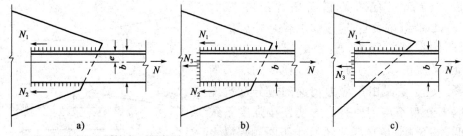

图9.24 桁架腹杆与节点板的连接

对于三面围焊(图9.24b),可先假定正面角焊缝的焊脚尺寸h_{f3},求出正面角焊缝所分担的轴心力N_3。当腹杆为双角钢组成的T形截面,且肢宽为b时,

$$N_3 = 2 \times 0.7 h_{f3} b \beta_f f_f^w \qquad (9.5)$$

由平衡条件$(\sum M=0)$可得

$$N_1 = \frac{N(b-e)}{b} - \frac{N_3}{2} = \alpha_1 N - \frac{N_3}{2} \qquad (9.6)$$

$$N_2 = \frac{Ne}{b} - \frac{N_3}{2} = \alpha_2 N - \frac{N_3}{2} \qquad (9.7)$$

式中:N_1、N_2——角钢肢背和肢尖上的侧面角焊缝所分担的轴力;

e——角钢的形心距;

α_1、α_2——角钢肢背和肢尖焊缝的内力分配系数,设计时可近似取$\alpha_1 = 2/3$,$\alpha_2 = 1/3$。等肢角钢$\alpha_1 = 0.7$,$\alpha_2 = 0.3$;不等肢角钢短肢相拼$\alpha_1 = 0.75$,$\alpha_2 = 0.25$,长度相拼$\alpha_1 = 0.65$,$\alpha_2 = 0.35$。

对于两侧焊[图9.24a],因$N_3 = 0$,得

$$N_1 = \alpha_1 N \qquad (9.8)$$

$$N_2 = \alpha_2 N \qquad (9.9)$$

求得各条焊缝所受的内力后,按构造要求(角焊缝的尺寸限制)假定肢背和肢尖焊缝的焊脚尺寸,即可求出焊缝的计算长度。例如,对双角钢截面

$$l_{w1} = \frac{N_1}{2 \times 0.7 h_{f1} f_f^w} \quad (9.10)$$

$$l_{w2} = \frac{N_2}{2 \times 0.7 h_{f2} f_f^w} \quad (9.11)$$

式中:h_{f1}、l_{w1}——一个角钢肢背上的侧面角焊缝的焊脚尺寸及计算长度;

h_{f2}、l_{w2}——一个角钢肢尖上的侧面角焊缝的焊脚尺寸及计算长度。

考虑每条焊缝两端的起灭弧缺陷,实际焊缝长度为计算长度加 $2h_f$;但对于三面围焊,由于在杆件端部转角处必须连续施焊,每条侧面焊缝只有一端可能起灭弧,故焊缝长度为计算长度加 h_f;对于采用绕角焊缝的侧面角焊缝实际长度等于计算长度(绕角焊缝长度 $2h_f$ 不进入计算)。

当杆件受力很小时,可采用 L 形围焊[图 9.24c)]。由于只有正面角焊缝和角钢肢背上的侧面角焊缝,令式(9.13)中的 $N_2=0$,得

$$N_3 = 2\alpha_2 N \quad (9.12)$$
$$N_1 = N - N_3 \quad (9.13)$$

角钢肢背上的角焊缝计算长度可按式(9.16)计算,角钢端部的正面焊缝的长度已知,可按下式计算其焊脚尺寸

$$h_{f3} = \frac{N_3}{2 \times 0.7 \times l_{w3} \beta_f f_f^w} \quad (9.14)$$

式中:$l_{w3} = b - h_{f3}$。

【**例 9.1**】 试设计用拼接盖板的对接连接(图 9.25)。已知钢板宽 $B=270$mm,厚度 $t_1=28$mm,拼接盖板厚度 $t_2=16$mm。该连接承受的静态轴心力 $N=1400$kN(设计值),钢材为 Q235-B,手工焊,焊条为 E43 型。

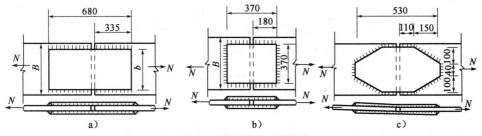

图 9.25 拼接盖板的对接连接

【**解**】 设计拼接盖板的对接连接有两种方法:一种方法是假定焊脚尺寸求焊缝长度,再由焊缝长度确定拼接板的尺寸;另一种方法是先假定焊脚尺寸和拼接盖板的尺寸,然后验算焊缝的承载力。如果假定的焊缝尺寸不能满足承载力要求时,则应调整焊脚尺寸,再行检查,直到满足承载力要求为止。

角焊缝的焊脚尺寸 h_f 应根据板件厚度确定。由于此处的焊缝在板件边缘施焊,且拼接盖板厚度 $t_2=16$mm>6mm,$t_2<t_1$,则

$$h_{fmax} = t - (1 \sim 2) = 16 - (1 \sim 2) = 15\text{mm 或 } 14\text{mm}$$

$$f_{fmin} = 1.5\sqrt{t} = 1.5\sqrt{28}\text{mm} = 7.9\text{mm}$$

取 $h_f=10$mm,查表得角焊缝强度设计值 $f_f^w=160$N/mm²。

(1)采用两面侧焊时

如图 9.25a)所示,连接一侧所需焊缝的总长度可按式(9.1)计算

$$\sum l_\mathrm{w} = \frac{N}{h_\mathrm{e} f_\mathrm{f}^\mathrm{w}} = \frac{1400 \times 10^3}{0.7 \times 10 \times 160} = 1250\,\mathrm{mm}$$

此对接连接采用了上下两块拼接盖板,共有 4 条侧焊缝,一条侧焊缝的实际长度为

$$l'_\mathrm{w} = \frac{\sum l_\mathrm{w}}{4} + 2h_\mathrm{f} = \frac{1250}{4} + 20 = 333\,\mathrm{mm} < 60h_\mathrm{f} = 60 \times 10 = 600\,\mathrm{mm}$$

所需拼接盖板长度 $\quad L = 2l'_\mathrm{w} + 10 = 2 \times 333 + 10 = 676\,\mathrm{mm}$

取 $l = 680\,\mathrm{mm}$。

式中 10mm 为两块被连接钢板间的间隙。

拼接盖板的宽度 b 就是两条侧面角焊缝之间的距离,应根据强度条件和构造要求确定。根据强度条件,在钢材种类相同的情况下,拼接盖板的截面面积 A' 应等于或大于被连接钢板的截面面积。

选定拼接盖板宽度 $b = 240\,\mathrm{mm}$,则

$$A' = 240 \times 2 \times 16 = 7680\,\mathrm{mm}^2 > A = 270 \times 28 = 7560\,\mathrm{mm}^2$$

满足强度要求。

根据构件要求,应满足

$$b = 240\,\mathrm{mm} < l_\mathrm{w} = 315\,\mathrm{mm},且\ b < 16t = 16 \times 16 = 256\,\mathrm{mm}$$

满足要求,故选定拼接盖板尺寸为 680mm×240mm×16mm。

(2)采用三面围焊时

如图 9.25b)所示,采用三面围焊可以减小两侧侧面角焊缝的长度,从而减小拼接盖板的尺寸。设拼接盖板的宽度和厚度与采用两面侧焊时相同,仅需求盖板长度。已知正面角焊缝的长度 $l'_\mathrm{w} = b = 240\,\mathrm{mm}$,则正面角焊缝所能承受的内力为

$$N' = 2h_\mathrm{e}l'_\mathrm{w}\beta_\mathrm{f} f_\mathrm{f}^\mathrm{w} = 2 \times 0.7 \times 10 \times 240 \times 1.22 \times 160 = 655872\,\mathrm{N}$$

所需连接一侧侧面角焊缝的总长度为

$$\sum l_\mathrm{w} = \frac{N - N'}{h_\mathrm{e} f_\mathrm{f}^\mathrm{w}} = \frac{1400000 - 655872}{0.7 \times 10 \times 160} = 664\,\mathrm{mm}$$

连接一侧共有 4 条侧面角焊缝,则一条侧面角焊缝的长度为

$$l'_\mathrm{w} = \frac{\sum l_\mathrm{w}}{4} + h_\mathrm{f} = \frac{664}{4} + 10 = 176\,\mathrm{mm}$$

采用 $l'_\mathrm{w} = 180\,\mathrm{mm}$。

拼接盖板的长度 $\quad L = 2l'_\mathrm{w} + 10 = 2 \times 180 + 10 = 370\,\mathrm{mm}$

(3)采用菱形拼接盖板时

如图 9.25c)所示,当拼接板宽度较大时,采用菱形拼接盖板可减小角部的应力集中,从而使连接的工作性能得以改善。菱形拼接盖板的连接焊缝由正面角焊缝、侧面角焊缝和斜焊缝等组成。设计时,一般先假定拼接盖板的尺寸再进行验算。拼接盖板尺寸如图 9.25c)所示,则各部分焊缝的承载力分别为

正面角焊缝

$$N_1 = 2h_\mathrm{e}l_\mathrm{w1}\beta_\mathrm{f} f_\mathrm{f}^\mathrm{w} = 2 \times 0.7 \times 10 \times 40 \times 1.22 \times 160 = 109.3\,\mathrm{kN}$$

侧面角焊缝

$$N_2 = 4h_\mathrm{e}l_\mathrm{w2}\beta_\mathrm{f} f_\mathrm{f}^\mathrm{w} = 4 \times 0.7 \times 10 \times (110 - 10) \times 160 = 448.0\,\mathrm{kN}$$

斜焊缝(此焊缝与作用力夹角 $\theta = \arctan\dfrac{100}{500} = 33.7°$)

$$\beta_{f\theta}=\frac{1}{\sqrt{1-\frac{\sin^2 33.7}{3}}}=1.06$$

故有

$$N_3=4h_e l_{w3}\beta_{f\theta}f_f^w=4\times 0.7\times 10\times 180\times 1.06\times 160=854.8\text{kN}$$

连接一侧焊缝所能承受的内力为

$$N'=N_1+N_2+N_3=109.3+448.0+854.8=1412\text{kN}>N=1400\text{kN}$$

满足要求。

【例 9.2】 试确定图 9.26 所示承受静态轴心力的三面围焊连接的承载力及肢尖焊缝的长度。已知角钢为 $2\llcorner 125\times 10$,与厚度为 8mm 的节点板连接,其搭接长度为 300mm,焊脚尺寸 $h_f=8$mm,钢材为 Q235-B,手工焊,焊条为 E43 型。

【解】 角焊缝强度设计值 $h_f^w=160$N/mm²。焊缝内力分配系数为 $\alpha_1=0.67,\alpha_2=0.33$。正面角焊缝的长度等于相连角钢肢尖的宽度,即 $l_{w3}=b=125$mm,则正面角焊缝所能承受的内力 N_3 为

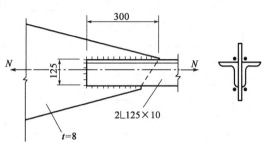

图 9.26 承受静态轴心力的三面围焊连接

$$N_3=2h_e l_{w3}\beta_f f_f^w=2\times 0.7\times 8\times 125\times 1.22\times 160=273.3\text{kN}$$

肢背角焊缝所能承受的内力 N_1

$$N_1=2h_e l_w f_f^w=2\times 0.7\times 8\times(300-8)\times 160=523.3\text{kN}$$

而

$$N_1=\alpha_1 N-\frac{N_3}{2}=0.76N-\frac{273.3}{2}=523.3\text{kN}$$

则

$$N=\frac{523.3+136.6}{0.67}=985\text{kN}$$

计算肢尖焊缝承受的内力 N_2 为

$$N_2=\alpha_2 N-\frac{N_3}{2}=0.33\times 985-136.6=188\text{kN}$$

由此可算出肢尖焊缝的长度为

$$l_{w2}=\frac{N_2}{2h_e f_f^w}+8=\frac{188\times 10^3}{2\times 0.7\times 8\times 160}+8=113\text{mm}$$

五 对接焊缝的构造与计算

1. 对接焊缝的构造

对接焊缝的焊件常需做成坡口形式,故又称坡口焊缝。坡口形式与焊件厚度有关。当焊件厚度很小(手工焊小于 6mm,埋弧焊小于 10mm)时,可用直边缝。对于一般厚度的焊件可采用具有斜坡口的单边 V 形或 V 形焊缝。斜坡口和根部间隙 c 共同组成一个焊条能够运转的施焊空

间,使焊缝易于焊透;钝边 p 有托住熔化金属的作用。对于较厚的焊件($t>20$mm),则采用 U 形、K 形和 X 形坡口(图 9.27)。对于 V 形缝和 U 形缝需对焊缝根部进行补焊。对接焊缝坡口形式的选用,应根据板厚和施工条件按现行标准《手工电弧焊焊接接头的基本形式与尺寸》(GB 985—2008)和《埋弧焊焊接接头的基本形式与尺寸》(GB 986—1988)的要求进行。

在对接焊缝的拼接处,当焊件的宽度不同或厚度相差 4mm 以上时,应分别在宽度方向或厚度方向从一侧或两侧做成坡度不大于 1:2.5 的斜角(图 9.28),以使截面过渡和缓,减小应力集中。

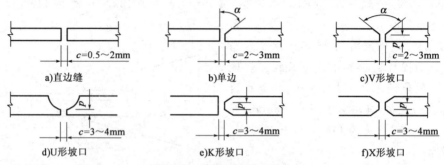

图 9.27 对接焊缝的坡口形式

在焊缝的起灭弧处,常会出现弧坑等缺陷,这些缺陷对承载力影响极大,故焊接时一般应设置引弧板和引出板(图 9.29),焊后将它割除。对受静力荷载的结构设置引(出)弧板有困难时,允许不设置引(出)弧板,此时可令焊缝计算长度等于实际长度减 $2t$(此处 t 为较薄焊件厚度)。

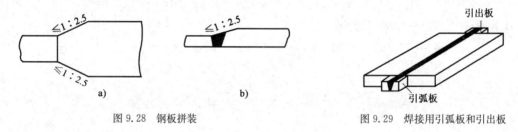

图 9.28 钢板拼装　　　　图 9.29 焊接用引弧板和引出板

2.对接焊缝的计算

对接焊缝分焊透和部分焊透两种类型。现将焊透的对接焊缝的计算进行阐述。

对接焊缝的强度与所用钢材的牌号、焊条型号及焊缝质量的检验标准等因素有关。

如果焊缝中不存在任何缺陷,焊缝金属的强度是高于母材的。但由于焊接技术问题,焊缝中可能有气孔、夹渣、咬边、未焊透等缺陷。实验证明,焊接缺陷对受压、受剪的对接焊缝影响不大,故可以认为受压、受剪的对接焊缝与母材强度相等,但受拉的对接焊缝对缺陷甚为敏感。当缺陷面积与焊件截面积之比超过 5% 时,对接焊缝的抗拉强度将明显下降。由于三级检验的焊缝允许存在的缺陷较多,故抗拉强度为母材强度的 85%,而一、二级检验的焊缝的抗拉强度可认为与母材强度相等。

由于对接焊缝是焊件截面的组成部分,焊缝中的应力分布情况基本上与焊件原来的情况相同,故计算方法与构件的强度计算一样。

(1)轴心受力的对接焊缝

轴心受力的对接焊缝(图 9.30),可按下式计算

$$\sigma = \frac{N}{l_w t} \leqslant f_t^w \text{ 或 } f_c^w \tag{9.15}$$

式中:N——轴心拉力或压力;

l_w——焊缝的计算长度,当未采用引弧板时,取实际长度减去 $2t$;

t——在对接接头中连接件的较小厚度,在 T 形接头中为腹板厚度;

f_t^w、f_c^w——对接焊缝的抗拉、抗压强度设计值。

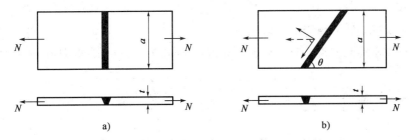

图 9.30 受轴心力的对接焊缝

由于一、二级检验的焊缝与母材强度相等,故只有三级检验的焊缝才需按式(9.15)进行抗拉强度验算。如果用直缝不能满足强度要求时,可采用如图 9.30b)所示的斜对接焊缝。计算证明,焊缝与作用力间的夹角 θ 满足 $\tan\theta \leqslant 1.5$ 时,斜焊缝的强度不低于母材强度,可不再进行验算。

【例 9.3】 试验算如图 9.30 所示钢板的对接焊缝的强度。图中 $a=540\text{mm}$,$t=22\text{mm}$,轴心力的设计值为 $N=2150\text{kN}$。钢材为 Q235-B,手工焊,焊条为 E43 型,三级检验标准的焊缝,施焊时加引弧板。

【解】 直缝连接其计算长度 $l_w=54\text{cm}$。

焊缝正应力为

$$\sigma = \frac{N}{l_w t} = \frac{2150 \times 10^3}{540 \times 22} = 181\text{N/mm}^2 > f_t^w = 175\text{N/mm}^2$$

不满足要求,改用斜对接焊缝,取截割斜度为 1.5:1,即 $\theta=56°$,焊缝长度为

$$l_w = \frac{a}{\sin\theta} = \frac{54}{\sin 56°} = 65\text{cm}$$

故此时焊缝的正应力为

$$\sigma = \frac{N\sin\theta}{l_w t} = \frac{2150 \times 10^3 \times \sin 56°}{650 \times 22} = 125\text{N/mm}^2 < f_t^w = 175\text{N/mm}^2$$

剪应力为

$$\tau = \frac{N\cos\theta}{l_w t} = \frac{2150 \times 10^3 \times \cos 56°}{650 \times 22} = 84\text{N/mm}^2 < f_v^w = 120\text{N/mm}^2$$

这说明当 $\tan\theta \leqslant 1.5$ 时,焊缝强度能够保证,可不必计算。

(2)承受弯矩和剪力共同作用的对接焊缝

图 9.31a)所示对接接头受到弯矩和剪力的共同作用,由于焊缝截面是矩形,正应力与剪应力图形分别为三角形与抛物线形,其最大值应分别满足下列强度条件

$$\sigma_{max} = \frac{M}{W_w} = \frac{6M}{l_w^2 t} \leqslant f_t^w \tag{9.16}$$

$$\tau_{max} = \frac{VS_w}{I_w t} = \frac{3}{2} \cdot \frac{V}{l_w t} \leqslant f_v^w \tag{9.17}$$

式中:W_w——焊缝截面模量;

S_w——焊缝截面面积;

I_w——焊缝截面惯性矩。

如图 9.31b)所示是工字形截面梁的接头,采用对接焊缝,除应分别验算最大正应力和剪应力外,对于同时受有较大正应力和较大剪应力处,例如腹板与翼缘的交接点,还应按下式验算折算应力

$$\sqrt{\sigma_1^2 + 3\tau_1^2} \leqslant 1.1 f_t^w \tag{9.18}$$

式中：σ_1、τ_1——验算点处的焊缝正应力和剪应力；

1.1——考虑到最大折算应力只在局部出现,而将强度设计值适当提高的系数。

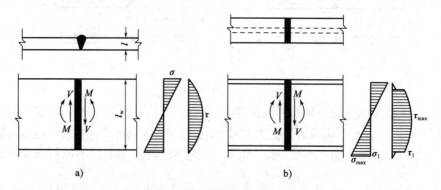

图 9.31 对接焊缝受弯矩和剪力联合作用

(3)承受轴心力、弯矩和剪力共同作用的对接焊缝

当轴心力与弯矩、剪力共同作用时,焊缝的最大正应力为轴心力和弯矩引起的应力之和,剪应力按式(9.17)验算,折算应力仍按式(9.18)验算。

【例 9.4】 计算工字形截面牛腿与钢柱连接的对接焊缝强度(图 9.32)。$F=540$kN(设计值),偏心距 $e=310$mm。钢材为 Q235-B,焊条为 E43 型,手工焊。焊缝为三级检验标准。上、下翼缘加引弧板施焊。

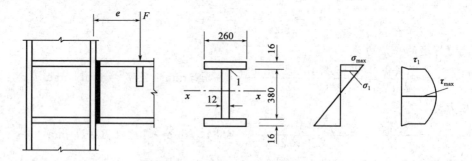

图 9.32 工字形截面牛腿与钢柱连接的对接焊缝

【解】 对接焊缝的计算截面与牛腿的截面相同,因而

$$I_x = \frac{1}{12} \times 1.2 \times 38^3 + 2 \times 1.6 \times 26 \times 19.8^2 = 38100 \text{cm}^4$$

$$S_{x1} = 26 \times 1.6 \times 19.8 = 824 \text{cm}^3$$

$$V = F = 540 \text{kN}, M = 540 \times 0.30 = 162 \text{kN} \cdot \text{m}$$

最大正应力

$$\sigma_{max} = \frac{M}{I_x} \cdot \frac{h}{2} = \frac{162 \times 10^6 \times 206}{38100 \times 10^4} = 87.6 \text{N/mm}^2 < f_t^w = 185 \text{N/mm}^2$$

最大剪应力

$$\tau_{\max} = \frac{VS_x}{I_x t} = \frac{540 \times 10^3}{38100 \times 10^4 \times 12} \times \left(260 \times 16 \times 198 + 190 \times 12 \times \frac{190}{2}\right)$$
$$= 122.9 \text{N/mm}^2$$

上翼缘和腹板交接处 1 点的正应力

$$\sigma_1 = \sigma_{\max} \cdot \frac{190}{206} = 80.8 \text{N/mm}^2$$

$$\tau_1 = \frac{VS_{x1}}{I_x t} = \frac{540 \times 10^3 \times 824 \times 10^3}{38100 \times 10^4 \times 12} = 97.3 \text{N/mm}^2$$

由于 1 为同时受有较大的正应力和剪应力,故应按下式验算折算应力

$$\sqrt{\sigma_\perp^2 + 3(\tau_\perp^2 + \tau_{/\!/}^2)} = \sqrt{80.8^2 + 3 \times 97.3^2} = 126.5 \text{N/mm}^2 < 1.1 \times 185 = 204 \text{N/mm}^2$$

第三节 螺栓连接

一、螺栓的排列

螺栓在构件上的排列应简单统一、整齐而紧凑,通常分为并列和错列两种形式(图 9.33)。并列排列简单整齐,所用连接尺寸小,但由于螺栓孔的存在,对构件截面的削弱较大。错列可以减小螺栓孔对截面的削弱,但螺栓孔排列不如并列紧凑,连接板尺寸较大。螺栓在构件上的排列应考虑以下要求。

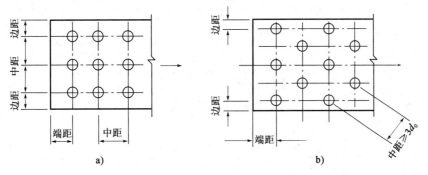

图 9.33 钢板的螺栓(铆钉)排列

1. 受力要求

沿垂直于受力方向:对于受拉构件,各排螺栓的中距及边距不能过小,以免使螺栓周围产生的应力集中发生相互影响,且使钢板的截面削弱过多,降低其承载能力。

沿顺力作用方向:端距应按被连接件材料的抗压及抗剪切等强度条件确定,以使钢板端部不致被螺栓撕裂,钢结构设计规范规定端距不应小于 $2d_0$(d_0 为孔径);受压构件上的中距不宜过大,否则在被连接板件间容易发生鼓曲现象。

2. 构造要求

螺栓的中距、边距不宜过大,否则钢板之间不能紧密贴合,潮气易侵入缝隙使钢材锈蚀。

3. 施工要求

要保证有一定空间,便于用扳手拧紧螺母。根据扳手尺寸和工人的施工经验,规定最小中

距为 $3d_0$。

根据以上要求,钢结构设计规范规定钢板上螺栓的容许距离见图 9.34 及表 9.4。螺栓沿型钢长度方向上排列的间距,除应满足表 9.4 的最大最小距离外,尚应充分考虑拧紧螺栓时的净空要求。角钢、工字钢、槽钢及 H 型钢上的螺栓排列,其间距见规范要求。

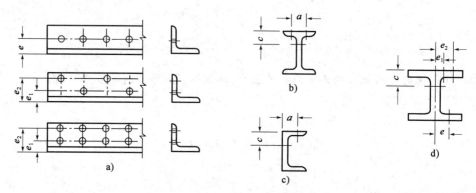

图 9.34 型钢的螺栓(铆钉)排列

螺栓或铆钉的最大、最小容许距离 表 9.4

名称	位置和方向			最大容许距离 (取两者的较小值)	最小容许距离
中心间距	外排(垂直内力方向或顺内力方向)			$8d_0$ 或 $12t$	$3d_0$
	中间排	垂直内力方向		$16d_0$ 或 $24t$	
		顺内力方向	压力	$12d_0$ 或 $18t$	
			拉力	$16d_0$ 或 $24t$	
	沿对角线方向			—	
中心至构件边缘距离	顺内力方向			$4d_0$ 或 $8t$	$2d_0$
	垂直内力方向	剪切边或手工气割边			$1.5d_0$
		轧制边自动精密气割或锯割边	高强度螺栓		$1.5d_0$
			其他螺栓或铆钉		$1.2d_0$

注:1. d_0 为螺栓孔或铆钉直径,t 为外层较薄板件的厚度。
2. 钢板边缘与刚性构件(如角钢、槽钢等)相连的螺栓或铆钉的最大间距,可按中间排的数值采用。

二 螺栓连接的构造要求

螺栓连接除了满足上述螺栓排列的容许距离外,根据不同情况尚应满足下列构造要求:
(1)为了使连接可靠,每一杆件在节点上以及拼接接头的一端,永久性螺栓数不宜少于两个。但根据实践经验,对于组合构件的缀条,其端部连接可采用一个螺栓。
(2)对直接承受动力荷载的普通螺栓连接,应采用双螺母或其他防止螺母松动的有效措施。例如采用弹簧垫圈,或将螺母和螺杆焊死等方法。
(3)由于 C 级螺栓与孔壁有较大间隙,只宜用于沿其杆轴方向受拉的连接。承受静力荷载结构的次要连接、可拆卸结构的连接和临时固定构件用的安装连接中,也可用 C 级螺栓承受剪力。但在重要的连接中,例如制动梁或吊车梁上翼缘与柱的连接,由于传递制动梁的水平支承反力,同时受到反复动力荷载作用,因此不得采用 C 级螺栓。柱间支撑与柱的连接,以及在柱间支撑处吊车梁下翼缘的连接,承受着反复的水平制动力和卡轨力,应优先采用高强度螺栓。

(4)当型钢构件的拼接采用高强度螺栓连接时,由于型钢的抗弯刚度较大,不能保证摩擦面紧密贴合,故不能用型钢作为拼接件,而应采用钢板。

(5)在高强度螺栓连接范围内,构件接触面的处理方法应在施工图中加以说明。

三 普通螺栓连接的工作性能及计算

1. 工作性能

普通螺栓连接按传力方式不同有抗剪螺栓连接(依靠螺栓的承压和抗剪来传递外力)、抗拉螺栓连接(由螺栓直接承受拉力来传递外力)和同时抗拉抗剪螺栓连接(依靠螺栓同时承受剪力和拉力来传递外力)三种,如图9.35所示。

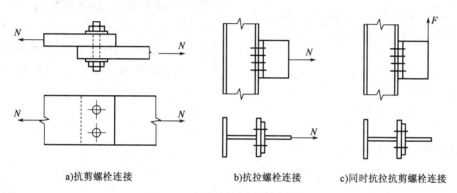

图9.35 普通螺栓连接的传力方式

受剪螺栓连接的工作阶段可分为弹性阶段、相对滑移阶段和弹塑性阶段。在第一阶段,作用外力靠被连接件之间的摩擦阻力(大小取决于拧紧螺栓时螺杆中所形成的初拉力)来传递,被连接件之间的相对位置不变;第二阶段,被连接件之间的摩擦阻力被克服,连接件之间有相对滑移,直到栓杆和孔壁靠紧;第三阶段,螺栓杆开始受剪,同时孔壁受到挤压,连接的承载力随之增加,随着外力的增加,连接变形迅速增大,直到达到极限状态而破坏。破坏形式有五种:①螺栓杆剪断;②孔壁被挤压坏;③构件沿净截面处被拉断;④构件端部剪坏;⑤螺栓杆弯曲破坏。其中前三种破坏形式通过相应的强度计算来防止,后两种破坏形式可采取相应的构造措施来避免。

2. 抗剪螺栓连接计算

(1)单个抗剪螺栓承载力设计值

单个抗剪螺栓抗剪承载力设计值为

$$N_v^b = n_v \frac{\pi d^2}{4} f_v^b \tag{9.19}$$

单个抗剪螺栓承压承载力设计值为

$$N_c^b = d \sum t f_c^b \tag{9.20}$$

式中:n_v——螺栓受剪面数,单剪为1,双剪为2,多剪大于2;
 d——螺栓直径;
 $\sum t$——同一方向承压构件厚度之和的较小值;

f_v^b、f_c^b——分别为螺栓的抗剪和承压强度设计值,按表 9.6 采用。

单个抗剪螺栓承载力设计值为

$$N_{\min}^b = \min\{N_v^b, N_c^b\} \tag{9.21}$$

(2)抗剪螺栓群的计算

在轴心拉力 N 作用下,在弹性工作阶段,顺力方向各螺栓受力不均匀,两端大,中间小,且螺栓群越长,受力就越不均匀,如图 9.36 所示。当首尾两螺栓之间距离 $l_1 \leqslant 15d_0$(d_0 为孔径)时,连接进入弹塑性工作阶段后,因内力重分布,各螺栓受力趋于相等。按每个螺栓受力完全相同,则连接一侧所需的螺栓数目为

$$n \geqslant \frac{N}{N_{\min}^b} \tag{9.22}$$

当 $l_1 > 15d_0$ 时,连接进入弹塑性阶段后,各螺栓受力也不容易均匀,为防止端部螺栓先达到极限强度而破坏,随后依次向内逐个破坏,《钢结构设计规范》(GB 50017—2010)规定,各螺栓受力仍按均匀分布计算,但单个抗剪螺栓承载力设计值应乘以折减系数 β 予以降低,即

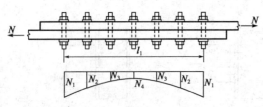

图 9.36 螺栓内力的分布

$$\beta = 1.1 - \frac{l_1}{150d_0} \tag{9.23}$$

(3)构件净截面强度验算

$$\sigma = \frac{N}{A_n} \leqslant f \tag{9.24}$$

式中:A_n——构件或连接板最薄弱截面净截面面积,在图 9.37a)中,若为并列布置,应为 Ⅰ 或 Ⅲ 截面构件或连接板的净截面面积;若为错列布置,则应为沿孔折线[图 9.37b) 3-1-4-2-5]所截得的最小净截面面积;

f——钢材的抗拉(或抗压)强度设计值。

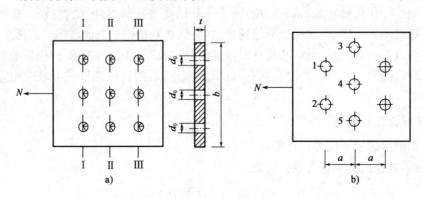

图 9.37 净截面面积的选择

【例 9.5】 设计两块钢板用普通螺栓的盖板拼接。已知轴心拉力的设计值 $N = 325$ kN,钢材为 Q235-A,螺栓直径 $d = 20$ mm(粗制螺栓)。

【解】 一个螺栓的承载力设计值计算如下:

抗剪承载力设计值 $N_v^b = n_v \dfrac{\pi d^2}{4} f_v^b = 2 \times \dfrac{3.14 \times 20^2}{4} \times 140 = 87900\text{N} = 87.9\text{kN}$

承压承载力设计值　$N_c^b = d\sum t f_c^b = 20 \times 8 \times 305 = 48800\text{N} = 48.8\text{kN}$

连接一侧所需螺栓数 $n = \dfrac{N}{N_c^b} = \dfrac{325}{48.8} = 6.7$，取 8 个（图 9.38）。

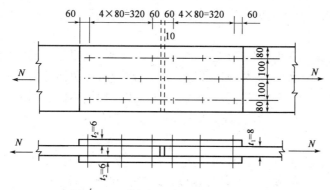

图 9.38　两块钢板用普通螺栓的盖板拼接

四 高强度螺栓连接的工作性能及计算

1. 高强度螺栓的预拉力

前已述及，高强度螺栓连接按其受力特征分为摩擦型连接和承压型连接两种类型。摩擦型连接是依靠被连接件之间的摩擦阻力传递内力，并以荷载设计值引起的剪力不超过摩擦阻力这一条件作为设计准则。螺栓的预拉力 P（即板件间的法向压紧力）、摩擦面间的抗滑移系数和钢材种类等都直接影响到高强度螺栓连接的承载力。

（1）预拉力的控制方法

高强度螺栓分大六角头形和扭剪型[图9.39a)]两种，虽然这两种高强度螺栓预拉力的具体控制方法各不相同，但对螺栓施加预拉力这一总的思路都是一样的。它们都是通过拧紧螺母，使螺杆受到拉伸作用，产生预拉力，而被连接板间则产生压紧力。

对大六角头螺栓的预拉力控制方法如下。

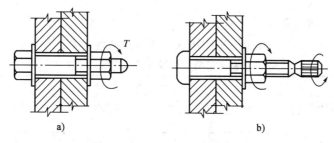

图 9.39　高强度螺栓

①力矩法。一般采用指针式扭力（测力）扳手或预置式扭力（定力）扳手。目前用得多的是电动扭矩扳手。力矩法是通过控制拧紧力矩来实现控制预拉力。拧紧力矩大小可由试验确定，务必使施工时控制的预拉力为设计预拉力的 1.1 倍。

为了克服板件和垫圈等的变形，基本消除板件之间的间隙，使拧紧力矩系数有较好的线性度，从而提高施工控制预拉力值的准确度，在安装大六角头高强度螺栓时，应先按拧紧力矩的 50% 进行初拧，然后按 100% 拧紧力矩进行终拧。对于大型节点在初拧之后，还应按初拧力矩进行复拧，然后再进行终拧。

力矩法的优点是较简单、易实施、费用少,但由于连接件和被连接件的表面质量和拧紧速度的差异,测得的预拉力值误差大而且分散,一般误差为±25%。

②转角法。先用普通扳手进行初拧,使被连接板件相互紧密贴合,再以初拧位置为起点,按终拧角度,用找扳手或风动扳手旋转螺母,拧至该角度值时,螺栓的拉力即达到施工控制预拉力。

扭剪型高强度螺栓是我国20世纪60年代开始研制,20世纪80年代制定出标准的新型连接件之一。它具有强度高、安装简便和质量易于保证、可以单面拧紧且对操作人员没有特殊要求等优点。扭剪型高强度螺栓与普通大六角形高强度螺栓不同。如图9.39b)所示,螺栓全头为盘头,螺纹段端部有一个承受拧紧反力矩的十二角体和一个能在规定力矩下剪断的断颈槽。

扭剪型高强度螺栓连接时使用特制的电动扳手,共有两个套头,一个套在螺母六角体上;另一个套在螺栓的十二角体上。拧紧时,对螺母施加顺时针力矩 M_1,对螺栓十二角体施加大小相等的逆时针力矩 M_1',使螺栓颈部分承受扭剪,其初拧力矩为拧紧力矩的50%,复拧力矩等于初拧力矩,终拧至断颈剪断为止,安装结束,相应的安装力矩即为拧紧力矩。安装后一般不拆卸。

(2)预拉力的确定(表9.5)

高强度螺栓的预拉力设计值 P 由下式计算得到

$$P = \frac{0.9 \times 0.9 \times 0.9}{1.2} A_e f_u = 0.6075 A_e f_u \tag{9.25}$$

式中:A_e——螺栓的有效截面面积;

f_u——螺栓材料经热处理后的最小抗拉强度,对于8.8S螺栓,$f_u = 830\text{N/mm}^2$,9.9S螺栓,$f_u = 1040\text{N/mm}^2$。

2.高强度螺栓的抗滑移系数

高强度螺栓摩擦面抗滑移系数 μ 的大小与连接处构件接触面的处理方法和构件的钢号有关。试验表明,系数 μ 的数值有随着被连接构件接触面间的压紧力减小而降低的现象,故与物理学中的摩擦系数有区别。

钢结构设计规范推荐采用的接触面处理方法有:喷砂、喷砂后涂无机富锌漆、喷砂后生赤锈和钢丝刷消除浮锈或对于净轧制表面不作处理等,各种处理方法相应的 μ 值见表9.6。

高强度螺栓的设计预拉力值　　　　　表9.5

螺栓的强度等级	螺栓公称直径(mm)					
	M16	M20	M22	M24	M27	M30
8.8级	80	125	150	175	230	280
10.9级	100	155	190	225	290	355

摩擦面的抗滑移系数 μ 值　　　　　表9.6

在连接处构件接触面的处理方法	构件的钢号		
	Q235钢	Q345、Q390钢	Q420钢
喷砂	0.45	0.50	0.50
喷砂后涂无机富锌漆	0.35	0.40	0.40
喷砂后生赤锈	0.45	0.50	0.50
钢丝刷清除浮锈或未处理的干净轧制表面	0.30	0.35	0.40

钢材表面经喷砂除锈后,表面看来光滑平整,实际上金属表面尚存在着微观的凹凸不平,高强度螺栓连接在很高的压紧力作用下,被连接构件表面相互啮合,钢材强度和硬度越高,要使这种啮合的面产生滑移的力就越大,因此,μ 值与钢种有关。

试验证明,摩擦面涂红丹后 $\mu<0.15$,即使经处理后仍然很低,故严禁在摩擦面上涂刷红丹。另外,连接在潮湿或淋雨条件下拼装,也会降低 μ 值,故应采取有效措施保证连接处表面的干燥。

3. 高强度螺栓抗剪连接的工作性能

(1)工作性能

在摩擦型高强度螺栓连接中,拧紧螺栓的螺母使螺杆产生预拉力,从而使被连接件的接触面相互压紧,靠摩擦力阻止构件受力后产生相对滑移,达到传递外力的目的。摩擦型高强度螺栓主要用于抗剪连接中。当构件的连接受到剪切力作用时,设计时以剪力达到被连接件的接触面之间可能产生的最大摩擦力、构件开始产生相对滑移作为承载力极限状态。摩擦型高强度螺栓连接的剪切变形小、弹性性能好、施工较简单、可拆卸、耐疲劳,特别适用于承受动力荷载的结构。

在承压型高强度螺栓连接中,螺栓在承受剪力时,允许超过摩擦力,此时构件之间开始发生相对滑动,从而使螺杆与螺栓孔壁抵紧,连接依靠摩擦力和螺杆受剪及承压共同传递外力。当连接接近破坏时,摩擦力已被克服,外力全部由螺栓承担,此种连接是以螺栓剪坏或承压破坏作为承载力极限状态,其承载力比摩擦型的承载力高得多。但是在连接处产生较大的剪切变形,不适用于直接承受动载的结构连接。承压型高强度螺栓的破坏形式与普通螺栓连接相似。

在承拉型高强度螺栓连接中,由于预拉力的作用,使构件在承受外力之前,在构件的接触面上已有较大的挤压力。承受外拉力作用后,首先要抵消这种挤压力,才能使构件被拉开。此时的受拉力情况和普通螺栓受拉相似,但其变形比普通螺栓连接要小得多。当外拉力小于挤压力时,构件不会被拉开,可以减少锈蚀危害,并可改善连接的疲劳性能。

(2)摩擦型高强度螺栓连接的计算

①单个摩擦型高强度螺栓的承载力设计值

$$N_v^b = \frac{n_f \mu P}{r_k} = 0.9 n_f \mu P \tag{9.26}$$

式中:n_f——传力摩擦面数;

μ——摩擦面的抗滑移系数,按表 9.6 采用;

P——每个高强度螺栓的预拉力,按表 9.5 采用;

r_k——螺栓抗力分项系数,$r_k=1.111$。

②连接一侧所需的螺栓数目:

$$n \geqslant \frac{N}{N_v^b} \tag{9.27}$$

式中:N——连接承受的轴心拉力。

(3)构件的净截面强度验算

对于承压型连接,构件净截面强度验算和普通螺栓连接的相同。对于摩擦型连接,要考虑由于摩擦阻力作用,一部分剪力由孔前接触面传递(图 9.40)。按照规范规定,孔前传力占螺栓传力的 50%。

一般只须验算最外排螺栓所在的内力最大截面,如图 9.40 所示最左排螺栓中心所在截面

Ⅰ-Ⅰ。此处截面螺栓的孔前传力为 $0.5n_1\dfrac{N}{n}$。该截面的计算内力为

$$N' = N - 0.5n_1\dfrac{N}{n} \tag{9.28}$$

连接开孔截面的净截面强度按下式计算

$$\sigma = \dfrac{N'}{A_n} = \left(1 - 0.5\dfrac{n_1}{n}\right)\dfrac{N}{A_n} \leqslant f \tag{9.29}$$

式中：n_1——截面Ⅰ-Ⅰ处的高强度螺栓数目；

n——连接一侧高强螺栓数目；

A_n——截面Ⅰ-Ⅰ处的净截面面积；

f——构件的强度设计值。

【例9.6】 截面为—300×16 的轴心受拉钢板，如图9.41所示，用双盖板和摩擦型高强度螺栓连接。已知连接钢板钢材为 Q345，$f=310\text{N/mm}^2$，螺栓为 10.9 级 M22，螺栓孔直径 $d_0=24\text{mm}$，接触面喷砂后涂无机富锌漆，承受轴力 $N=1000\text{kN}$，试验算此连接强度。

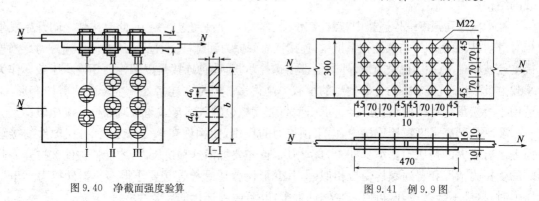

图9.40 净截面强度验算　　　　　　图9.41 例9.9图

【解】 (1)验算螺栓连接强度

查表9.5，一个高强度螺栓的预拉力 $P=190\text{kN}$；查表9.6，摩擦面的抗滑移系数 $\mu=0.40$，则单个高强度螺栓的承载力为 $N_v^b=0.9n_f\mu P=0.9\times2\times0.4\times190=136.8\text{kN}$。

单个高强度螺栓承受的轴力为 $\dfrac{N}{n}=\dfrac{1000}{12}=83.3\text{kN}<N_v^b=136.8\text{kN}$（符合要求）。

(2)验算钢板强度

构件厚度 $t=16\text{mm}<2t=20\text{mm}$，因此验算轴心受拉钢板截面。

$$\sigma = \dfrac{N'}{A_n} = \left(1-0.5\dfrac{n_1}{n}\right)\dfrac{N}{A_n} = \left(1-0.5\times\dfrac{4}{12}\right)\times\dfrac{1000\times10^3}{(300-4\times24)\times16}$$

$$=255.3\text{N/mm}^2 \leqslant f=300\text{N/mm}^2$$

符合要求。

第四节　轴心受力构件

概述

轴心受力构件是指承受通过截面形心轴的轴向力作用的受力构件。当这种轴心力为拉力

时,称为轴心受拉构件或轴心拉杆;当这种轴心力为压力时,称为轴心受压构件或轴心压杆。

轴心受力构件在钢结构工程中应用比较广泛,如桁架、塔架、网架及网壳等,这类结构均由杆件连接而成,在进行结构受力分析时,常将这些杆件节点假设为铰接。各杆件在节点荷载作用下均承受轴心拉力或轴心压力,因此称为轴心受力构件。各种索结构中的钢索就是一种轴心受拉构件。

轴心受力构件的截面形式很多,其常用截面形式分为型钢截面和组合截面两种。实腹式构件制作简单,与其他构件连接也较方便,其常用截面形式,可直接选用单个型钢截面,如圆钢、钢管、角钢、T形钢、槽钢、工字钢及H形钢等,如图9.42a)所示;也可选用由型钢或钢板组成的组合截面,如图9.42b)所示;一般桁架结构中的弦杆和腹板,除T形钢外,常采用角钢或双角钢组合截面,如图9.42c)所示;在轻型结构中则可采用冷弯薄壁型钢截面,如图9.42d)所示。以上这些截面中,截面紧凑(如圆钢和组成板件宽厚比较小截面)或对两主轴刚度相差悬殊者(如单槽钢、工字钢),一般只能用于轴心受拉构件。而受压构件通常采用截面较为展开、组成板件宽而薄的截面。

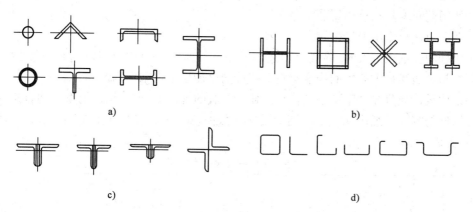

图9.42 轴心受力构件的截面形式

在进行轴心受力构件的设计时,应同时满足第一极限状态和第二极限状态的要求。对于承载能力极限状态,受拉构件一般以强度控制,而受压构件需同时满足强度和稳定性的要求。对于正常使用极限状态,往往是通过保证构件的刚度而限制其长细比来达到的。因此,按其受力性质的不同,轴心受拉构件的设计需分别进行强度和刚度的验算,而轴心受压构件的设计需分别进行强度、稳定性和刚度的验算。

二 轴心受力构件的强度和刚度

1. 轴心受力构件的强度

轴心受力构件在轴心力作用下,在截面内产生均匀的受拉正应力或受压正应力。《钢结构设计规范》(GB 50017—2010)规定,强度极限状态是全截面的平均应力达到钢材的屈服强度f_y,即轴心受力构件的强度计算公式为

$$\sigma = \frac{N}{A_n} \leqslant f \tag{9.30}$$

式中:N——构件的轴心拉力或压力设计值;

A_n——构件净截面面积;

f——钢材的抗拉强度设计值。

2. 轴心受力构件的刚度

为满足结构的正常使用要求,轴心受力构件不应做得过分柔细,而应具有一定的刚度,以保证构件不会产生过度的变形。

受拉和受压构件的刚度是以保证其长细比限值 λ 来实现的,即

$$\lambda = \frac{l_0}{i} \leqslant [\lambda] \tag{9.31}$$

式中:λ——构件的最大长细比;

l_0——构件的计算长度;

i——截面的回转半径;

$[\lambda]$——构件的容许长细比。

当构件的长细比太大时,会产生下列不利影响:

①在运输和安装过程中产生弯曲或过大的变形。

②使用期间因其自重作用而明显下挠。

③在动力荷载作用下发生较大的振动。

④压杆的长细比过大时,除具有前述各种不利因素外,还使得构件的极限承载力显著降低,同时,初弯曲和自重产生的挠度也将对构件的整体稳定带来不利影响。

钢结构设计规范在总结了钢结构长期使用经验的基础上,根据构件的重要性和荷载情况,对受拉构件的容许长细比规定了不同的要求和数值,见表9.7。对压杆容许长细比的规定更为严格,见表9.8。

受拉构件的容许长细比 表9.7

项 次	构 件 名 称	承受静力荷载或间接承受动力荷载的结构		直接承受动力荷载的结构
		一般建筑结构	有重级工作制吊车的厂房	
1	桁架的杆件	350	250	250
2	吊车梁或吊车桁架以下的柱间支撑等	300	200	—
3	其他拉杆、支撑、系杆等(张紧的圆钢除外)	400	350	—

注:1.承受静力荷载的结构中,可仅计算受拉构件的竖向平面的长细比。
   2.在直接或间接承受动力荷载的结构中,计算单角钢受拉构件的长细比时,应采用角钢的最小回转半径;在计算单角钢交叉受拉杆件平面外的长细比时,应采用与角钢肢边平行轴的回转半径。
   3.中、重级工作制吊车桁架下弦杆的长细比不宜超过200。
   4.在设有夹钳吊车或刚性料耙吊车的厂房中,支撑(表中第二项除外)的长细比不宜超过300。
   5.受拉构件在永久荷载与风荷载组合作用下受压时,其长细比不宜超过250。
   6.跨度等于或大于60m的桁架,其受拉弦杆和腹杆的长细比不宜超过300(承受静力荷载)或250(承受动力荷载)。

受压构件的容许长细比 表9.8

项 次	构 件 名 称	容许长细比
1	柱、桁架和天窗架构件	150
	柱的缀条、吊车梁或吊车桁架以下的柱间支撑	

续上表

项 次	构件名称	容许长细比
2	支撑(吊车梁或吊车桁架以下的柱间支撑除外)	200
	用以减小受压构件长细比的杆件	

注：1. 桁架(包括空间桁架)的受压腹杆,当其内力等于或小于承载能力的50%时,容许长细比可取为200。
2. 计算单角钢受压构件的长细比时,应采用角钢的最小回转半径,但在计算交叉杆件平面外的长细比时,可采用与角钢肢边平行轴的回转半径。
3. 跨度等于或大于60m的桁架,其受压弦杆和端压杆的容许长细比值宜取为100,其他受压腹杆可取为150(承受静力荷载)或120(承受动力荷载)。

三 轴心受压构件的整体稳定

1. 概述

在荷载作用下,钢结构的外力与内力必须保证平衡。但这种平衡状态有持久的稳定平衡状态和极限平衡状态之分。当结构或构件处于极限平衡状态时,外界轻微的扰动就会使结构或构件产生很大的变形而丧失稳定性。

失稳破坏是钢结构工程的一种重要破坏形式,国内外因压杆失稳破坏导致钢结构倒塌的事故已有多起。特别是近年来,随着钢结构构件截面形式的不断丰富和高强度钢材的应用,使得受压构件向着劲型、薄壁的方向发展,更容易引起压杆失稳。因此,对受压构件稳定性的研究也就显得更加重要。

2. 理想轴心受压构件的屈曲形式

轴心压杆的稳定问题是最基本的稳定问题。对压杆失稳现象的研究始于18世纪,以后以欧洲为代表的众多科学家从数学和力学方面对其进行了深入的研究,为便于理论分析,对轴心受压杆件作了如下假设：

①杆件为等截面理想直杆。
②压力作用线与杆件形心轴重合。
③材料为均质、各向同性且无限弹性,符合虎克定律。
④无初始应力影响。

在实际工程中,轴心压杆并不完全符合以上条件,且它们都存在初始缺陷(初始应力、初始偏心及初始弯曲等)的影响。因此把符合以上条件的轴心受压构件称为轴心受压杆件。这种构件的失稳也称为弯曲屈曲。弯曲屈曲是理想轴心压杆最简单最基本的屈曲形式。

根据构件的变形情况,屈曲有以下三种形式：

①弯曲屈曲——构件只绕一个截面主轴旋转而纵轴由直线变为曲线的一种失稳形式,这是双轴对称截面构件最基本的屈曲形式,见图9.43a)。

②扭转屈曲——失稳时,构件各截面均绕其纵轴旋转的一种失稳形式。当双轴对称截面构件的轴力较大而构件较短时(或开口薄壁杆件),可能发生此种失稳屈曲,见图9.43b)。

③弯扭屈曲——构件发生弯曲变形的同时伴随着截面的扭转。这是单轴对称截面构件或无对称轴截面构件失衡的基本形式,见图9.43c)。

3. 理想轴心受压构件整体稳定临界力的确定

(1)确定整体稳定临界荷载的准则

①临界承载力。

轴心受压构件发生失稳时的轴向力称为构件的临界承载力(或临界力)。它与许多因素有关,而这些因素又相互影响。

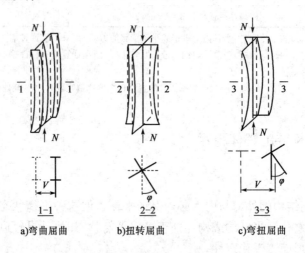

图9.43 轴心压杆的屈曲变形

②轴心受压构件临界力按如下三个准则确定:

a.屈曲准则——以理想轴心受压构件为依据,弹性阶段以欧拉临界力为基础,弹塑性阶段以切线模量临界力为基础,通过提高安全系数来弥补初始缺陷的影响。

b.边缘屈曲准则——以有初始缺陷的轴心压杆为依据,以截面边缘应力达到屈服点为构件承载力的极限状态来确定临界力。

c.最大强度准则——仍以有初始缺陷的轴心压杆为依据,以整个截面进入弹塑性状态时能够达到的最大压力值作为压杆的临界力。

(2)理想轴心压杆整体稳定临界力的确定

①理想轴心压杆的弹性弯曲屈曲——欧拉公式。

对于理想的两端铰接的轴心压杆,欧拉临界应力表达式为

$$N_{cr} = \frac{\pi^2 EI}{l_0^2} = \frac{\pi^2 EA}{\lambda^2} \quad (9.32)$$

$$\sigma_{cr} = \frac{N_{cr}}{A} = \frac{\pi^2 EA}{\lambda^2} \quad (9.33)$$

式中:I——截面绕屈曲轴的惯性矩;

E——材料弹性模量;

l_0——对应方向的杆件计算长度,$l_0 = \mu l$,其中 l 为杆件的计算长度,μ 为杆件的计算长度系数(由端部约束决定),见表9.11;

λ——与回转半径 i 相应的压杆的长细比;

$i = \sqrt{\dfrac{I}{A}}$——截面绕屈曲轴的回转半径。

据理想轴心压杆符合虎克定律的假设,要求临界应力 σ_{cr} 不超过材料的比例极限 f_p,即

$$\sigma_{cr} = \frac{\pi^2 E}{\lambda^2} \leqslant f_p \quad (9.34a)$$

由此可解得
$$\lambda \geqslant \pi\sqrt{\frac{E}{f_p}} = \lambda_p \qquad (9.34b)$$

符合上述条件时轴心压杆处于弹性屈曲阶段。

②理想轴心压杆的弹塑性弯曲屈曲。

对于长细比 $\lambda < \lambda_p$ 的轴心压杆发生弯曲屈曲时，构件截面应力已超过材料的比例极限，并很快进入塑性状态；由于截面应力与应变的非线性关系，这时确定构件的临界力较为困难。对此历史上曾出现过两种理论：一种是双模量理论，另一种是切线模量理论。通过大量试验表明，用切线模量理论能较好地反映轴心压杆在弹塑性屈曲时的承载能力。因此，理想轴心压杆的弹塑性屈曲临界力和临界应力分别为

$$N_{cr} = \frac{\pi^2 E_t I}{l_0^2} \qquad (9.35)$$

$$\sigma_{cr} = \frac{\pi^2 E_t}{\lambda^2} \qquad (9.36)$$

式中：E_t——切线模量。

4. 实际轴心受压构件的整体稳定

在实际钢结构中，轴心受压构件的稳定性能要受到如下初始缺陷的影响，会使构件的承载能力降低。

(1) 构件加工制作过程中产生的残余应力

残余应力是在杆件受荷前残存于截面内且能自相平衡的初始应力。主要原因有：焊接时不均匀受热和不均匀冷却，板边缘经火焰切割后的热塑性收缩，型钢热轧后不均匀冷却。

(2) 杆件轴线的初始弯曲、轴向力的初始偏心

实际轴心压杆在制造、运输和安装过程中，不可避免地会产生微小的初弯曲；再因构造和施工等原因，还可能产生一定程度的初偏心。与理想轴心压杆不同，这样的杆件一经荷载作用就弯曲，属偏心受压，其临界力要比理想压杆低，而且初弯曲和初偏心越大此影响也就越大。

《钢结构设计规范》(GB 50017—2010)对轴心受压杆件的整体稳定计算采取下列形式

$$\sigma = \frac{N}{A\varphi} \leqslant f \qquad (9.37)$$

式中：N——轴心压力设计值；

A——构件截面的毛面积；

φ——轴心受压构件的整体稳定系数；

f——钢材的抗压强度设计值。

5. 实际轴心受压构件的局部稳定

(1) 两种类型的局部失稳现象

①实腹式截面轴心压杆中的板件（例如工字形组合截面中的腹板或翼缘板）如果太宽太薄，就可能在构件丧失整体稳定之前产生凹凸鼓曲变形（板件屈曲），如图9.44a所示。

②格构式截面轴心压柱的肢件在缀条缀板的相邻节间作为单独的受压杆，当局部长细比较大时，可能在构件整体失稳之前产生失稳屈曲，如图9.44b所示。

(2) 局部稳定计算

实腹式轴心受压构件都是由一些板件组成的，其厚度与宽度相比都较小，因主要受轴心压力作用，故应按均匀受压板计算其板件的局部稳定。

《钢结构设计规范》(GB 50017—2010)采用以板件屈曲作为失稳准则。图 9.45a)所示为工字形截面轴心压杆,按板的局部失稳不先于杆件的整体失稳的原则和稳定准则决定板宽厚比(高厚比)限值。

工字形截面翼缘板自由外伸宽厚比、腹板的高厚比的限值分别为

$$\frac{b_1}{t} \leqslant (10+0.1\lambda)\sqrt{\frac{235}{f_y}} \tag{9.38}$$

$$\frac{h_0}{t_w} \leqslant (25+0.5\lambda)\sqrt{\frac{235}{f_y}} \tag{9.39}$$

式中:λ——构件两方向长细比的较大值,当 $\lambda < 30$ 时,取 $\lambda = 30$,当 $\lambda > 100$ 时,取 $\lambda = 100$。

如图 9.45b)所示,箱形截面腹板的高厚比的限值为

$$\frac{b_0}{t} \text{ 或 } \frac{h_0}{t_w} \leqslant 40\sqrt{\frac{235}{f_y}} \tag{9.40}$$

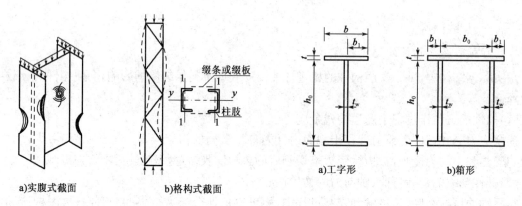

图 9.44 轴心受压构件的稳定性   图 9.45 工字形、箱形截面板件尺寸

格构柱的单肢在缀件的相邻节间形成了一个单独的轴心受压构件,为保证在承受荷载作用时,单肢稳定性不低于构件的整体稳定性,在钢结构中要求其单肢长细比 λ_1 应小于规定的许可值。

缀条式格构柱

$$\lambda_1 \leqslant 0.7\lambda \tag{9.41}$$

缀板式格构柱

$$\lambda_1 \leqslant 0.5\lambda,\text{且不大于 }40 \tag{9.42}$$

式中:λ——构件两方向长细比(对虚轴取换算长细比)的较大值,当 $\lambda < 50$ 时,取 $\lambda = 50$;

λ_1——单肢的长细比 $\lambda_1 = \frac{l_1}{i_1}$,$l_1$ 为缀板间距或缀条节点间距离。

◆本章小结◆

(1)钢结构的特点有:钢材材料强度高、塑性好、韧性高、更接近于匀质等向体、计算可靠;建筑用钢材焊接性良好;钢结构制造简便,施工方便,具有良好的装配性;钢材的不渗漏性适用于密闭结构;钢材易于锈蚀,应采取防护措施;钢结构的耐热性好,但防火性差等。

(2)钢结构的连接方法有焊缝连接、螺栓连接和铆钉连接。焊缝连接是现代钢结构最主要

的连接方法。铆钉连接由于构造复杂、费钢费工,现在已很少采用。螺栓连接分普通螺栓连接和高强螺栓连接两种。

(3)焊缝连接形式及焊缝形式

①焊缝连接形式:对接连接、用拼装盖板的对接连接、搭接连接、T形连接、角部连接等。

②焊缝形式:对接焊缝按受力方向分为正对接焊缝、斜对接焊缝及角焊缝。

(4)普通螺栓连接按传力方式不同有抗剪螺栓连接(依靠螺栓的承压和抗剪来传递外力)、抗拉螺栓连接(由螺栓直接承受拉力来传递外力)和同时抗拉抗剪螺栓连接(依靠螺栓同时承受剪力和拉力来传递外力)三种。

(5)轴心受压构件丧失稳定而破坏的屈曲形式有三种:弯曲屈曲、扭转屈曲、弯扭屈曲。在实际钢结构中,轴心受压构件的整体稳定性能要受到初始缺陷的影响,导致构件的承载能力降低。实际轴心受压构件有两种类型的局部失稳现象。

思考与练习

思考题

9.1 简述钢结构的定义,并说明钢结构的特点。请论述钢结构的发展前景。

9.2 钢结构的连接方法有哪些?各有何优缺点?

9.3 角焊缝有哪些形式?角焊缝有哪些构造要求?

9.4 螺栓在构件上的排列应考虑哪些要求?试简述高强螺栓抗剪连接的工作性能。

9.5 轴心受拉构件、轴心受压构件的设计需进行哪些验算?

习题

9.1 采用对接焊缝连接两块截面为 540×22 的 Q235-B 钢板,$f_t^w=175N/mm^2$,手工焊,加引弧板,焊条 E43,焊接质量三级。承受轴心拉力设计值 $N=2100kN$,试验算该焊缝强度。

9.2 截面为 360×20 的轴心受拉 Q235 钢板,采用双盖板连接,钢材为 Q235,板厚为 12mm。摩擦型高强度螺栓为 8.8 级 M20,螺栓孔直径 $d_0=20mm$,接触面喷砂处理,承受轴力 $N=780kN$,试验算此连接强度。

9.3 两截面为 360×8 的 Q235 钢、360×6 的 Q235 钢,连接采用双盖板。粗制螺栓直径为 20mm,其 $f_v^b=140N/mm^2$,$f_c^b=305N/mm^2$,承受轴心拉力设计值 $N=320kN$,试设计此连接。

第十章 钢—混凝土组合梁及钢管混凝土设计

> **知识描述**
>
> 钢材和混凝土材料的力学性质迥异,然而,在钢—混凝土组合结构中,两者可以扬长避短,发挥各自的性能。本章从构造要求、计算理论和计算方法方面对钢—混凝土组合梁及钢管混凝土进行阐述,拓展学生在土建工程施工中的专业技术应用能力。

> **学习要求**
>
> 通过本章的学习,应掌握钢—混凝土组合梁的类型及构造,了解钢管混凝土柱受压计算的方法。

第一节 钢—混凝土组合梁

一 钢—混凝土组合梁的特点

组合梁具有截面高度小、自重轻及延性好等优点。一般情况下,钢—混凝土简支组合梁的高跨比可以做到 1/20～1/16,连续组合梁的高跨比可以做到 1/35～1/25。如珠海清华大学科技园连体结构,跨度 35m,采用未施加预应力的钢—混凝土简支组合梁,截面高度 1.52m,高跨比为 1/23。北京某人行天桥,采用三跨连续组合梁,中间主跨 26m,结构高度仅 0.62m,高跨比为 1/42.3。江苏盐通榆河大桥,采用了跨度 60m 的简支组合梁,结构高度 2.2m,高跨比为 1/27.3。同钢筋混凝土梁相比,组合梁可以使结构高度降低 1/4～1/3,自重减轻 40%～60%,施工周期缩短 1/3～1/2,同时现场湿作业量减小,施工扰民程度减轻,保护了环境,且延性大大提高。同钢梁相比,组合梁同样可以使结构高度降低 1/4～1/3,刚度增大 1/4～1/3,整体稳定性和局部稳定性增强,耐久性提高,动力性能改善。对于人行天桥,如果采用钢桥,人行时往往感觉较柔并且伴有颤振,为了解决舒适度问题,不得不增大梁高,增加用钢量。如果采用组合梁桥,人行时就会感觉结构刚度较大,振动较小,舒适度提高。

钢—混凝土组合梁可以广泛应用于建筑结构和桥梁结构等领域。在跨度比较大、荷载比较重的情况下,采用组合梁具有显著的技术经济效益和社会效益。在建筑领域,组合梁可以用于多、高层建筑和多层工业厂房的楼盖结构、工业厂房的吊车梁、工作平台、栈桥等。在桥梁结构领域,可以广泛用于城市桥梁、公路桥梁、铁路桥梁,还适用于大跨拱桥、大跨悬索桥、大跨斜拉桥的桥面结构等,应用领域广阔。

二 钢—混凝土组合梁的工作机理

钢—混凝土组合梁的工作原理可以用如图 10.1 所示的模型梁加以简单说明。两根相同的匀质材料的梁,截面为矩形,作用有均匀荷载 q。每根梁的宽度均为 b,高度为 h,计算跨度为 l_0,如图 10.1a)所示。当两根梁之间为光滑的交界面,只能传递相互之间的压力而不能传递剪力时,在荷载作用下的变形情况如图 10.1b)所示。由于每根梁的变形情况相同,均只承担 1/2 的荷载作用,则跨中截面的最大正应力为

$$\sigma = \frac{My}{I} = \frac{ql_0^2}{16} \cdot \frac{1}{\frac{bh^3}{12}} \cdot \frac{h}{2} = \frac{3ql_0^2}{8bh^2} \quad (10.1)$$

跨中挠度为

$$\delta = \frac{5(\frac{q}{2})l_0^4}{384EI} = \frac{5}{384} \cdot \frac{q}{2} \cdot \frac{l_0^4}{E\frac{bh^3}{12}} = \frac{5ql^4}{64Ebh^3} \quad (10.2)$$

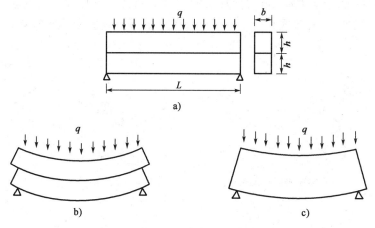

图 10.1 组合梁工作机理

比较以上各式可知,当将两根相同材料和截面尺寸的矩形梁组合在一起,可以使截面最大应力和挠度降低为原来的 1/2 和 1/4。因此,通过将两根梁组合在一起,能够在不增加材料用量和截面高度的情况下,使结构的承载力和刚度均显著增加。

对于实际使用的楼盖结构和桥面结构,通常由钢筋混凝土板与 T 形或箱形的钢梁组成。当钢梁和混凝土翼板之间无抗剪构造措施时,组合梁截面的刚度等于钢梁的刚度和混凝土翼板刚度的简单叠加。由于混凝土的抗拉强度很低,并且截面高度相对较小,所以其抗弯刚度可以忽略不计,整个截面的刚度近似等于钢梁的刚度。如果通过抗剪连接件将钢梁和混凝土翼板连成整体共同受力,则组合梁截面整体受弯,其弯曲刚度比钢梁的刚度一般要提高 1 倍以上,同时抗弯承载力也有显著提高。抗剪连接件能够传递钢梁与混凝土翼板交界面的剪力,抵抗钢梁与混凝土翼板之间的相对滑移和防止掀起,以保证钢梁与混凝土翼板整体受力,是保证组合梁发挥组合作用的关键部件。

三 钢—混凝土组合梁的分类

组合梁按照截面形式可以分为外包混凝土组合梁和 T 形组合梁,如图 10.2 所示。外包混凝土组合梁又称为劲性混凝土梁,主要依靠钢材与混凝土之间的黏结力协同工作,T 形组合梁则依靠抗剪连接件将钢梁与混凝土翼板组合在一起。带托座的[图 10.2c)]组合梁增大了

截面惯性矩,可以获得更大的刚度和承载力,但托座部分的施工和构造较为复杂。从方便施工的角度出发,目前带托座的组合梁应用较少,无托座的组合梁在工程应用中占据了主导地位。

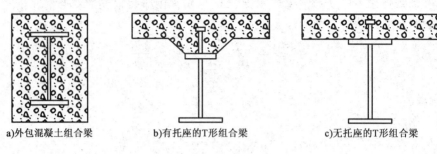

a)外包混凝土组合梁　　　b)有托座的T形组合梁　　　c)无托座的T形组合梁

图 10.2　组合梁截面类型

T形钢—混凝土组合梁按照混凝土翼板的构造不同又可以分为现浇混凝土翼板组合梁、预制混凝土翼板组合梁、叠合板翼板组合梁以及压型钢板混凝土翼板组合梁,如图 10.3 所示。

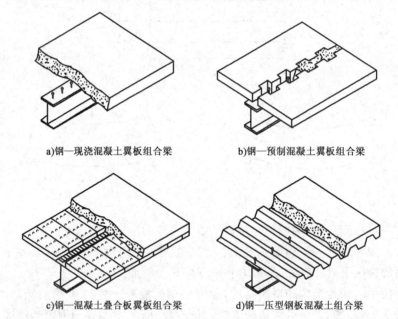

a)钢—现浇混凝土翼板组合梁　　　b)钢—预制混凝土翼板组合梁

c)钢—混凝土叠合板翼板组合梁　　　d)钢—压型钢板混凝土组合梁

图 10.3　钢—混凝土组合梁截面形式

现浇混凝土翼板组合梁[图 10.3a)]的混凝土翼板全部现场浇筑,优点是混凝土翼板整体性好,缺点是需要现场支模,湿作业工作量大,施工速度慢。

预制混凝土翼板组合梁[图 10.3b)]的特点是混凝土翼板预制,现场仅需要在预留槽口处现浇混凝土,可以减小现场湿作业量,施工速度快,但是对预制板的加工精度要求高,不仅需要在预制板端预留槽口,而且要求两板端预留槽口在组合梁的抗剪连接件位置处对齐,同时槽口处需附加构造钢筋。由于槽口构造及现浇混凝土是保证混凝土翼板和钢梁共同工作的关键,因此槽口构造及混凝土浇筑质量直接影响到混凝土翼板和钢梁的整体工作性能。作为大规模推广应用的结构形式,实现预制混凝土翼板组合梁的精确施工并确保其质量,目前尚有一定的困难。

叠合板翼板组合梁[图 10.3c)]具有构造简单、施工方便、受力性能好等优点。预制板在施工阶段作为模板,在使用阶段则作为楼面板或桥面板的一部分参与板的受力,同时还作为组合梁混凝土翼板的一部分参与组合梁的受力,做到了物尽其用。这种形式的组合梁可以用传统的简单施工工艺取得优良的结构性能,适合我国现阶段基本建设的国情,是对传统组合梁的重要发展。

压型钢板[图 10.3d)]在施工阶段可以代替模板,在使用阶段的功能则取决于压型钢板的形状和构造。对于带有压痕和抗剪键的开口型压型钢板以及近年来发展起来的闭口型和缩口型压型钢板,可以代替混凝土板中的下部受力钢筋,其他类型的压型钢板一般则只作为永久性模板使用。

按照是否对组合梁施加预应力,组合梁可以分为非预应力组合梁和预应力组合梁。预应力组合梁可以分为:①仅在钢梁内施加预应力,目的是减小在使用荷载下组合梁正弯矩区钢梁的最大拉应力,增大钢梁的弹性范围,以满足设计对钢梁应力水平的控制要求;②仅在组合梁负弯矩区的混凝土翼板中施加预应力,目的是降低组合梁负弯矩处混凝土翼板的拉应力以控制混凝土开裂或减小裂缝宽度;③在正弯矩和负弯矩区都施加预应力,以曲线形式布置预应力筋,也可在正弯矩区和负弯矩区分别布置预应力筋,以同时达到①和②的目的。是否需要对组合梁施加预应力,取决于梁的高跨比、荷载大小和结构的使用要求等。预应力钢—混凝土组合梁在桥梁结构中已经得到了较为广泛的应用,在建筑结构中的大跨组合梁中也有应用,具有很好的技术经济效益和社会效益。

第二节 钢管混凝土

一 钢管混凝土结构的组成

钢管混凝土是在钢管内填充混凝土而形成的组合结构材料,一般用作受压构件,包括中心受压和偏心受压,按截面形式不同,分为圆钢管混凝土结构、方钢管混凝土结构和多边形钢管混凝土结构等,工程中常用的几种截面形式如图 10.4 所示。

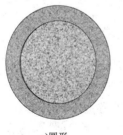
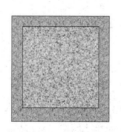

a)圆形　　　　　　　b)正方形　　　　　　c)矩形

图 10.4　常见的钢管混凝土结构截面形式

实际工程中的圆钢管混凝土结构应用较多,通常简称为钢管混凝土结构,也有采用方(或多边)形钢管混凝土结构的,虽然方钢管混凝土结构与圆钢管混凝土结构相比效果降低,但这种截面易于和梁连接,因而在国外应用较多,在我国的应用也呈上升趋势。八角钢管改善了受力性能,其工作状态与圆钢管混凝土接近。

二 钢管混凝土结构的特点

钢管混凝土结构可以充分发挥钢管与混凝土两种材料的作用。对混凝土来讲,钢管使混凝土受到横向约束而处于三向受压状态,从而使管内混凝土抗压强度和变形能力提高;对钢管来讲,由于钢管较薄,在受压状态下容易局部失稳而不能充分发挥其强度潜力,在中间填实了混凝土后,大大增强了钢管的稳定性,使其强度潜力得到充分发挥。

钢管混凝土除了具有一般套箍混凝土的强度高、质量轻、塑性好、耐疲劳及耐冲击等优点外,还具有以下一些独特的优点。

1. 施工方便

钢管本身就是钢筋,它兼有纵向钢筋和横向箍筋的作用。现场安装钢管远比制作钢筋骨架省工省料,而且便于浇注混凝土;钢管本身又是耐侧压的模板,因而浇注混凝土时,可省去支模、拆模的工和料,并可适应先进的泵灌混凝土工艺;钢管本身又是劲性承重骨架,在施工阶段它可起劲性钢骨架的作用,其焊接工作量远比一般型钢骨架少,吊装重量较轻,从而可简化施工安装工艺、节省脚手架、缩短工期、减少施工用地。在寒冷地区,冬季也可以安装空钢管骨架,开春后再浇注混凝土,施工不受季节的限制。

2. 良好的耐火性能

由于组成钢管混凝土的钢管和其核心混凝土之间具有相互贡献、协同互补、共同工作的特点,使得这种结构具有较好的耐火性能。

随着外界温度的降低,钢管混凝土结构已屈服截面处钢管的强度可以得到不同程度的恢复,截面的力学性能比高温下有所改善,结构的整体性比火灾中也将有所提高。这不仅为结构的加固补强提供了一个较安全的工作环境,也可减少补强工作量,降低维修费用。

3. 经济效果好

理论分析和工程实践都表明,钢管混凝土与钢结构相比,在保持自重相近和承载力相同的条件下,可节省钢材50%,焊接工作量可大幅度减少;与普通钢筋混凝土相比,在保持钢材用量相近和承载能力相同的条件下,构件的横截面面积可减小约1/2,从而有效建筑面积得以加大,混凝土和水泥用量以及自重相应减少约50%。

三 钢管混凝土结构的应用与适用范围

在土木建筑工程中应用钢管混凝土结构已有很长的历史。早在1879年,英国Severn铁路桥中就采用了钢管桥墩,1926年美国就在一些单层和多层房屋建筑中采用了称为Lally Column的圆形钢管混凝土柱。20世纪30年代末期,前苏联曾用钢管混凝土建造了跨度101m的公路拱桥和跨度140m的铁路拱桥。在20世纪60年代前后,钢管混凝土结构的应用,在前苏联、西欧、北美和日本等工业发达国家受到重视,曾在厂房建筑、多高层建筑、立交桥以及特种工程结构中得到应用,收到良好的效果。近年来,由于先进的泵灌混凝土工艺的出现,解决了现场浇筑混凝土的繁重劳动问题,加以高强混凝土的应用需要钢管套箍去克服其脆性,因此在美国、日本和澳大利亚等国的高层建筑中又掀起了采用钢管混凝土结构的热潮。

我国从1959年开始研究钢管混凝土的基本性能。1963年成功地将钢管混凝土柱用于北京地铁车站工程。20世纪70年代又相继在冶金、造船、电力等部门的单层厂房和重型构架中得到成功的应用。80年代更进一步在多层建筑的框架结构中采用钢管混凝土柱。20世纪90年代开始在高层建筑和大跨桥梁结构中广泛采用钢管混凝土结构。

用钢管混凝土代替钢筋混凝土和钢结构,可大幅度地节省钢、木、水泥和减轻结构自重,缩小杆件截面尺寸,使传统杆系结构的性能大为改善,尤其是在高层、大跨、重载和抗震抗爆的建筑结构中,以及在大中城市施工场地狭窄的建筑工程中,能更好地满足设计和施工的一系列要求。其主要适用范围如下：①工业厂房的框架或排架柱；②高层建筑结构；③大跨度桥梁；④大型设备及构筑物的支柱；⑤地下结构。

此外，对受力较大且高度很高的柱子也常采用钢管混凝土。如城市立交桥的支柱，输电杆塔架的立柱，微波发射塔中的压杆等采用钢管混凝土也是比较优越的。钢管混凝土还可与预应力技术结合，提高结构的刚度和耐疲劳性能。

四 钢管混凝土结构基本性能和设计方法

钢管混凝土材料是由钢管和混凝土两种性质完全不同的材料组成。钢管混凝土的计算理论、计算公式不但与这两种材料的力学性能有关，且由于钢管混凝土的核心混凝土受到钢管的约束，因而具有比普通钢筋混凝土大得多的承载能力和变形能力。

1. 基本材料性能

（1）钢管

钢管的选用应符合《钢结构设计规范》(GB 50017—2010)的有关规定，应根据结构的重要性、荷载特征、结构形式、应力状态、连接方法、钢材厚度和工作环境等因素综合考虑。为保证承重结构的承载能力和防止在一定条件下出现的脆性破坏，承重结构采用的钢材应具有抗拉强度、伸长率、屈服强度和硫、磷含量的合格保证，对焊接结构还应具有碳含量的合格保证。焊接承重结构以及重要的非焊接承重结构的钢材还应具有冷弯试验的合格保证。通常钢管的钢材选用Q235钢、Q345钢和Q390钢。

（2）混凝土

混凝土是由胶凝材料和粗、细集料按适当比例配合、拌制成拌和物，经成型硬化而成的人造石材。由于混凝土本身的性质，特别是微裂缝的存在，使混凝土承受均匀外压力时，内部处于复杂应力状态，最终导致破坏的是垂直于压力方向的横向拉应力。在立方体抗压强度的试验中，试验承压面与垫板之间的摩擦力，使试块上下表面的横向变形受到约束，剥落较少，而越向中间剥落越多，因而形成三角形残体。若在垫板之间涂润滑剂，减少摩擦力，破坏残体为带有多条纵向裂缝的立方体，见图2.4。

实际混凝土结构构件通常受到轴力、剪力、弯矩等不同的组合作用，在复合受力状态下有不同的特性，以混凝土三向受压为例，由于侧向压力的存在，约束了混凝土的横向变形，使混凝土抗压强度和极限变形能力有较大程度的提高。三轴压力试验是在圆柱体周围加液压进行，早在1928年，美国Richart等人得到的经验公式为

$$f'_{cc} = f'_c + 4.1\sigma_2 \tag{10.3}$$

式中：f'_{cc}——三轴受压状态混凝土圆柱体沿纵轴的抗压强度；

f'_c——混凝土单轴受压时的抗压强度；

σ_2——侧向约束压应力。

另有研究者认为，式(10.3)中系数在4.5~7.0范围内变化，其平均值为5.6，而不是4.1。总之，三轴受压时，混凝土的强度及变形能力均有较大的提高。钢管混凝土就是利用此特性来提高混凝土构件的抗压强度和变形能力。

2. 钢管混凝土的基本力学性能

钢管混凝土在荷载作用下的传力路径和应力状态十分复杂，它涉及加载工况等诸多因素，加载工况直接影响到钢管与混凝土的相互作用。这些复杂多变的情况，可归纳为三种加载

方式。

①A式加载:荷载直接施加于核心混凝土上,钢管不直接承受纵向荷载。

②B式加载:试件端面齐平,荷载同时施加于钢管和核心混凝土上。

③C式加载:试件的钢管预先单独承受荷载,走到钢管被压缩(应变限制在弹性范围内)到与核心混凝土齐平后,方与核心混凝土共同承受荷载。

3.钢管混凝土基本设计方法和构造的一般规定

(1)基本设计方法

在计算钢管混凝土的组合刚度时,混凝土的弹性模量,按《混凝土结构设计规范》(GB 50010—2010)的规定取值。根据钢管和核心混凝土的变形协调条件,钢管混凝土的组合刚度为

压缩刚度

$$EA = E_s A_s + E_c A_c \tag{10.4}$$

弯曲刚度

$$EI = E_s I_s + E_c I_c \tag{10.5}$$

式中:A_s、I_s——钢管横截面的面积及对其重心轴的惯性矩;

A_c、I_c——钢管内混凝土横截面的面积及对其重心轴的惯性矩;

E_s、E_c——钢材和混凝土的弹性模量。

钢管混凝土结构的变形限值可参照《钢结构设计规范》(GB 50017—2011)、《建筑结构抗震设计规范》(GB 50011—2010)和《高层建筑混凝土结构技术规程》(JGJ 3—2010)的要求。

(2)钢管混凝土构造的一般规定

钢管混凝土结构的应用,必须注意因时制宜,它最适合于大跨、高层、重载和抗震抗爆结构的受压杆件。

①钢材的选用,应符合《钢结构设计规范》(GB 50017—2010)的有关规定,宜选用 Q235 钢、Q345 钢和 Q390 钢。混凝土采用普通混凝土,混凝土强度等级不宜低于 C30。

②钢管直径不得小于 100mm。根据焊接的需要,管壁厚度不宜小于 4mm。钢管外径与壁厚之比 d/t,宜控制在 20 到 $85\sqrt{235/f_y}$ 之间,此处 f_y 为钢材屈服强度(或屈服点),例如,Q235 钢取 235N/mm²。对于一般承重柱,为使其用钢量与一般钢筋混凝土柱相近,可取 $d/t=70$ 左右;对于桁架结构,为使其自重与钢结构相近,可取 $d/t=25$ 左右。

③钢管混凝土的套箍指标 $\theta = A_s f_s / A_c f_c$,宜限制在 0.3~3.0。

套箍指标 $\theta \leqslant 3.0$ 的规定,系防止混凝土等级高时钢管的套箍能力不足而引起脆性破坏。$\theta \geqslant 0.3$ 的规定,则系防止因混凝土等级过低而结构在使用荷载下产生塑性变形。国内的大量试验,其套箍指标都位于《钢管混凝土结构设计规程》(CECS 28:2012)所限定的范围内。试验结果表明,在此范围内的试件,在相当于使用荷载的条件下都处于弹性工作阶段,且破坏前都具有足够的延性。

④钢管混凝土构件的长细比不宜超过表 10.1 的限值。

⑤格构柱的构造应符合下列要求。

a.腹杆宜采用空钢管。格构柱腹杆和柱肢应直接焊接,柱肢上不得开孔。

b.斜腹杆格构式柱。斜腹杆与柱肢轴线夹角宜为 40°~60°;杆件轴线宜交于节点中心,或腹杆轴线交点与柱肢轴线距离不宜大于 $d/4$(d 为柱肢外径),当大于 $d/4$ 时,应计算其偏心

影响；腹杆端部净距不小于50mm。

钢管混凝土构件的容许长细比 表10.1

项 次	构 件 名 称		容 许 长 细 比	
			l/d	λ
1	框架	单肢柱	20	—
		格构柱	—	80
2	桁架		30	—
3	其他		35	140

c. 平腹杆格构式柱，腹杆中心距离不大于柱肢中心距离的4倍；腹杆空钢管面积不小于一个柱肢钢管面积的1/4；腹杆的长细比不大于单个柱肢长细比的1/2。

d. 三肢和四肢格构式柱应沿柱高方向设置横膈。横膈间距不应大于柱截面长边的9倍或8m。在受有较大水平力处和运输单元的端部应设置横膈，每个运输单元不应少于两个。

⑥有防火要求的钢管混凝土结构，可在钢管外表面涂刷防火涂料，或涂抹厚度不小于50mm的钢丝网水泥灰砂浆(1:2:8)。沿柱长每隔1.5～2.0m，在钢管上开设四个ϕ20mm的蒸汽汇压孔。钢管混凝土表面的温度一般不宜超过100℃及结构表面长期受辐射热达150℃时，应采取有效的防护措施。

五 钢管混凝土柱承载力计算

1. 钢管混凝土短柱破坏形式

受压构件中，钢管与混凝土互相约束，改善了各自的性能，使组合构件的承载力有显著提高，其承载力并非仅仅是两者承载力的代数和。

在荷载作用下，钢管混凝土受压构件的应力状态十分复杂。从开始施加荷载到混凝土出现裂缝之前，由于钢管与混凝土之间黏结作用的存在，两者之间可以传递应力，钢管受到一定的压应力，但数值很小。继续加载，混凝土内部开始出现微裂缝，向外膨胀，钢管受到环向拉力。同时，钢管与混凝土之间黏结力逐渐被破坏，但摩阻力仍存在，因而在钢管中还有一定的纵向应力。随着荷载的继续增大，钢管中主要表现为环向应力，核心混凝土受到钢管的环向压力作用而处于三向应力状态，其轴心抗压强度显著提高。直到钢管应力达到屈服极限，钢管表面开始掉皮或出现吕德尔斯滑移线(图10.5)，截面应力发生重分布，使钢管承担的压力不变

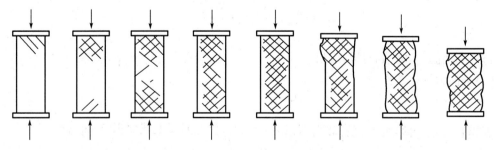

图10.5 钢管混凝土短柱的破坏过程

而混凝土承担的压力加大，同时侧向约束作用逐渐减小，环向变形迅速增大，直至核心混凝土达到极限压应变而破坏。破坏时钢管处于纵向受压—环向受拉的应力状态，混凝土则处于三

向受压状态。所以,从开始受荷到破坏,钢管和混凝土之间的相互作用始终存在,使钢管混凝土的强度得以提高。

2. 轴心受压短柱的极限分布

把钢管混凝土短柱看作由钢管及核心混凝土两种部件组成的结构体系,其计算简图如图 10.6 所示。钢管混凝土短柱的极限承载力可由极限平衡理论求得,假定如下:

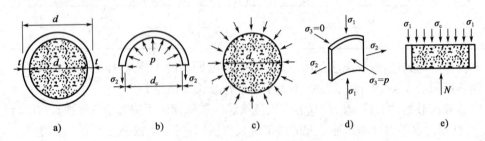

图 10.6 短柱各部件受力分析图

① 结构变形很小,可以不考虑受力过程中几何尺寸的变化。
② 结构在材料破坏前不会失稳。
③ 荷载为单调递增。
④ 钢材屈服、混凝土达到极限压应变后均为理想塑性材料,保持屈服应力不变。
⑤ 在极限状态下,钢管的应力状态为纵向受压、环向受拉的双向受力状态,并沿管的壁厚均匀分布。因为在薄壁钢管($d/t \geqslant 20$)混凝土构件中,钢管所受的径向应力比钢管平面内的应力小得多。

在外荷载作用下,钢管应力和核心混凝土应力处于平衡状态。极限分析时,有五个未知量:外荷载(轴向压力)N,钢管的纵向应力 σ_1 和环向应力 σ_2,核心混凝土纵向应力 σ_c 以及钢管和混凝土接触面之间的相互作用力 p(即对核心混凝土的侧向压应力)。求解轴压短柱承载力时利用以下条件。

(1) 钢材的屈服条件

$$\sigma_1^2 + \sigma_1 \sigma_2 + \sigma_2^2 = f_y^2 \tag{10.6}$$

式中:f_y——钢材在单轴条件应力下的屈服强度下限。

(2) 混凝土的屈服条件

$$\sigma_c = f_c \left(1 + 1.5 \sqrt{\frac{p}{f_c}} + 2 \frac{p}{f_c} \right) \tag{10.7}$$

式中:f_c——混凝土的轴心抗压强度。

(3) 轴向力平衡条件

$$N = A_c \sigma_c + A_s \sigma_1 \tag{10.8}$$

因钢管管壁较薄,可取钢管截面面积 $A_s = \pi d_c t$;核心混凝土截面面积 $A_c = \dfrac{\pi d_c^2}{4}$。

(4) 环向力平衡条件

$$\sigma_2 t = \frac{d_c}{2} p \tag{10.9}$$

联立上述四个方程,可求得

$$\sigma_1 = \left[\sqrt{1 - \frac{3}{\theta^2}\left(\frac{p}{f_c}\right)^2} - \frac{1}{\theta} \cdot \frac{p}{f_c}\right] \cdot f_s \qquad (10.10)$$

$$N = A_c f_c \left[1 + \left(\sqrt{1 - \frac{3}{\theta^2}\left(\frac{p}{f_c}\right)^2} + \frac{1.5}{\theta}\sqrt{\frac{p}{f_c}} + \frac{1}{\theta} \cdot \frac{p}{f_c}\right) \cdot \theta\right] \qquad (10.11)$$

其中,$\theta = \dfrac{A_s f_s}{A_c f_c}$ 称为套箍指标。

由公式可知,荷载 N 是侧压力 p 的函数。为求得极限荷载,可由极限条件 $\dfrac{\mathrm{d}N}{\mathrm{d}p}=0$ 建立第五个方程

$$\frac{3\dfrac{p}{f_c}}{\sqrt{\theta^2 - 3\left(\dfrac{p}{f_c}\right)^2}} - \frac{0.75}{\sqrt{\dfrac{p}{f_c}}} - 1 = 0 \qquad (10.12)$$

一般设计时已经确定套箍系数 θ,则可由上式求得相应于极限荷载下的侧压力 p^* 值。最后,可得极限承载力表达式为

$$N_0 = A_c f_c (1 + \alpha\theta) \qquad (10.13)$$

式中:$\alpha = \sqrt{1 - \dfrac{3}{\theta^2}\left(\dfrac{p^*}{f_c}\right)^2} + \dfrac{1.5}{\theta} \cdot \sqrt{\dfrac{p^*}{f_c}} + \dfrac{1}{\theta} \cdot \dfrac{p^*}{f_c}$。 $\qquad (10.14)$

将求得的 p^* 值代入式(10.10)并根据屈服条件即式(10.6)可得钢管纵向应力最大值和钢管的环向应力最大值为

$$\frac{\sigma_1^*}{f_s} = \sqrt{1 - \frac{3}{\theta^2}\left(\frac{p^*}{f_c}\right)^2} - \frac{1}{\theta} \cdot \frac{p^*}{f_c} \qquad (10.15)$$

$$\frac{\sigma_2^*}{f_s} = \sqrt{1 - \frac{3}{4}\left(\frac{\sigma_1^*}{f_s}\right)^2} - \frac{1}{2} \cdot \frac{\sigma_1^*}{f_c} \qquad (10.16)$$

经分析,系数 θ 可以简化为

$$\alpha = 1.1 + \frac{1}{\sqrt{\theta}} \qquad (10.17)$$

与式(10.14)的计算结果相比较,上式的计算误差不超过 1.5%。于是,单肢钢管混凝土柱受压极限承载力可按下式计算

$$N_0 = A_c f_c (1 + \sqrt{\theta} + 1.1\theta) \qquad (10.18)$$

实际上,《钢管混凝土结构设计规程》(CECS 28:2012)则采用下式计算钢管混凝土柱的受压极限承载力

$$N_0 = A_c f_c (1 + \sqrt{\theta} + \theta) \qquad (10.19)$$

式中套箍系数 θ 宜控制在 0.3~3.0。试验结果表明,θ 在这一范围内时,构件在使用荷载下都处于弹性工作状态,且破坏时有足够的延性。

【例 10.1】 某钢管混凝土结构中,有一钢管混凝土轴心受压短柱,柱计算长度 $l_0 = 1100\mathrm{mm}$。钢管为 $\phi 273 \times 8$,Q235 钢,$f_s = 215\mathrm{N/mm}^2$。混凝土强度等级为 C40,$f_c = 19.1\mathrm{N/mm}^2$。试计算该短柱极限承载力。

【解】 基本设计参数

$$A_s = \frac{\pi}{4}(273^2 - 257^2) = 6660\mathrm{mm}^2$$

$$A_c = \frac{\pi}{4} \times 257^2 = 51874 \text{mm}^2$$

按式 $\theta = \dfrac{A_s f_s}{A_c f_c}$ 计算套箍指标得

$$\theta = \frac{A_s f_s}{A_c f_c} = \frac{6660 \times 215}{51874 \times 19.1} = 1.445$$

由已知条件,该柱为钢管混凝土短柱,所以由式(10.19)得钢管混凝土短柱的极限承载力为

$$N_0 = A_c f_c (1 + \sqrt{\theta} + \theta) \times 19.1 \times (1 + \sqrt{1.445} + 1.445) = 3613.5 \text{kN}$$

3. 受压承载力的影响因素

除了材料性能和截面特征外,影响钢管混凝土柱承载力的因素有很多,其中主要有构件长细比、偏心率、柱子两端弯矩的比值及柱两端的约束条件等。对这些影响因素可采用不同的方法予以反映。在《钢管混凝土结构设计与施工规程》(CECS 28:2012)中,前两个因素采用对短柱承载力乘以修正系数的方法进行反映,对后两个因素则采用修正柱子计算长度的方法来体现。

(1) 长细比 $\dfrac{l_0}{d}$ 的影响

随着长细比的增大,构件会由材料强度破坏过渡到失稳破坏。试验结果表明,当 $\dfrac{l_0}{d} \leqslant 4$ 时,承载力并不降低,可按短柱计算。当 $\dfrac{l_0}{d} > 4$ 时,其承载力可在短柱承载力的基础上乘以长细比影响系数 φ_l 得到,即

$$N_u = \varphi_l N_0 \tag{10.20}$$

式中:N_0——短柱极限承载力;

φ_l——长细比影响系数。

根据对试验结果的分析,长细比影响系数 φ_l 值可按下式计算

$$\varphi_l = 1 - 0.115 \sqrt{\frac{l_0}{d} - 4} \tag{10.21}$$

式中:l_0——柱的计算长度,两端铰支时 l_0 取柱的实际长度;

d——钢管混凝土柱子的外直径。

(2) 偏心率的影响

荷载偏心率以 e_0/r_c 表示,e_0 为荷载偏心率,r_c 为钢管内半径,即核心混凝土的半径。偏心受压短柱的极限轴力 N_u 与极限弯矩 M_u 的关系曲线可用图 10.7 所示。曲线 BC 表示为大偏心受压,小偏心受压则可用简化的直线段 AB 表示。图 10.7 中取无量纲坐标,其中,N_0 为截面的轴心受压承载力,M_0 为截面的受弯承载力。根据中国建筑科学研究院的钢管混凝土受弯试验结果,可取 $M_0 = 0.4 N_0 r_c$。

无论大小偏心,其受压承载力由于偏心影响的降低可统一用偏心影响系数 φ_e 体现,则考虑构件长细比影响后的受压承载力为

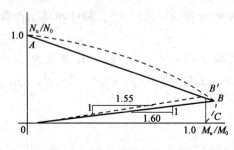

图 10.7 偏心受压短柱的屈服条件

$$N_u = \varphi_e \varphi_l N_0 \tag{10.22}$$

式中：φ_e——偏心影响系数。

(3)弯矩分布及支座约束的影响

柱的两端常有弯矩作用，柱弯矩较小的截面对弯矩较大的截面有一定的横向约束作用，柱整体刚度变大，较不容易失稳，从而提高了柱的承载力。

实际工程中柱两端不可能是理想铰接或固接，而通过精确的计算考虑这种影响很困难。钢筋混凝土结构中采用的计算长度概念是考虑柱端约束情况的一个较方便的简化方法，钢管混凝土柱的计算也采用这一方法。计算长度取实际长度乘以反映柱端约束条件的计算长度系数 μ，μ 值按《混凝土结构设计规范》(GB 50010—2010)中关于计算长度系数 μ 的要求取用，对于悬臂柱 $\mu=2.0$。

4.受压承载力

(1)钢管混凝土单肢柱的轴向受压承载力的基本公式

钢管混凝土单肢柱的轴向受压承载力应满足下式的要求

$$N \leqslant N_u \tag{10.23}$$

式中：N——钢管混凝土柱轴向压力设计值；

N_u——钢管混凝土单肢柱的承载力设计值。

(2)钢管混凝土柱的承载力设计值

钢管混凝土单肢柱的轴向受压承载力设计值按下式计算

$$N_u = \varphi_e \varphi_0 N_0 \tag{10.24}$$

$$N_0 = A_c f_c (1 + \sqrt{\theta} + \theta) \tag{10.25}$$

$$\theta = \frac{A_s f_s}{A_c f_c} \tag{10.26}$$

式中：N_0——钢管混凝土轴心受压短柱的承载力设计值。

在任何情况下都应满足如下的限制条件

$$\varphi_l \varphi_e \leqslant \varphi_0 \tag{10.27}$$

(3)偏心率影响的承载力折减系数

当考虑偏心率影响时，承载力折减系数按下列公式计算

① 当 $\dfrac{e_0}{r_c} \leqslant 1.55$ 时，取

$$\varphi_e = \frac{1}{1 + 1.85 \dfrac{e_0}{r_c}} \tag{10.28}$$

② 当 $\dfrac{e_0}{r_c} > 1.55$ 时，取

$$\varphi_e = \frac{0.4}{\dfrac{e_0}{r_c}} \tag{10.29}$$

其中偏心距为

$$e_0 = \frac{M_2}{N} \tag{10.30}$$

式中：M_2——柱两端弯矩设计值之较大值；

N——轴向压力设计值；

r_c——核心混凝土横截面的半径；

e_0——柱端轴向压力偏心距的较大者。

(4)长细比影响的承载力折减系数

考虑长细比影响后的承载力折减系数应按下列公式计算

① 当 $\dfrac{l_e}{d} \leqslant 4$ 时,取

$$\varphi_l = 1 \tag{10.31}$$

② $\dfrac{l_e}{d} > 4$ 时,取

$$\varphi_l = 1 - 0.115\sqrt{\dfrac{l_e}{d} - 4} \tag{10.32}$$

式中：l_e——柱的等效计算长度。

(5)柱的等效计算长度计算

柱的等效计算长度应按下列公式计算

$$l_e = \mu k l \tag{10.33}$$

式中：l——柱的实际长度；

μ——考虑柱端约束条件的计算长度系数；

k——考虑柱身弯矩分布梯度影响的等效长度系数,应根据柱的类型按式(10.34)～式(10.38)计算。

① 轴心受压柱和杆件

$$k = 1 \tag{10.34}$$

② 无侧移框架柱

$$k = 0.5 + 0.3\beta + 0.2\beta^2 \tag{10.35}$$

式中：β——柱两端弯矩的较小者与较大者的比值($|M_1| \leqslant |M_2|$),单曲压弯者为正值,双曲压弯者为负值,按下式计算

$$\beta = \dfrac{M_1}{M_2} \tag{10.36}$$

③ 有侧移框架柱

$$k = 1 - 0.625\dfrac{e_0}{r_c} \geqslant 0.5 \tag{10.37}$$

④ 悬臂柱

$$k = 1 - 0.625\dfrac{e_0}{r_c} \geqslant 0.5$$

当悬臂柱的自由端有力偶 M_1 作用时

$$k = \dfrac{1+\beta}{2} \tag{10.38}$$

并与式(10.37)比较,取其中较大者。β 为悬臂柱自由端的弯矩与嵌固端的弯矩的比值。当 β 为负值(双曲压弯)时,则按反弯点所分割成的高度为 L_2 的悬臂柱计算。

【例 10.2】 一两端铰支的钢管混凝土柱,柱长 $l = 5\text{m}$,钢管为 $\phi 273 \times 8$,Q235 钢,$f_s = 215\text{N/mm}^2$。混凝土强度等级为 C40,$f_c = 19.1\text{N/mm}^2$。试计算该短柱极限承载力。

【解】 因属铰支和轴心受压,故 $\mu=1, k=1$,由式(10.33)得
$$l_e = \mu k l = 1 \times 1 \times 5 = 5\text{m}$$

又 $\dfrac{l_e}{d} = \dfrac{5}{0.273} = 18.32 > 4$,故由式(10.32)得

$$\varphi_l = 1 - 0.115\sqrt{\dfrac{l_e}{d} - 4} = 1 - 0.115 \times \sqrt{18.32 - 4} = 0.565$$

由于 $N_0 = 3613.5\text{kN}$,又因轴心受压,$\varphi_e = 1$,故由式(10.24)得
$$N_u = \varphi_e \varphi_l N_0 = 0.565 \times 1 \times 3613.5 = 2041.6\text{kN}$$

【例 10.3】 无侧移的框架柱。钢管 $\phi 800 \times 12$ ($f = 215\text{N/mm}^2$),Q235 钢。内填 C40($f_c = 19.1\text{N/mm}^2$)级混凝土。柱的长度 $l = 9.0\text{m}$。设根据梁柱刚度比值,计算长度系数 $\mu = 0.8$。设计轴力 $N = 15000\text{kN}$,柱的上端弯矩设计值 $M_1 = -125\text{kN·m}$,下端弯矩设计值 $M_2 = 500\text{kN·m}$,弯矩呈直线分布。试验算该柱的受压承载力。

【解】 (1)基本参数

钢管截面积　　$A_s = \dfrac{\pi}{4}(800^2 - 776^2) = 29706\text{mm}^2$

核心混凝土截面积　　$A_c = \dfrac{\pi}{4} \times 776^2 = 472948\text{mm}^2$

套箍系数　　$\theta = \dfrac{A_s f_s}{A_c f_c} = \dfrac{19706 \times 215}{4722948 \times 19.1} = 0.707$

(2)相应短柱受压承载力
$N_0 = A_c f_c (1 + \sqrt{\theta} + \theta) = 472948 \times (1 + \sqrt{0.707} + 0.707) = 23015356 = 23015\text{kN}$

(3)偏心影响系数
$$e_0 = \dfrac{M_2}{N} = \dfrac{500}{1500} = 333\text{mm}$$

$$\dfrac{e_0}{r_c} = \dfrac{333}{400 - 12} = 0.085 < 1.55$$

故为小偏心受压。

$$\varphi_e = \dfrac{1}{1 + 1.85\dfrac{e_0}{r_c}} = \dfrac{1}{1 + 1.85 \times 0.085} = 0.864$$

(4)长细比影响系数
$$\beta = \dfrac{M_1}{M_2} = \dfrac{-125}{500} = -0.25$$

$k = 0.5 + 0.3\beta + 0.2\beta^2 = 0.5 + 0.3 \times (-0.25) + 0.2 \times (-0.25)^2 = 0.4375$

柱的计算长度
$$l_0 = \mu k l = 0.8 \times 0.4375 \times 9.0 = 0.315\text{m}$$

长细比影响系数
$$\dfrac{l_0}{d} = \dfrac{3150}{800} = 3.94 < 4$$

故 $\varphi_l = 1$,$\varphi_e \varphi_l = 0.864 \times 1 = 0.864$。

(5)检验限制条件

按轴心受压　　$k = 1$,则 $l_0 = \mu k l = 0.8 \times 1 \times 9.0 = 7.2\text{m}$

$$\frac{l_0}{d} = \frac{7200}{800} = 9 > 4$$

$$\varphi_l = 1 - 0.115\sqrt{\frac{l_e}{d} - 4} = 1 - 0.115 \times \sqrt{9-4} = 0.743 < \varphi_e \varphi_l = 0.864$$

故取 $\varphi_e \varphi_l = \varphi_0 = 0.743$。

$$N_u = \varphi_e \varphi_l N_0 = 0.743 \times 23015 = 17100.1 \text{kN} > 15000 \text{kN}$$

满足承载力要求。

本章小结

(1) 钢—混凝土组合结构充分利用了钢材和混凝土各自的材料性能，具有承载力高、刚度大、抗震性能和动力性能好、构件截面尺寸小、施工快速方便等优点。

(2) 钢—混凝土组合结构可以广泛应用于多层及高层房屋、大跨结构、高耸结构、桥梁结构、地下结构、结构改造及加固等。

(3) 组合梁具有截面高度小、自重轻且延性好等优点。

(4) 组合梁按照截面形式可以分为外包混凝土组合梁和T形组合梁。

(5) 钢管混凝土具有施工方便、良好的耐火性能及经济效果好等特点。

(6) 除了材料性能和截面特征外，影响钢管混凝土柱承载力的因素有很多，其中主要有构件长细比、偏心率、柱子两端弯矩的比值及柱两端的约束条件等。

思考与练习

思考题

10.1 钢管混凝土宜用作何种受力状态的构件？请思考其原因。

10.2 钢管混凝土受压短柱受荷时，钢管和混凝土分别处于怎样的应力状态？

10.3 影响钢管混凝土柱受压承载力的主要因素有哪些？

习题

无侧移的框架柱。钢管 $\phi 800 \times 12 (f=215 \text{N/mm}^2)$，Q235钢。内填C40 ($f_c=19.1\text{N/mm}^2$) 级混凝土。柱的长度 $l=9.5\text{m}$。设根据梁柱刚度比值，计算长度系数 $\mu=0.9$。设计轴力 $N=15000\text{kN}$，柱的上端弯矩设计值 $M_1=-125\text{kN·m}$，下端弯矩设计值 $M_2=500\text{kN·m}$，弯矩呈直线分布。试验算该柱的受压承载力。

第十一章 便桥设计

> 知识描述

桥梁施工时,为了完成桥梁结构主体工程,常常采用临时便桥、支架或支墩、膺架、托架及吊索塔架等辅助结构。本章以典型的辅助结构便桥为例,介绍便桥设计与检算要点。

> 学习要求

通过本章的学习,应了解常用便桥结构的类型、功能及优缺点;掌握便桥计算方法和检算要点。

第一节 概 述

一 便桥特点

便桥是一种为工程施工和运输需要而修建的临时性桥梁。在山区跨越深沟山谷,或桥位处两岸的陆运与水运均不能满足施工和运输要求时,需修建施工便桥,施工便桥一般具备结构简单、造价低的特点,但应安全、牢固,以满足工程施工和运输的要求。

二 便桥组成与构造

1. 便桥组成

便桥由桥面、纵横垫梁、便桥主梁、帽梁、限位角钢、栏杆、横向连接及支墩等组成。如图11.1所示。

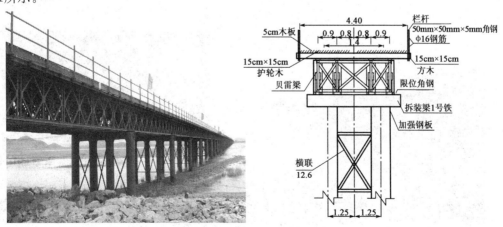

图11.1 便桥组成图(尺寸单位:m)

2.便桥构造

(1)常用桥面板:木板、钢板铺装,也可加铺泥灰碎石,如图11.2所示。

(2)桥面纵横梁由型钢和方木构成。方木及型钢规格大小依据计算确定,如图11.3所示。

(3)主梁常用材料有万能杆件、型钢或者贝雷梁、军用梁、轨束梁和型钢梁或木材等,如图11.4所示。

(4)便桥下部结构常采用明挖基础配合枕木垛或排架,钢筋混凝土桩基础、钢管桩基础配合排架及钢塔架等,如图11.5所示。

图11.2 桥面结构图

图11.3 桥面纵横梁

图11.4 便桥主梁与帽梁

图 11.5 便桥桥墩

第二节 便桥设计

一、设计内容

1. 纵断面设计

①便桥的总长度：根据现场地址、地形和水文条件确定便桥长度。
②分孔：根据地形、水文条件、本单位实际情况，经济情况，综合选择孔跨布置形式。
③桥下净空高度：根据地址、水文和行车方便安全性综合考虑。
④建筑高度：根据跨径、建筑材料力学性能及通航要求等。

2. 横断面设计

①桥梁宽度：一般视栈桥长度、运输量和走行机具车辆的规格来确定，各类便桥均应保证有足够的宽度，并设置工作人员的安全往返通道。
②主梁类型与片数拟定：根据桥梁跨度和主梁材料几何尺寸及力学性能综合拟定。
③桥墩横行间距与根数：根据桥梁跨度和主梁支点反力，以及桥墩材料力学性能考虑。

二、便桥计算

便桥的计算包括主梁、支墩及帽梁的计算等，基于荷载传递过程的力学分析计算。

1. 荷载计算

①恒载：桥面自重，包括枕木、方木及走行道板，可按均布荷载计算。
②活载：分别计算竖向活载和水平活载。其中竖向活载包括小平车、牵引车或吊机的自重加上最大载重或吊重产生的轮压。施工活载通常按 $2kN/m^2$ 计，并化为线荷载。而水平荷载包括作用在小车、吊车及其装载物上各部分挡风面积上的风力所产生的轮压，这时应考虑水平冲击力。

2. 荷载组合

荷载组合 = 恒荷载 + k 活荷载，$k=(1+\mu)$，μ 为冲击系数。

3. 计算简图

便桥的上部结构与下部结构的连接通常比较简单,如主梁与排架墩的帽梁之间并不设支座连接,而是将主梁直接支承于帽梁上,故对主梁进行计算时应视实际情况将构件之间的约束进行合理简化。当单跨主梁为工字钢、轨束梁时应按简支构件计算,视最不利情况计算其所受荷载;当主梁为军用梁、万能杆件组装而成桁架,计算桁架各杆件轴力时,为简化计算,可按平面桁架计。图 11.6a)所示为一简支桁架的计算简图。计算上弦杆轴力时,由于枕木或方木不一定放在桁架节点上,其连续梁的反力按单跨简支梁计算,如桥面荷载引起的某一点反力 R_i,其节点反力 R_i 即为桁架的节点荷载 p[图 11.6b)]。至于弦杆的其他内力(弯矩、剪力),由于上弦杆的截面加强以将上弦杆各节点连成整体,故应按多跨连续梁计算,如图 11.6b)所示。但为简化计算,仍按每节间为简支梁计算。这样偏于安全。

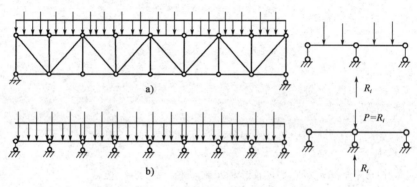

图 11.6 桁架计算简图

4. 内力计算

对于简支桁架梁,在恒载作用下,可将恒载化为节点荷载(图 11.7)。计算出各杆件的轴力 N_p。在活载作用下,先画出在单位力作用下各杆件的内力影响线,再根据走行设备的轮距、轮数及排列形式,计算出各种活载作用下的轮压(注意风荷载应考虑桁架按一边加压、一边减压计算),然后确定轮压荷载布置的最不利位置,求出各杆在活载作用下的内力 N_a,最后叠加各杆在恒载和活载作用下的内力即可。

对于连续桁架梁,如图 11.8 所示的两孔一联的桁架梁,外部为一次超静定,要计算超静定桁架在活载作用下的内力,可按结构力学中的方法进行。先画出多余未知力的影响线,再画出各杆的内力影响线。如要计算某一杆件在恒载作用下的内力,先将各种恒载化为节点荷载,再将各节点荷载数值乘以该杆影响线对应的纵坐标值即可。如要计算某一杆件在活载作用下的内力,先将各种活载作用下产生的轮压反力值求出,再将轮压按最不利位置求出该杆内力。跨度较小时可以按照型钢梁计算方法,按照受弯构件计算。

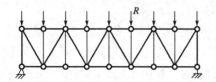

图 11.7 简支桁架计算简图

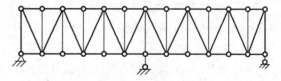

图 11.8 连续桁架计算简图

5. 截面选择

①有的桁架上弦端杆为纯弯曲杆件(轴力为零),应按受弯构件计算。

②上弦各杆在桁架平面内的计算属于压弯(偏心受压)构件。因为整个上弦有正负弯矩,所以应按压弯构件计算。上弦杆平面外的计算按轴心受压构件计算。
③腹杆属于轴心受压或受拉构件。
④下弦杆一般为轴心受拉构件。

6. 桥面板、纵横梁、主梁及帽梁计算

按照受弯构件计算,即

$$\sigma_{\max} = \frac{M_{\max}}{W} \leqslant [\sigma] \tag{11.1}$$

7. 桥墩基础计算

按照轴心受压构件计算 $\quad \sigma = \dfrac{N}{A} \leqslant [\sigma] \tag{11.2}$

三 工程案例

便桥的主梁无论是采用拆装式钢桁梁杆件还是万能杆件,一般都可在满铺的枕木垛上或临时增设的支墩上进行。水深处也可采用悬臂拼装,此时应尽量降低悬臂端部杆件的应力,如将某些杆件暂不安装,控制施工活载量值,特别是拼装到最后一、二个节点时,更应控制施工活载的最小值。当下弦杆到达支墩时,立即将支点锁定,然后再拼上弦杆及端竖杆。采用悬臂拼装,应检算最大伸臂长度,支承处上弦杆的应力和下弦杆的应力,以决定是否需要临时加固。

1. 结构形式

便桥总长 1200m,宽 7m,沿着引桥每隔约 300m 设车辆调头平台一座。栈桥两侧设栏杆,上部结构采用型钢结构。桥墩处上部梁板自成一体,以便整体拆卸。主纵梁选用 321 型贝雷架,下横梁采用 H600×200,桥墩采用桩基排架,每榀排架下设 2 根、3 根或 4 根 $\phi800\times8$mm 钢管桩。

自下而上依次为 $\phi800\times8$mm 钢管桩;H600×200 下横梁,长为 7m;纵梁选用 321 军用贝雷梁 3 组,每组 2 片;I_{25a} 横向分配梁,布置间距 1.5m,长度为 7m;$I_{12.6}$ 纵向分配梁,布置间距 40cm;δ_{10} 桥面钢板满铺。

2. 荷载布置

(1) 上部结构恒重(7m 宽计算)
① δ_{10} 钢板:$M=V\rho g=7\times1\times0.01\times7.85\times10=5.495$kN/m(钢板取 1m 板宽计算)。
② $I_{12.6}$ 纵向分配梁查表得:$M=2.556$kN/m。
③ I_{25a} 横向分配梁查表得:$M=1.78$kN/m。
④ 贝雷梁查表得:$M=6.66$kN/m。
⑤ 600×200 下横梁查表得:$M=7.42$kN/根。

(2) 活荷载
① 30t 混凝土车。
② 履带吊 65(自重 60t+吊重 20t):$M=800$kN/m。
③ 施工荷载及人群荷载:$q=4$kN/m²。

考虑栈桥实际情况,同方向车辆间距不小于24m,即一跨内同方向最多只布置一辆重车,并考虑满载混凝土罐车和空载混凝土罐车错车。

3.上部结构内力计算

(1)贝雷梁内力计算

计算跨径为 $l_0=12$m(按简支计算)。

①弯矩 M

a. 300kN混凝土车(一辆)(按汽车—20级重车)布置在跨中时(图11.9)

$$M_{max1}=\sum\frac{Pab}{l_0}=\frac{120\times12}{4}+\frac{4.6}{12}\times120\times\frac{12}{2}+\frac{2}{12}\times60\times\frac{12}{2}=696.0\text{kN}\cdot\text{m}$$

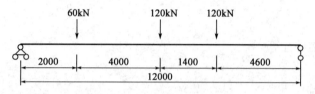

图11.9　30t混凝土车布置图

在跨中错车时(图11.10、图11.11)

$$M_{max2}=696+\frac{60\times12}{4}+\frac{4.6}{12}\times60\times\frac{12}{2}+\frac{2}{12}\times30\times\frac{12}{2}=1044.0\text{kN}\cdot\text{m}$$

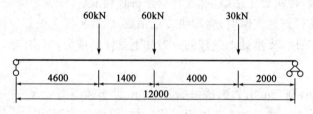

图11.10　15t混凝土车错车布置图

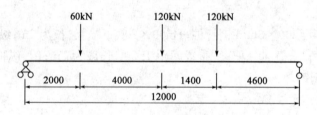

图11.11　30t混凝土车错车布置图

b. 履带—65布置在跨中时(图11.12)

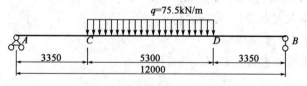

图11.12　履带—65在跨中布置图

履带—65履带接触地面长度为5.3m,在吊重200kN的情况下,近似按集中荷载计算, $P=600+200=800.0$kN

$$M_{max3} = \frac{600+200}{4} \times 12 = 2400.0 \text{kN} \cdot \text{m}$$

c. 施工荷载及人群荷载(图 11.13)

$$M_{max4} = \frac{1}{8}ql_0^2 = \frac{1}{8} \times 28 \times 12^2 = 504.0 \text{kN} \cdot \text{m}$$

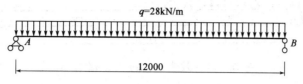

图 11.13　施工荷载及人群荷载布置图

d. 恒载(图 11.14)

$$M_{恒} = \frac{1}{8}ql_0^2 = \frac{1}{8} \times 16.5 \times 12^2 = 297.0 \text{kN} \cdot \text{m}$$

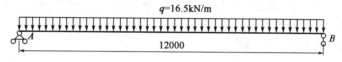

图 11.14　恒荷载布置图

② 对支点剪力 Q

a. 30t 混凝土车行驶临近支点时(图 11.15)

$$Q_{max1} = 120 + 120 \times \frac{10.6}{12} + 60 \times \frac{6.6}{12} = 259.0 \text{kN}$$

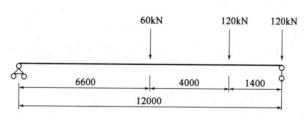

图 11.15　30t 混凝土车驶近支点(错车)布置图

在临近支点错车时(图 11.16)

$$Q_{max1} = 259 + 60 + 60 \times \frac{10.6}{12} = 372.0 \text{kN}$$

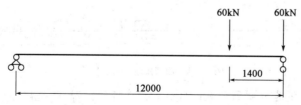

图 11.16　15t 车临近支点错车布置图

b. 履带—65 前方临近支点时(图 11.17)

$$Q_{max2} = 800 \times \frac{9.35}{12} = 623.3 \text{kN}$$

c. 施工荷载及人群荷载

$$Q_{max3} = 0.5 \times 28.0 \times 12 = 168.0 \text{kN}$$

d. 恒载内力

$$Q_{max3} = 0.5 \times 16.5 \times 12 = 99.0 \text{kN}$$

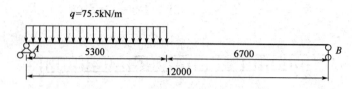

图 11.17 履带—65 临近支点错车布置图

③荷载组合

贝雷梁上最大内力为 65t 履带吊与恒载组合：履带吊在吊重 200kN 的情况下不考虑错车及桥面施工荷载和人群荷载，即

$$M_{max} = 1.3 \times (2400 + 297) = 3506.1 \text{kN} \cdot \text{m} < [M] = 1576.4 \times 3 = 4729.2 \text{kN} \cdot \text{m}$$

$$Q_{max} = 1.3 \times (623.3 + 99) = 939 \text{kN} < [Q] = 490.5 \times 3 = 1471.5 \text{kN}$$

满足。选用 3 组，每组 2 片，单排。

(2) I25a 横向分配梁内力计算

①30t 混凝土车时(图 11.18)

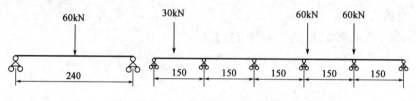

图 11.18 横向分配梁内力计算

混凝土罐车半边车轮布置在 I25a 横向分配梁的跨中情况为最不利，不考虑 I12.6 的分布作用，即

$$M_{max1} = \frac{1}{4} \times \frac{120}{2} \times 2.4 = 36 \text{kN} \cdot \text{m}$$

混凝土罐车半边车轮布置在靠近支点时剪力最大

$$Q_{max1} = 60.0 \text{kN}$$

错车时轮压在主纵梁上或附近处，不是最不利情况，不计算。

②履带—65(图 11.19)

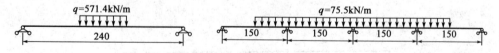

图 11.19 履带接地宽度布置图

履带—65 的履带接地宽度 700mm，如图 11.19 所示布置，履带吊布置在 I25a 跨中时有 4 根 I25a 横向分配梁承受；布置在临近支点时考虑 4 根 I25a 横向分配梁承受。

履带—65 的自重 600kN 和吊重 200kN 作用时考虑每个履带支点承受 1/2 荷载，即 400kN。每根 I25a 受力如下

$$M_{max2} = \frac{1}{4} \times 400 \times \frac{2.4}{4} = 60 \text{kN} \cdot \text{m}$$

$$Q_{max2} = \frac{400}{4} = 100 \text{kN}$$

③恒载

$$q = \frac{5.495 + 2.556}{7} \times 1.5 = 1.12 \text{kN/m}$$

$$M = \frac{1}{8} \times 1.12 \times 2.4^2 = 0.8 \text{kN} \cdot \text{m}$$

$$Q = 1.12 \times \frac{2.4}{2} = 1.3 \text{kN}$$

④施工荷载和人群荷载

$$q = 4 \times 1.5 = 6 \text{kN/m}$$

$$M = \frac{1}{8} \times 6 \times 2.4^2 = 4.3 \text{kN} \cdot \text{m}$$

$$Q = 6 \times \frac{2.4}{2} = 7.2 \text{kN}$$

⑤荷载组合

贝雷梁上最大内力为履带吊与恒载组合：

履带吊在其上方时情况为最不利，则

$$\sigma = \frac{M}{W} = \frac{60 + 0.8}{401.88} \times 10^3 = 151.3 \text{MPa} < [\sigma] = 200 \text{MPa}$$

$$\tau = \frac{Q_{max}}{A} = \frac{100 + 1.3}{48.5} \times 10 = 20.9 \text{MPa} < [\tau] = 115 \text{MPa}$$

(3) I12.6 纵向分配梁内力

①30t 混凝土车（图 11.20）

计算跨度为 1.4m。

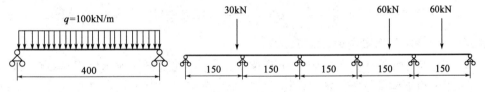

图 11.20 纵向分配梁内力计算

单边车轮布置在跨中时弯距最大

$$M_{max1} = \frac{1}{4} \times 60 \times (1.5 - 0.1) = 21 \text{kN} \cdot \text{m}$$

单边车轮布置在临近支点时剪力最大

$$Q_{max1} = 60 \text{kN}$$

②履带—65（图 11.21）

$$M_{max2} = \frac{1}{8} \times 75.5 \times 1.5^2 = 21.2 \text{kN} \cdot \text{m}$$

$$Q_{max2} = \frac{1}{2} \times 75.5 \times 1.5 = 56.6 \text{kN} \cdot \text{m}$$

无论履带吊还是混凝土罐车作用在 I12.6 上按两根计算，面板和自重忽略不计。

$$W_x = 77.529 \times 2 = 155.1 \text{cm}^3, A = 2 \times 18.1 = 36.2 \text{cm}^2$$

$$\sigma = \frac{M_{max2}}{W_x} = \frac{21.2}{155.1} \times 10^4 = 136.7 \text{MPa} < [\sigma] = 200\text{MPa}$$

$$\tau = \frac{Q_{max2}}{A} = \frac{56.6}{36.2} \times 10 = 15.6 \text{MPa} < [\tau] = 115\text{MPa}$$

满足。I12.6 布置为间距 400mm。

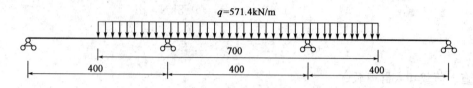

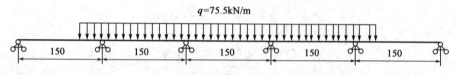

图 11.21 履带接地布置图

(4)桥面钢板内力

取 1m 宽板条,按单向板计算,当荷载为 30t 混凝土车时为最不利。

跨中弯矩 $\quad M_{op} = \frac{1}{8} \times 100 \times (0.4 - 0074)^2 = 1.33 \text{MPa}$

有效分布宽度 $\quad a = 0.4\text{m}$

最大弯矩为 $\quad M = \frac{M_{op}}{a} = \frac{1.33}{0.4} = 3.3 \text{kPa}$

$$W = \frac{bh^2}{6} \times \frac{0.01^2}{6} = 1.67 \times 10^{-5} \text{m}^3$$

$$\sigma = \frac{M}{W} = \frac{3.3 \times 10^3}{1.67 \times 10^{-5}} = 197.6 \text{MPa} < [\sigma] = 200\text{MPa}$$

(5)H600×200 下横梁内力(图 11.22)

履带—65 作用在下横梁正上方时,下横梁受力最大,此时恒载考虑作用在最边上的两组桁架上,再传递给下横梁及钢管桩上。即

$$P_{max} = 400\text{kN}$$

$$M_{max} = \frac{1}{4} \times 400 \times (5.7 - 0.8) = 490 \text{kN} \cdot \text{m}$$

$$W_x = 2610 \text{cm}^3$$

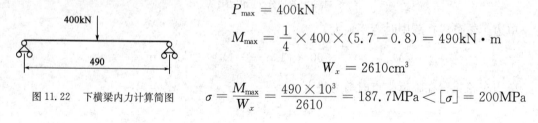

图 11.22 下横梁内力计算简图 $\quad \sigma = \frac{M_{max}}{W_x} = \frac{490 \times 10^3}{2610} = 187.7 \text{MPa} < [\sigma] = 200\text{MPa}$

4.钢管桩承载力计算

(1)12m 跨

①单桩最大需承力

$$P = 400 + \frac{1.3}{5.7} \times 400 + 16.5 \times \frac{12}{2} + \frac{7.42}{2} = 594.0 \text{kN}$$

按单桩承载力 600kN 计算。

②钢管桩入土深度 l_1（包括冲刷）

浅滩区考虑冲刷 1.8m，在 15 号墩附近为最不利位置。

据
$$P = \frac{U\sum a_i\tau_i l_i + aA\sigma_R}{1.65}$$

$$600 = \frac{\pi \times 0.8 \times [(11.4-1) \times 30 + (l_1 - 11.4 - 1.8) \times 25]}{1.65}$$

得 $l_1 = 16.5\text{m}$，取 $l_1 = 17\text{m}$。

附　　表

混凝土强度标准值、设计值（N/mm²）　　　　　　　　　　　　　附表 1

强度种类	混凝土强度等级						
	C15	C20	C25	C30	C35	C40	C45
轴心抗压 f_{ck}	10.0	13.4	16.7	20.1	23.4	26.8	29.6
轴心抗拉 f_{tk}	1.27	1.54	1.78	2.01	2.20	2.39	2.51
轴心抗压 f_c	7.2	9.6	11.9	14.3	16.7	19.1	21.1
轴心抗拉 f_t	0.91	1.10	1.27	1.43	1.57	1.71	1.80
强度种类	混凝土强度等级						
	C50	C55	C60	C65	C70	C75	C80
轴心抗压 f_{ck}	32.4	35.5	38.5	41.5	44.5	47.4	50.2
轴心抗拉 f_{tk}	2.64	2.74	2.85	2.93	2.99	3.05	3.11
轴心抗压 f_c	23.1	25.3	27.5	29.7	31.8	33.8	35.9
轴心抗拉 f_t	1.89	1.96	2.04	2.09	2.14	2.18	2.22

混凝土弹性模量（10^4 N/mm²）　　　　　　　　　　　　　附表 2

强度种类	混凝土强度等级						
	C15	C20	C25	C30	C35	C40	C45
弹性模量 E_c	2.20	2.55	2.80	3.00	3.15	3.25	3.35
强度种类	混凝土强度等级						
	C50	C55	C60	C65	C70	C75	C80
弹性模量 E_c	3.45	3.55	3.60	3.65	3.70	3.75	3.80

普通钢筋强度标准值、设计值（N/mm²）　　　　　　　　　　　　　附表 3

	种　　类	f_{yk}	f_y	f'_y
热轧钢筋	HPB300	300	270	270
	HRB335、HRBF335	335	300	300
	HRB400、HRBF400、RRB400	400	360	360
	HRB500、HRBF500	500	435	410

钢筋弹性模量（10^5 N/mm²）　　　　　　　　　　　　　附表 4

种　　类	E_s
HPB235 级钢筋	2.10
HRB335 级钢筋、HRB400 级钢筋、RRB400 级钢筋、热处理钢筋	2.00
消除应力钢丝、螺旋肋钢丝、刻痕钢丝	2.05
钢绞线	1.95

注：必要时可采用实测的弹性模量。

预应力钢筋强度设计值（N/mm²）　　　　　　　　　　　　　　附表5

种　类	极限强度标准值 f_{ptk}	抗拉强度设计值 f_{py}	抗压强度设计值 f'_{py}
中强度预应力钢丝 （公称直径5mm、7mm、9mm）	800	510	410
	970	650	
	1270	810	
消除应力钢丝 （公称直径5mm、7mm、9mm）	1470	1040	410
	1570	1110	
	1860	1320	
钢绞线 （公称直径8.6mm、10.8mm、12.9mm、9.5mm、 12.7mm、15.2mm、17.8mm、21.6mm）	1570	1110	390
	1720	1220	
	1860	1320	
	1960	1390	
预应力螺纹钢筋 （公称直径18mm、25mm、32mm、40mm、50mm）	980	650	410
	1080	770	
	1230	900	

纵向受力钢筋的最小配筋百分率（%）　　　　　　　　　　　　附表6

受力类型		最小配筋百分率
受压构件	全部纵向钢筋　强度等级500MPa	0.50
	全部纵向钢筋　强度等级400MPa	0.55
	全部纵向钢筋　强度等级300MPa、335MPa	0.6
	一侧纵向钢筋	0.2
受弯构件、偏心受拉、轴心受拉构件一侧的受拉钢筋		0.2和$45f_t/f_y$中的较大值

注：1. 受压构件全部纵向钢筋最小配筋百分率，当采用C60以上强度等级的混凝土时，应按表中规定增加0.10。
2. 板类受弯构件（不包括悬臂板）的受拉钢筋，当采用强度等级400MPa、500MPa的钢筋时，其最小配筋百分率应允许采用0.15和$45f_t/f_y$中的较大值。
3. 偏心受拉构件中的受压钢筋，应按受压构件一侧纵向钢筋考虑。
4. 受压构件的全部纵向钢筋和一侧纵向钢筋的配筋率以及轴心受拉构件和小偏心受拉构件一侧受拉钢筋的配筋率应按构件的全截面面积计算。
5. 受弯构件、大偏心受压构件一侧受拉钢筋的配筋率应按全截面面积扣除受压翼缘面积$(b'_f-b)h'_f$后的截面面积计算。
6. 当钢筋沿构件截面周边布置时，一侧纵向钢筋系指沿受力方向两个对边中的一边布置的纵向钢筋。

纵向受力钢筋混凝土保护层最小厚度（mm）　　　　　　　　　　附表7

环境类别	板、墙、壳			梁			柱	
	≤C20	C25~C45	≥C50	≤C20	C25~C45	≥C50	C25~C45	≥C50
一	20	15	15	30	25	25	30	30

续上表

环境类别		板、墙、壳			梁			柱	
		≤C20	C25~C45	≥C50	≤C20	C25~C45	≥C50	C25~C45	≥C50
二	a	—	20	15	—	30	25	30	30
	b	—	25	20	—	35	30	35	30
三		—	30	25	—	40	35	40	35

注:1. 基础的保护层厚度不小于40mm,当无垫层时不小于70mm。
2. 处于一类环境且由工厂生产的预制构件,当混凝土强度等级不低于C25时,其保护层厚度可按表中规定减少5mm,但预制构件中的预应力钢筋的保护层不应小于15mm;处于二类环境且由工厂生产的预制构件,当表面另作水泥砂浆抹面层且有质量保证措施时,保护层厚度可按表中一类环境数值取用。
3. 预制钢筋混凝土受弯构件钢筋端头的保护层厚度宜为10mm,预制肋形板主肋钢筋的保护层厚度应按梁的数值采用。
4. 板、墙、壳中分布钢筋的保护层厚度不应小于10mm,梁、柱中箍筋和构造钢筋的保护层厚度不应小于15mm。
5. 处于二类环境中的悬臂板,其上表面应另作水泥砂浆保护层或采取其他保护措施。
6. 当梁、柱的保护层厚度大于40mm时,应对混凝土保护层采取有效的防裂构造措施。
7. 有防火要求的建筑,其保护层厚度尚应符合国家现行有关防火规范的规定。

钢筋混凝土轴心受压构件的稳定系数　　　　　　　　　　　　附表8

$\frac{l_0}{b}$	≤8	10	12	14	16	18	20	22	24	26	28
$\frac{l_0}{d}$	≤7	8.5	10.5	12	14	15.5	17	19	21	22.5	24
$\frac{l_0}{i}$	≤28	35	42	48	55	62	69	76	83	90	97
φ	1.00	0.98	0.95	0.92	0.87	0.81	0.75	0.70	0.65	0.60	0.56
$\frac{l_0}{b}$	30	32	34	36	38	40	42	44	46	48	50
$\frac{l_0}{d}$	26	28	29.5	31	33	34.5	36.5	38	40	41.5	43
$\frac{l_0}{i}$	104	111	118	125	132	139	146	153	160	167	174
φ	0.52	0.48	0.44	0.40	0.36	0.32	0.29	0.26	0.23	0.21	0.19

注:l_0为构件的计算长度;b为矩形截面的短边尺寸;d为圆形截面的直径;i为截面的最小回转半径。

受弯构件的挠度限值　　　　　　　　　　　　附表9

构件类型		挠度限值
吊车梁	手动吊车	$\frac{l_0}{500}$
	电动吊车	$\frac{l_0}{600}$
屋盖、楼盖及楼梯构件	当$l_0<7$m时	$\frac{l_0}{200}(\frac{l_0}{250})$
	当$7\text{m}\leq l_0\leq 9$m时	$\frac{l_0}{250}(\frac{l_0}{300})$
	当$l_0>9$m时	$\frac{l_0}{300}(\frac{l_0}{400})$

注:1. 表中l_0为构件的计算跨度;计算悬臂构件的挠度限值时,其计算跨度l_0按实际悬臂长度的2倍取用。
2. 表中括号内的数值适用于使用上对挠度有较高要求的构件。
3. 如果构件制作时预先起拱,且使用上也允许,则在验算挠度时,可将计算所得的挠度值减去起拱值;对预应力混凝土构件,尚可减去预加力所产生的反拱值。
4. 构件制作时的起拱值和预加力所产生的反拱值,不宜超过构件在相应荷载组合作用下的计算挠度值。

结构构件的裂缝控制等级及最大裂缝宽度限值   附表10

环境类别		钢筋混凝土结构		预应力混凝土结构	
		裂缝控制等级	$w_{\lim}$(mm)	裂缝控制等级	$w_{\lim}$(mm)
一		三	0.3(0.4)	三	0.2
二	a	三	0.2	三	0.10
	b			二	—
三	a			一	—
	b				

注:1. 对处于年平均相对湿度小于60%地区一类环境下的受弯构件,其最大裂缝宽度限值可采用括号内的数值。
2. 在一类环境下,对钢筋混凝土屋架、托架及需作疲劳验算的吊车梁,其最大裂缝宽度限值应取为0.2mm;对钢筋混凝土屋面梁和托梁,其最大裂缝宽度限值应取为0.3mm。
3. 在一类环境下,对预应力混凝土屋面架、托架及双向板体系,应按二级裂缝控制等级进行验算;对一类环境下的预应力混凝土层面梁、托梁、单向板,应按表二 a 级环境的要求进行验算;在一类和二类环境下需作疲劳验算的预应力混凝土吊车梁,应按裂缝控制等级不低于二级的构件进行验算。
4. 表中规定的预应力混凝土构件的裂缝控制等级和最大裂缝度限值仅适用于正截面的验算;预应力混凝土构件的斜截面裂缝控制验算应符合《混凝土结构设计规范》(GB 50010—2010)第7章的要求。
5. 对于烟囱、筒仓和处于液体压力下的结构构件,其裂缝控制要求应符合专门标准的有关规定。
6. 对于处于四、五类环境下的结构构件,其裂缝控制要求应符合专门标准的有关规定。
7. 表中的最大裂缝宽度限值用于验算荷载作用引起的最大裂缝宽度。

钢筋混凝土板每米宽的钢筋截面面积   附表11

钢筋间距(mm)	当钢筋直径(mm)为下列数值时的钢筋截面面积(mm²)										
	6	6/8	8	8/10	10	10/12	12	12/14	14	14/16	16
70	404	561	718	920	1122	1369	1616	1907	2199	2536	2872
75	377	524	670	859	1047	1278	1508	1780	2053	2367	2681
80	353	491	628	805	982	1198	1414	1669	1924	2218	2513
85	333	462	591	758	924	1127	1331	1571	1811	2088	2365
90	313	436	559	716	873	1065	1257	1484	1710	1972	2234
95	298	413	529	678	827	1009	1190	1405	1620	1886	2116
100	283	393	503	644	785	958	1131	1335	1539	1775	2011
110	257	357	457	585	714	871	1028	1214	1399	1614	1828
120	236	327	419	538	654	798	942	1113	1283	1480	1676
125	226	314	402	515	628	767	905	1068	1232	1420	1608
130	217	302	387	495	604	737	870	1027	1184	1336	1547
140	202	280	359	460	561	684	808	945	1100	1268	1436
150	188	262	335	429	524	639	754	890	1026	1183	1340
160	177	245	314	403	491	599	707	834	962	1110	1257
170	166	231	296	379	462	564	665	785	906	1044	1183
180	157	218	279	358	436	532	628	742	855	985	1117
190	149	207	265	339	413	504	595	703	810	934	1058
200	141	196	251	322	393	479	565	668	770	888	1005
220	129	178	228	293	357	436	514	607	700	807	914

续上表

钢筋间距(mm)	当钢筋直径(mm)为下列数值时的钢筋截面面积(mm²)										
	6	6/8	8	8/10	10	10/12	12	12/14	14	14/16	16
240	118	164	209	268	327	399	471	556	641	740	838
250	113	157	201	258	314	383	452	534	616	710	804
260	109	151	193	248	302	369	435	514	592	682	773
280	101	140	180	230	280	342	404	477	550	634	718
300	94	131	168	215	262	319	377	445	513	592	670
320	88	123	157	201	245	299	353	417	481	554	630
330	86	119	152	195	238	290	343	405	466	538	609

注：表中钢筋直径有写成分式者，如 6/8 系指 Φ6、Φ8 钢筋间隔配置。

钢筋的计算截面面积及理论质量表

附表 12

公称直径(mm)	不同根数钢筋的计算截面面积(mm²)									单根钢筋理论质量(kg/m)
	1	2	3	4	5	6	7	8	9	
6	28.3	57	85	113	142	170	198	226	255	0.222
6.5	33.2	66	100	133	166	199	232	265	299	0.260
8	50.3	101	151	201	252	302	352	402	453	0.395
8.2	52.8	106	158	211	264	317	370	423	475	0.432
10	78.5	157	236	314	393	471	550	628	707	0.617
12	113.1	226	339	452	565	678	791	904	1017	0.888
14	153.9	308	461	615	769	923	1077	1231	1385	1.21
16	201.1	402	603	804	1005	1206	1407	1608	1809	1.58
18	254.5	509	763	1017	1272	1527	1781	2036	2290	2.00
20	314.2	628	942	1256	1570	1884	2199	2513	2827	2.47
22	380.1	760	1140	1520	1900	2281	2661	3041	3421	2.98
25	490.9	982	1473	1964	2454	2945	3436	3927	4418	3.85
28	615.8	1232	1847	2463	3079	3695	4310	4926	5542	4.83
32	804.2	1609	2413	3217	4021	4826	5630	6434	7238	6.31
36	1017.9	2036	3054	4072	5089	6107	7125	8143	9161	7.99
40	1256.6	2513	3770	5027	6283	7540	8796	10053	11310	9.87
50	1963.5	3928	5892	7856	9820	11784	13748	15712	17676	15.42

注：表中直径 $d=8.2$mm 的计算截面面积及理论质量仅适用于有纵肋的热处理钢筋。

参考文献

[1] 中华人民共和国国家标准.GB 50010—2010 混凝土结构设计规范[S].北京:中国建筑工业出版社,2010.

[2] 中华人民共和国国家标准.GB 50009—2012 建筑结构荷载规范[S].北京:中国建筑工业出版社,2012.

[3] 中华人民共和国国家标准.GB 50068—2001 建筑结构可靠度设计统一标准[S].北京:中国建筑工业出版社,2002.

[4] 中华人民共和国行业标准.JTG D60—2004 公路桥涵设计通用规范[S].北京:人民交通出版社,2004.

[5] 中华人民共和国行业标准.JTG D62—2004 公路钢筋混凝土及预应力混凝土桥涵设计规范[S].北京:人民交通出版社,2004.

[6] 中华人民共和国国家标准.GB 50017—2003 钢结构设计规范[S].北京:中国计划出版社,2003.

[7] 中国工程建设协会标准.CECS 28:2012 钢管混凝土结构技术规程[S].北京:中国计划出版社.

[8] 中华人民共和国行业标准.JTG/T F50—2011 公路桥涵施工技术规范[S].北京:人民交通出版社,2011.

[9] 滕智明,朱金铨.混凝土结构及砌体结构[M].北京:中国建筑工业出版社,1995.

[10] 天津大学,同济大学,东南大学.混凝土结构[M].北京:中国建筑工业出版社,1998.

[11] 周起敬.混凝土结构构造手册[M].2版.北京:中国建筑工业出版社,1999.

[12] 蒋大骅.钢筋混凝土力学[M].上海:同济大学,1986.

[13] 白绍良.钢筋混凝土及砖石结构[M].北京:中央广播电视大学出版社,1986.

[14] 陈肇元,朱金铨,吴佩刚.高强混凝土及其应用[M].北京:清华大学出版社,1992.

[15] 汤金华.钢结构[M].江苏:东南大学出版社,2006.

[16] 邵永健,朱天志,段红霞.混凝土结构设计原理[M].北京:北京大学出版社,2010.

[17] 宗兰,刘华新,周建宾.混凝土结构设计原理[M].北京:人民交通出版社,2007.

[18] 黄平明,梅葵花,王蒂.结构设计原理[M].北京:人民交通出版社,2006.

[19] 宋玉普.新型预应力混凝土结构[M].北京:机械工业出版社,2006.

[20] 王振武,张伟.混凝土结构设计[M]北京:科学出版社,2010.

[21] 李连生.混凝土结构[M].北京:人民交通出版社,2010.

[22] 陈志华.钢结构原理[M].武汉:华中科技大学出版社,2007.

[23] 林宗凡.钢—混凝土组合结构[M].上海:同济大学出版社,2004.

[24] 聂建国,刘明,叶列平.钢—混凝土组合结构[M].北京:中国建筑工业出版社,2005.

[25] 黄绍金,刘陌生.装配式公路钢桥多用途使用手册[M].北京:人民交通出版社,2002.
[26] 周水兴,等.路桥施工计算手册[M].北京:人民交通出版社,2001.
[27] 孙训方,方孝淑,关来泰.材料力学[M].北京:高等教育出版社,1995.
[28] 华祥征.基础工程设计与施工[M].吉林:吉林大学出版社,2006.